国际信息工程先进技术译丛

6LoWPAN：无线嵌入式物联网

（芬）Zach Shelby
（德）Carsten Bormann 著
韩 松 魏逸鸿 陈德基 王 泉 译

机 械 工 业 出 版 社

物联网被认为是下一个巨大的机遇，随着物联网的发展，现在支持IP的嵌入式设备的数量也正在迅速增加，而6LoWPAN（面向低功耗无线局域网的IPv6）正是其中非常关键的技术。

本书详细和完整地介绍了6LoWPAN协议标准本身、应用、相关标准以及网络部署和协议实现上的各种设计。使读者能全面地领略到基于IPv6的、低功耗的和将来基于移动无线网络的设计、配置和运行。

本书适合物联网行业的研发人员、网络工程师、相关技术人员以及相关院校计算机、电子工程和信息工程专业的高年级本科生、硕士/博士研究生阅读，帮助其对6LoWPAN协议标准的了解，同时有利于推动物联网在我国的蓬勃发展。

图书在版编目（CIP）数据

6LoWPAN：无线嵌入式物联网/（芬）谢尔比（Shelby，Z.）等著；韩松等译.—北京：机械工业出版社，2014.11（2016.1重印）
（国际信息工程先进技术译丛）
书名原文：6LoWPAN：the wireless embedded internet
ISBN 978-7-111-48429-5

Ⅰ.①6… Ⅱ.①谢…②韩… Ⅲ.①互联网络 - 应用②智能技术 - 应用 Ⅳ.①TP393.4②TP18

中国版本图书馆CIP数据核字（2014）第253140号

机械工业出版社（北京市百万庄大街22号　邮政编码100037）
策划编辑：林　桢　责任编辑：林　桢
版式设计：赵颖喆　责任校对：佟瑞鑫
封面设计：马精明　责任印制：李　洋
三河市宏达印刷有限公司印刷
2016年1月第1版第2次印刷
169mm×239mm·13印张·247千字
标准书号：ISBN 978-7-111-48429-5
定价：59.80元

凡购本书，如有缺页、倒页、脱页，由本社发行部调换

电话服务	网络服务
服务咨询热线：010 - 88361066	机 工 官 网：www.cmpbook.com
读者购书热线：010 - 68326294	机 工 官 博：weibo.com/cmp1952
010 - 88379203	金 书 网：www.golden - book.com
封面无防伪标均为盗版	教育服务网：www.cmpedu.com

译 者 序

随着摩尔定律的发展，近30年来计算机技术从大型机房中的服务器，演变成我们家中、办公室桌上的个人计算机，再进一步缩小成我们手上的平板电脑、手机。很难想象今天手机与平板电脑可以提供远比几年前的个人计算机更为可观的运算能力。与计算机技术相同，网络技术的发展，也被这种微型化的潮流所驱使。根据近期的估计，由骨干路由器和服务器所组成的核心互联网大约有几百万个节点，而由个人计算机、笔记本电脑和连接到互联网的本地网络基础设施组成的边缘互联网则约有高达10亿个节点。而在不久的将来，互联网将随着微型化的浪潮更进一步地与我们的生活相结合。这些连接到互联网的嵌入式设备将会构成物联网。物联网中将会有上万亿的设备，它们将包含各种传感器，并被广泛地应用在通信、医疗、交通、工程等多个不同的领域。根据2014年初IDC（国际数据公司）的预测，全球物联网市场在2020年将会达到7兆美元。

考虑到物联网的飞速发展，现今通行的IPv4通信协议将无法容纳与日俱增的物联网设备。新的IPv6通信协议虽能解决IPv4在地址资源数量上的限制，但IPv6庞大的包头在低带宽、低功耗的嵌入式网络上则显得捉襟见肘。为了克服IPv6技术在物联网上的障碍，IETF（互联网工程任务组）提出了针对嵌入式网络设计的6LoWPAN协议。为了实现物联网的广泛应用，6LoWPAN可谓是物联网发展最为关键的技术之一。针对物联网技术的发展，国内目前还普遍缺乏对6LoWPAN技术的了解。为了引领国内IT人才对物联网技术的认识，译者选择翻译了目前国际上关于6LoWPAN最重要的著作之一。

本书主要介绍了6LoWPAN上的无线网络技术与相关的互联网技术。本书共有8章。在第1章提供了物联网发展的概观。着眼于现今的互联网架构，讨论了如何应用6LoWPAN标准。第2章详细阐述了6LoWPAN标准的格式与特点。接着，以一个6LoWPAN设备为例，在第3章中讨论了6LoWPAN设备如何在开机时加入6LoWPAN网络以及组建6LoWPAN网络的安全性问题。然而物联网中不只包含静态的设备，第4章中根据不同的应用，讨论了如何处理动态6LoWPAN设备的移动性与路由的问题。为了支持不同的应用，本书在第5章中介绍了相关的应用层协议。第6章介绍了支持6LoWPAN的硬件芯片与操作系统。最后在第7章和第8章中，又介绍了6LoWPAN的三个应用，工业自动化、无线RFID应用与智能建筑。

本书由韩松、魏逸鸿、陈德基、王泉翻译，由于翻译时间较紧，尽管我们付出了许多的心力，但还是难免有错误发生。欢迎读者们批评指正，一同为国内物联网的发展努力。

译者

推荐序

你现在正拿着的是一本非常优秀的书。我一直是一个 IPv6 的支持者和传感器网络的热情使用者。我正在使用商用版的 6LoWPAN 系统来监控我的家，特别是我的酒窖。所以你可以想象我对你现在正在阅读的这本书的积极响应。这本书考虑得非常周密，它使读者能全面地领略到基于 IPv6 的、低功耗的和将来基于移动无线网络的设计、配置和运行。

在阅读这本书的过程中，我对作者关于一些问题所提出的周密框架感到吃惊，这些问题都是在 6LoWPAN 规范之外的，并涉及互联网协议设计中很多问题的核心部分。例如一些一般的问题，比如数据报的分片，在标准的互联网协议的上下文中，特别是在 6LoWPAN 的上下文中有所解释。这种方法可以利用读者对于互联网架构已有的背景知识，把问题放到更广义的上下文中。

传感器网络对我的影响是毋庸置疑的。这本书对于那些对传感器网络的扩展、需要大量的地址来支持以及将它们集成到现有的 IPv4 网络和将来的 IPv6 网络中等问题有兴趣的读者会产生深远的影响。电池供电、基于无线电的通信和潜在的移动操作所提出的特殊要求，激励了这本书的创作。任何一个说“致命的问题都隐藏于细节里”的人，都会考虑到 6LoWPAN。

我发现这本书关于移动性的章节特别有帮助，并且术语“微移动性”特别有启发性。互联网设计中的移动性是一个长期的研究领域。因为最初的互联网包括两个移动无线网络（在旧金山湾区和北卡罗来纳州布拉格堡市），我也一直被这个问题所困扰。很明显这些网络中的移动性都是被限制在同一个无线网络中的移动性，换句话说，就是作者所定义的微移动性。这是比较简单的情况。比较困难的情况是当移动节点的 IP 地址必须被改变来反映网络中新的拓扑接入点。现今的互联网协议无法有效解决这种情况下的移动性问题，我们仍然需要做很多的工作以解决这个问题。例如以本地代理解决移动性问题，即反映出当今移动 IP 设计的拙劣。而 6LoWPAN 的设计则基于现今的 IPv6 架构，尽可能地解决前述这些问题。

在低功耗、有损环境中的路由工作已经交由互联网工程任务组中的 ROLL 工作小组负责。此外，移动自组织网络（MANET）工作小组也处理这方面的问题。因为提及了他们对这个恼人的问题领域的实际考虑，这本书相关章节的内容是非常有价值的。

我发现关于应用的章节（第 5 章）非常有趣，因为这章是所有的实际功能所在。图 5－3 是一个非常漂亮的例子，它使用一个简单的图表来归纳问题的领域和主题。对我而言，这章使我更加认识到将应用匹配到网络的底层功能的重要性，因为应用必须通过这些底层功能来运行。如果不能保证端到端的连接，为了让应用有效地运行，应用层则需自己维护这一点。盲目地将协议分层，使其不能保证关键网络部件上的可靠、快速和有序的传输，这通常会产生令人不满意的结果。

当我们进入一个传感器网络成为能源管理、楼宇自动化和其他应用不可分割的一部分的时代时，有必要使应用基础设施标准化，从而实现来自于各种供应商的系统之间的互操作性。在第5章，我们会遇到这样的想法，将从专有的ZigBee空间中获得的经验适用到在UDP/IP/6LoWPAN空间中的运行。见到了合成共同特性以提高互操作性和提供竞争性产品所做的这些努力是非常令人鼓舞的。所谓的CAP协议是工作中的一个关键元素，它对互联网协议库做了非常重要的贡献。这一章结尾有各种专有协议的纲要和总结，这些协议最终都将被调整以便工作在一个更加标准的互联网环境中，从而使这些协议可以被广泛使用。

在6LoWPAN中，ZigBee协议和面向互联网的协议的聚合，以及智能设备因特网协议（IPSO）联盟的成立，都预示着低功耗网络的具体解决方案正在开始结合互操作性设计。而互操作性将成为物联网的一个核心部分。我还无法预见这一逐渐达成共识的成果，但可以很公正地说，它将提供一个信息丰富的环境，在其中我们可以创造新的应用和提供反馈，以使我们能做出更明智的选择，从而出现一个拥有更加智能环境的社会。

Vint Cerf

Google公司副总裁兼首席因特网专家

原书前言

对于互联网工程协会、技术用户、公司和社会这一个大整体来说，物联网被认为是下一个大机遇和挑战。它涉及将嵌入式设备，如传感器、家庭应用、气象站、甚至玩具连接到基于因特网协议（IP）的网络中。支持 IP 的嵌入式设备的数量正在迅速增加，虽然这个数量难以估计，但在将来肯定会超过个人计算机（PC）和服务器的数量。随着过去 10 年在微控制器、低功耗无线电、电池和微电子技术方面取得的进步，工业中的趋势是使智能嵌入式设备（称为智能对象）支持 IP，并成为互联网上最新服务中的不可分割的一部分。这些服务不再仅仅是只包括由人类创造的数据信息，它们还将通过传感器数据、对机器的监视和控制的行为以及其他类型的物理环境来与物理世界紧密相连。我们称这样的由许多无线低功耗嵌入式设备组成的最前沿互联网为无线嵌入式网络。无线嵌入式网络所支持的应用对社会有效、安全和可持续性的发展至关重要。几个重要的例子包括家庭和楼宇自动化、医疗保健、有效能源使用、智能电网和环境监测。

互联网标准是由互联网工程任务组（IETF）制定的。一套用于 6LoWPAN 的新的 IETF 标准将成为无线嵌入式网络的一项关键技术。WPAN 最初代表无线个人局域网，也是一个从 IEEE 802.15.4 标准中得到的术语。现在 WPAN 不再用来描述 6LoWPAN 的大范围应用。在本书中我们使用术语低功耗无线个人局域网（LoWPAN）。本书中所有内容都是关于 6LoWPAN 的，给出了这项技术、应用、相关标准以及现实中的部署和实现考虑的完整概述。在低功耗网络行业中，从 ZigBee 自组织控制到例如 ISA100 这样的工业自动化标准，都在迅速地融合 IP 技术，特别是 IPv6 技术的使用。在异构技术、兴趣小组和各种应用相互融合的过程中，6LoWPAN 扮演了一个重要的角色。

本书是对理解和应用 6LoWPAN 的明晰介绍和有效参考，适合从事嵌入式系统和网络或互联网应用的专家、相关院校的本科生和研究生以及教师阅读。本书及其配套材料，可以作为一个 6LoWPAN 短期强化课程的基础，也可以作为完整课程中的一个模块。

请访问本书的官方网站 http：//6lowpan.net。在那里你可以找到本书的配套材料，包括课程材料和 6LoWPAN 编程练习。作者的 6LoWPAN 互动博客，以及其他 6LoWPAN 材料也可以在该网站上找到。我们很乐意听取您的意见、想法和建议。

为了最有效的使用本书，建议读者了解互联网架构［RFC1958，RFC3439］、IPv6［RFC2460，RFC4291，RFC4861］以及无线通信的背景知识。本书广泛参考了互联网工程任务组（IETF）制定的标准（RFC）［RFCxxxx］文件和 Internet－Draft（I－D）［ID－xx－xx－xx］文件。这些文件都可以免费并且很容易地在网站 http：//www.ietf.org 上找到。请记住，Internet－Draft 是 IETF 标准化过程中正在进行的一项工作，在成为一个 RFC 之前，它会非常频繁地改变。

本书内容是按如下方式展开的。第1章给出了无线嵌入式网络、6LoWPAN及其架构的介绍。第2章详细介绍了6LoWPAN的格式、特点，并解释了它是如何在实际中工作的。第3章探讨自举6LoWPAN网络中使用邻居发现与相关的安全问题。第4章着眼于在6LoWPAN网络和互联网中讨论移动性和路由这两个重要问题。第5章讨论了应用协议。最后，第6章介绍了与在嵌入式设备和路由器中使用6LoWPAN相关的实现问题。第7章给出了几个使用6LoWPAN系统的例子，其中包括ISA100。第8章对全文进行了总结并讨论了将来可能遇到的挑战。为了便于参考，附录中提供了一些基本信息，包括IPv6（附录A）和IEEE 802.15.4（附录B）。

因为电信和互联网工程使用了很多特殊的术语，因此本书中的许多术语可能会冲突。为了便于理解，我们在本书的最后列出了一个重要术语的词汇表以作为参考。相关的IETF文件也会在开始的地方有术语介绍部分，这对于读者的理解很有帮助。

最后，由于历史和现实的原因，时至今日我们仍使用IETF风格以ASCII艺术来表示数据包头格式，这使得读者可以更加容易参考IETF文件，从而可以对协议细节进行进一步的详细阅读。附录A中有对这种格式的解释。

芬兰Sensinode公司，Zach Shelby

德国不来梅大学TZI，Carsten Bormann

目　　录

第1章 简　介

在过去20年中，互联网取得了巨大的成功，从一个局限于少数学校之间的学术网络发展成为一个超过14亿人使用的全球网络。正是因为采用将异构网络互联的模式以及统一资源定位符（URL）这种创新性的万维网（WWW）模式、超文本传输协议（HTTP）和基于超文本标记语言（HTML）的通用内容标记的使用，才使互联网的发展成为可能。而人民大众的创新则是互联网成功背后最大的推动力。互联网创新的开放性，是之前任何电信系统都无法比拟的。这使得从互联网建构师到通信工程师、IT员工以及互联网使用者都可以对互联网进行创新，这为互联网技术迅速地增加了新的协议、服务和应用。

随着由路由器、服务器和个人计算机组成的互联网的成熟，另一场互联网革命正在进行——物联网。在物联网背后，嵌入式设备，也称为智能对象，正普遍成为支持IP的设备，并成为互联网不可分割的一部分。今天使用IP的嵌入式设备和系统，小到移动手机、个人健康设备和家庭自动化到工业自动化、智能抄表系统和环境监测系统。物联网的规模是巨大的，数以万亿的设备在不远的将来都可能变成支持IP的设备。物联网的影响将会意义重大，有了物联网，以后将会有更好的环境监测、更好的节能技术、更好的智能电网、更高效的工厂、更好的物流、更好的医疗保健和智能家居。

物联网革命和工业自动化系统始于20世纪90年代初。工业自动化中的早期专用网络很快被不同形式的工业以太网所代替，互联网协议在嵌入式自动化设备和后端系统之间也被广泛应用。随着以太网和IP变得无处不在，这一趋势也在其他自动化领域中得到持续。机对机（M2M）遥测技术已经在2000年早期取得了重大突破，它使用蜂窝调制解调器和IP技术来监测和控制包括从自动售货机到水泵在内的各种各样的设备。楼宇自动化系统已经从传统控制转化为通过楼宇自控网（BACnet）和开放式建筑信息交换（oBIX）标准来广泛运用有线IP通信。最近，自动抄表基础设施和智能电网正在以极快的速度被部署，这主要依赖于IP技术的可扩展性和普遍性。最后，手机已经普遍成为支持IP的嵌入式设备，这成为了物联网设备的最大主体。

监测和控制嵌入式设备的服务也取得了同等重要的发展。如今，这些服务都普遍基于互联网技术，并通过使用Web的服务来实现。Web服务技术已经彻底改变了商业和企业应用设计和部署的方式。正是这些通过互联网的嵌入式设备与基于Web的服务的结合，才使得物联网成为一个强有力的范例。

尽管数以百万计的嵌入式设备已经支持IP，但物联网还停留在2009年时的起步阶段。虽然处理器性能、电源和通信技术都已经不断提高，但通信标准、协议和服务的复杂性也在不断增加。因此，到目前为止，只有在功能最强大的嵌入式设备中才可能使用互联网功能。此外，低功耗无线通信限制了实际带宽和占空比。正因为这些原因，在整个20世纪90年代和21世纪初，出现了一大批专用低功耗无线和组网技术。这分割了市场并减缓了物联网技术的部署。

电气电子工程师学会（IEEE）在2003年发布了802.15.4低功耗无线个人局域网（WPAN），这是一个重大的里程碑，它提供了全球第一个低功耗无线标准。此后不久，ZigBee联盟在IEEE 802.15.4的基础上为自组织控制网络开发了一个解决方案，并为无线嵌入式技术的应用做了大量的宣传。ZigBee和专用组网解决方案只解决了一小部分无线嵌入式组网的应用，因其垂直绑定到链路层和应用程序配置文件，导致其在可扩展性、可发展性以及互联网整合上仍然存在问题。现在需要一种新的模式，以使只拥有有限处理能力的低功耗无线设备（见图1-1）也可以加入到物联网中，组成我们所说的无线嵌入式互联网。

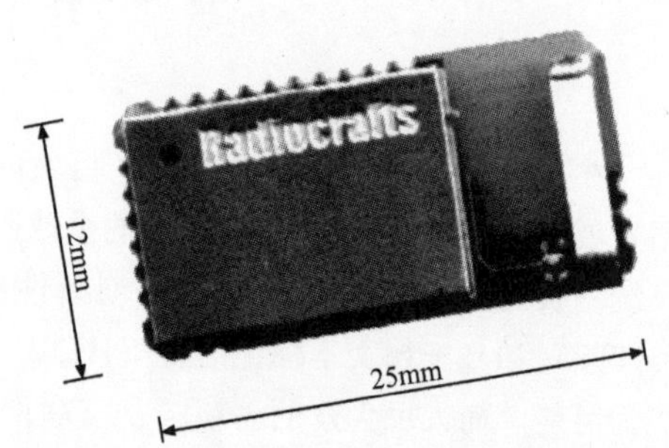

图1-1 无线嵌入式6LoWPAN设备

本书介绍了一套互联网标准，该标准在低速无线局域网上使用了IPv6（Internet Protocol Version 6，互联网协议第6版）及6LoWPAN（IPv6 Low Power Wireless Personal Area Network，基于IPv6的低功耗无线个域网，又称面向低功耗无线局域网的IPv6），这是实现无线嵌入式互联网的关键。6LoWPAN为在低带宽无线网络中的低功耗、处理能力有限的嵌入式设备中使用IPv6扫清了障碍。IPv6，互联网协议的最新版本，是在20世纪90年代末发展起来的，它是互联网应对快速增长和挑战的一种解决方案。正因为有了IPv6，物联网才有了进一步发展的可能。

在这一章中，我们将对6LoWPAN标准进行概述。第1.1节首先是介绍物联网，接着是对6LoWPAN提出的原因、IETF标准化、6LoWPAN技术的相关趋势和应用进行介绍。然后在第1.2节中介绍了6LoWPAN的整体体系结构。第1.3节给出了6LoWPAN的基本机制和链路层的全面介绍，接着在第1.4节中将提供一个6LoWPAN的网络实例。

1.1 无线嵌入式物联网

在实际生活中什么是物联网？也许最简单的定义是，物联网包含了所有的嵌入式设备和网络以及监测和控制这些设备的互联网服务，这些设备本身支持IP功能并连接到互联网。图1-2给出了物联网的一个例子。

今天的互联网是由一个有骨干路由器和服务器的核心互联网组成的，总共包括数百万的节点（任何类型的网络设备）。核心互联网很少变化，并具有极高的容量。今天的互联网节点绝大多数是存在于边缘互联网中。边缘互联网包括所有的个人计算机、

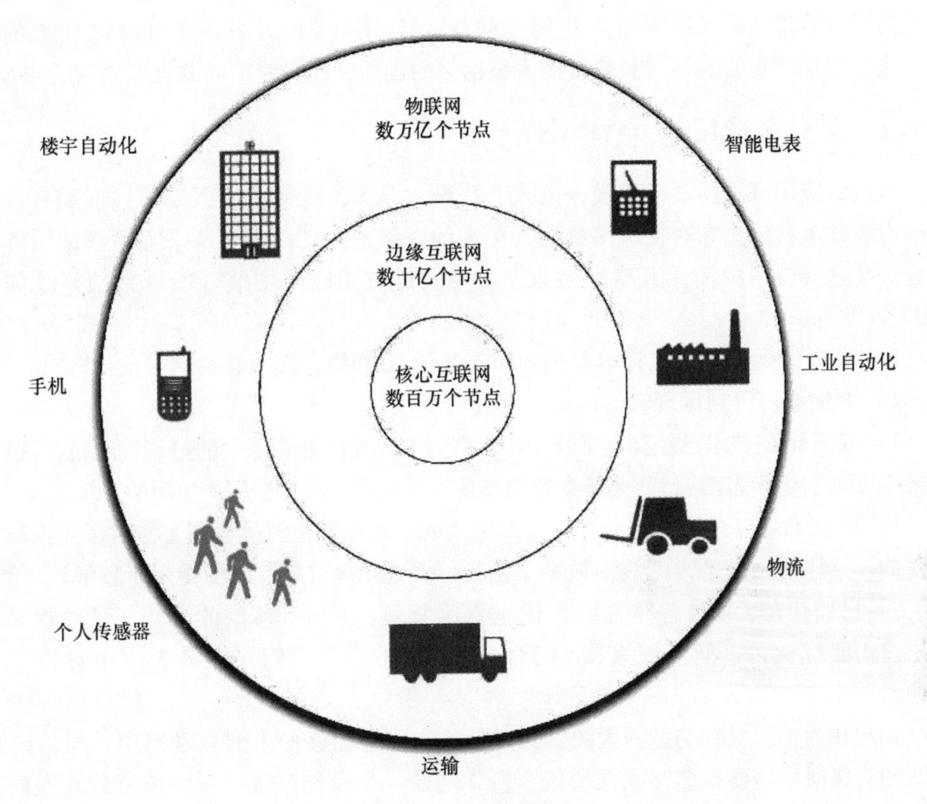

图1-2　物联网概观

笔记本电脑和连接到互联网的本地网络基础设施。边缘互联网变化迅速，预计以后将会有高达十亿个节点。在2008年，据估计互联网约有1.4亿普通用户，并且谷歌公司宣布，有超过一万亿个不同的URL存在于它们的搜索索引中。边缘互联网的增长依赖于互联网用户的数量和用户所使用的个人设备。物联网，有时也被称为嵌入式边缘互联网，是今天的互联网所面对的最大机遇和挑战。它由连接到互联网的支持IP功能的嵌入式设备组成，这些设备包括传感器、机器、有源定位标签、射频识别（RFID）阅读器和楼宇自动化设备。物联网的确切大小是很难估计的，因为它的增长是不依赖于用户的。据推测，物联网将很快在数量上超过其他的互联网，并将以极快的速度继续保持增长。物联网在数量上有长期发展的潜力，并将达到上万亿的设备。未来最大的增长潜力来自于嵌入式的、低功耗的、无线设备和网络，这些设备和网络到目前为止还不支持IP功能——无线嵌入式互联网。在2008年，行业领导者组成了智能设备因特网协议（IPSO）联盟，以通过市场营销、教育和增加协同工作的方式来推广互联网协议的使用。

无线嵌入式互联网是物联网的一个子集，也是本书的主要内容。我们定义的无线嵌入式互联网，包括计算和通信资源有限的嵌入式设备，它们通常由电池供电，并通过低功耗、低带宽的无线网络连接到互联网。6LoWPAN 的开发，通过简化 IPv6 的功能、定义非常紧凑的头格式、并考虑无线网络的性质，使无线嵌入式互联网成为可能。

1.1.1 为什么使用 6LoWPAN?

大量的应用可以受益于无线嵌入式互联网。今天，这些应用主要通过使用各种各样的专有技术，这些专有技术很难融入更大的网络，并且很难与基于互联网的服务相结合。在这些应用中使用互联网协议，并将它们与物联网相结合所带来的好处如下［RFC4919］：

1）基于 IP 的设备可以很容易地连接到其他 IP 网络，无须转换网关或代理。

2）IP 网络可以利用现有的网络基础设施。

3）基于 IP 的技术已经存在了几十年，广为人知并已证明了它的可行性和可扩展性。套接字 API（应用程序接口）是最众所周知的，并且在世界上被广泛使用的 API 之一。

4）IP 技术是以开放和自由的方式来定义的，其标准化的过程和文档对任何人都是可得的。这样的结果是，IP 技术鼓励了创新，并更好地被更广泛的受众所理解。

5）已经存在了各种各样的基于 IP 的网络管理、调试和诊断的工具（虽然很多管理协议需要优化，以便可以直接用于 6LoWPAN 节点，我们将在第 5 章中讨论这个问题。）

到现在为止，只有功能强大的嵌入式设备和网络能够加入到互联网中。与传统 IP 网络的直接通信需要很多互联网协议，通常需要一个操作系统，支持传统的互联网协议以处理复杂性和可维护性。传统的互联网协议对嵌入式设备要求过高，原因如下：

（1）安全性：IPv6 包括对 IP 安全协议（IPsec）［RFC4301］认证和加密的可选支持，Web 服务通常使用安全的套接字或传输层安全机制。这些技术对于简单的嵌入式设备来说过于复杂。

（2）Web 服务：今天的互联网服务依赖于 Web 服务，主要利用基于复杂的事务模式的传输控制协议（TCP）、HTTP、SOAP 和 XML。

（3）管理：基于简单网络管理协议（SNMP）和 Web 服务的管理往往是低效而复杂的。

（4）帧大小：当前互联网协议要求链路层能支持足够的帧长度（IPv6 中至少为 1280B），复杂的应用协议需要大量的带宽。

这在实践中给物联网设备要有一个强大的处理器、一个具有完整 TCP/IP 协议栈的操作系统和一个支持 IP 的通信链路提出了限制性要求。典型的嵌入式互联网设备包括带以太网接口的工业设备、带蜂窝调制解调器的 M2M 网关以及先进的智能手机。绝大多数嵌入式应用只能基于计算能力有限的设备并通过低功耗的有线或无线模块进行通信。无线嵌入式设备和网络，对于互联网协议来说特别具有挑战性：

（1）电源和占空比：电池供电的无线设备需要保持低占空比（活跃时间的百分比），而 IP 的基本假设是一个设备始终处于连接状态。

（2）多播：无线嵌入式射频技术，如 IEEE 802.15.4，通常不支持多播，并且洪泛（flooding）在这样的网络中非常浪费能量和带宽。但是多播对于许多 IPv6 功能而言至关重要。

（3）网状拓扑：无线嵌入式射频技术的应用通常受益于多跳网状网络，以达到所需的覆盖范围和成本效益。目前的 IP 路由解决方案可能无法很容易地适用于这样的网络（这个问题将在第 4 章中详细讨论）。

（4）带宽和帧大小：低功率的无线嵌入式射频技术通常只有有限的带宽（20～250kbit/s）和帧大小（40～200B）。在网状拓扑结构中，宽带在当信道被共享，并通过多跳转发时迅速降低。IEEE 802.15.4 标准有大小为 127B 的帧，而第 2 层有效载荷大小更是可以低至 72B。标准的 IPv6 最小帧大小是 1280B [RFC2460]，因此要求分片。

（5）可靠性：标准互联网协议没有对低功耗无线网络进行优化。例如，因为在无线链路上的拥塞或数据报丢失，TCP 无法区分丢包是由于网络拥塞造成的还是不可靠的无线连接造成的。无线嵌入式网络中的其他的不可靠性将发生在当节点出现故障和设备处于睡眠状态中时。

IETF 6LoWPAN 工作组 [6LoWPAN] 被成立来解决这些特定的问题，使 IPv6 能被无线嵌入式设备和网络使用。IPv6 设计的特点，如简单的报头结构和分层编址模式，使其在 6LoWPAN 的无线嵌入式网络中是一个理想的选择。此外，通过为这些网络标准建立一个专门小组，可以使实现轻量级 6LoWPAN 的 IPv6 堆栈的最低要求符合能力有限的嵌入式设备。最后，通过专门为 6LoWPAN 设计一个新版本的邻居发现（ND）机制，低功耗无线网状网络的具体特点将被考虑。6LoWPAN 的结果是有效地将 IPv6 延伸到无线嵌入式领域，从而为大量的嵌入式应用实现了端到端的 IP 互连和功能。关于早期 6LoWPAN 标准化详细的假设、问题陈述和目标请参阅 [RFC4919]。虽然 6LoWPAN 最开始主要是针对 IEEE 802.15.4 无线标准，并假设了第 2 层转发 [RFC4944]，但后来被推广用于所有类似的链路技术，并在 [ID－6lowpan－hc，ID－6lowpan－nd] 中有对 IP 路由的额外支持。

1.1.2 6LoWPAN 的历史和标准化

6LoWPAN 是一套由因特网工程任务组（IETF）定义的标准，IETF 创建和保持了所有核心的互联网标准和架构工作。6LoWPAN 的一个简单的技术定义是：

6LoWPAN 标准，通过一个适配层和对相关协议的优化，在低速无线网络中简单的嵌入式设备上有效地使用 IPv6。

虽然 IETF 6LoWPAN 标准工作组正式启动于 2005 年，但其实嵌入式 IP 的历史可以追溯到更远。在 20 世纪 90 年代，人们认为摩尔定律将会迅速推动计算和通信能力，从而很快任何一个嵌入式设备都可以实现 IP 协议。虽然这个推论的部分内容是正确的，并且物联网快速增长，但它对于廉价、低功耗的微控制器和低功耗无线射频技术并不适用。因为低功耗、体积小和价格便宜，绝大多数简单的嵌入式设备仍然使用 8

位和 16 位的有非常有限的内存的微控制器。同时，无线技术在物理方面的取舍已经导致了短距离、低功耗的无线射频，这在 IEEE 802.15.4 标准中限制了数据速率、帧大小和占空比。为使用低功耗微控制器和无线技术而最小化互联网协议的早期工作包括来自瑞典计算机科学研究所的 μIP [Dunkels03] 和无线通信中心的 NanoIP [She103]。在 2003 年发布的 IEEE 802.15.4 标准是导致 6LoWPAN 标准化的最大推动力量。对于低功耗无线嵌入式通信，这是第一次有一个得到全球性广泛支持的可用的标准 [IEEE 802.15.4]。这个新标准的普及，极大地鼓励了对无线嵌入式链路进行 IP 适配的标准化工作。

第一个 6LoWPAN 规范于 2007 年发布，首先用信息 RFC [RFC4919] 指定了初始标准化的基本要求和目标，然后用一个标准的 RFC [RFC4944] 规定了 6LoWPAN 的格式和功能。根据实现和部署的经验，6LoWPAN 标准工作组继续改进报头压缩 [ID-6lowpan-hc]、6LoWPAN 邻居发现 [ID-6lowpan-nd]、使用案例 [ID-6lowpan-uc] 和路由需求 [ID-6lowpan-rr]。新的 IETF 工作组，——低功耗有损网络中的路由（ROLL）[ROLL]，在 2008 年成立。该工作组指定了路由要求和在低功耗的、无线的、不可靠网络中的解决方案。该工作组虽然没有限制 ROLL 路由机制必须在 6LoWPAN 中使用，但这是它的一个主要目标。

在 2008 年 ISA 开始无线工业自动化系统的标准化，称为 SP100.11a（也称为 ISA100），它是基于 6LoWPAN 标准的。第 7 章中给出了 ISA100 的概述。近期有关 6LoWPAN 的活动包括在 2008 年成立了 IPSO 联盟以促进 IP 协议在智能对象和物联网中的使用，以及 IP500 联盟在 IEEE 802.15.4 sub-GHz 无线电通信的基础上为 6LoWPAN 开发相关建议。图 1-3 给出了相关标准和联盟之间的关系。开放式地理信息系统协会（OGC）

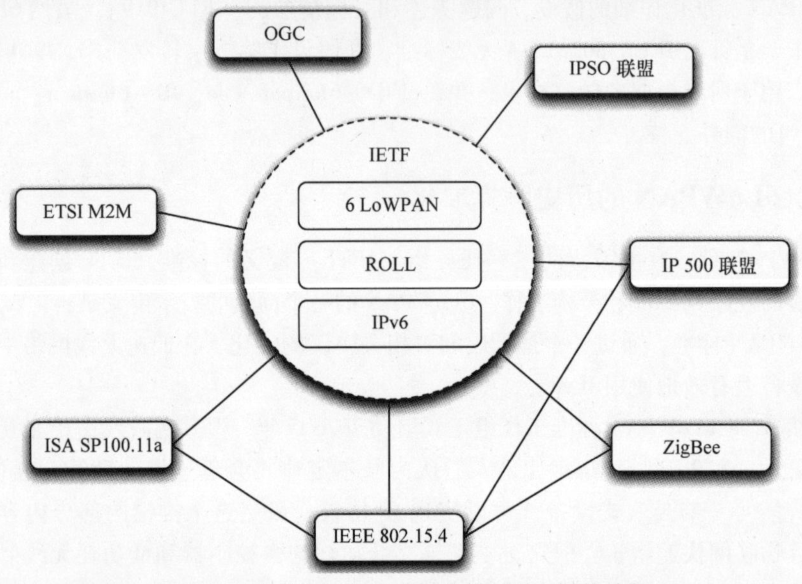

图 1-3 6LoWPAN 与相关标准和联盟之间的关系

规定了地理信息和传感应用的基于IP的解决方案。2009年，欧洲电信标准组织（ETSI）成立了一个标准化M2M的工作组，其中包括与6LoWPAN兼容的端到端的IP架构。

1.1.3 6LoWPAN与其他技术趋势之间的关系

在讨论物联网时还可以考虑其他几个技术趋势。其中包括ZigBee、机对机（M2M）通信、下一代互联网、以及无线传感器网络（WSN）。本节将讨论这些趋势如何涉及物联网，特别是和6LoWPAN的关系。

1. ZigBee

ZigBee是一个来自于被称为ZigBee联盟的行业特殊兴趣组的协议规范，主要用于自组织控制。ZigBee于2003年开始与IEEE 802.15.4标准的标准化相结合，并规定了一个与蓝牙技术相似的垂直协议栈解决方案。该协议主要是利用IEEE 802.15.4功能，并在此之上增加了自组织网络和服务发现的功能以及应用协议配置文件。ZigBee已经成功地运用在由很多供应商参与的自组织应用中，如家庭自动化。ZigBee有几个不足之处，包括对单一无线链路技术的依赖，与应用程序配置文件的紧密耦合，以及对互联网集成和可扩展性的限制。ZigBee联盟在2009年宣布，ZigBee将开始整合相关IETF标准，例如6LoWPAN和ROLL，到其未来的规范中。早期的研究工作已经展示了ZigBee应用配置文件如何被运用到UDP/IP和6LoWPAN［ID-tolle-cap］中，这将在第5.4.3节中进行详细讲解。将IP技术集成到ZigBee中，将提供一个更广泛的组网可能性，而不仅仅是自组织控制。

2. M2M

由于能通过互联网对机器进行远程监控和控制，机对机（M2M）通信已成为一个热门的行业术语。传统上，M2M系统包括集成到嵌入式设备的M2M模块（通常是一个蜂窝调制解调器）和一个基于互联网的后端系统。M2M模块可测量和控制设备，并通过IP技术与后端的M2M服务进行通信。最近，本地嵌入式网络设备的M2M网关已经变得越来越普遍。由于本地IP（native IP），6LoWPAN的网络可以通过简单的路由器连接到M2M服务，从而6LoWPAN可以被认为是一个M2M的自然延伸。机对机通信伴随着ETSI M2M标准化的努力已经成为物联网发展和成长的一个重要推动力。

3. 下一代互联网

下一代互联网［Bauge08］是一个术语，用于描述在10~20年后互联网体系结构和协议可能会是什么样的。美国国家科学基金会在对下一代互联网设计（FIND）上有一个长远的计划，其中涵盖了网络体系结构、原则和机制设计。一些欧洲项目，例如E4WARD项目，与欧洲未来互联网大会［FIAssembly］进行合作专注于下一代互联网的研究。虽然大部分涉及下一代互联网的研究不考虑嵌入式设备和网络，但在这方面已经开始引起大家的兴趣。例如，EU SENSEI项目专注于使无线传感器和嵌入式网络成为现在和未来全球互联网的一部分。该项目的一个研究项目是如何使无线嵌入式网络和

6LoWPAN 的功能成为下一代互联网的一个组成部分。这本书有几个例子是采自 SENSEI 项目，因为这个项目一直在这个领域处于领先地位。

4. 无线传感器网络

无线传感器网络（WSN）的概念来自于一个在 20 世纪 90 年代中期开始的学术活动，该活动主要研究通过低功耗和自组织无线网络互连的传感器和执行器。美国政府对低功耗无线传感在军用和安全方面的应用很感兴趣，并对该项目提供了额外的支持。该研究领域后来发展成为一个广为流行的课题，此课题有大范围的应用，并有大量的结果和实验。这些网络传统上被认为是完全独立的，因而通常没有考虑到互联网的兼容性或标准化。相反，每一个项目往往会有自己的优化的无线、网络和算法的解决方案。另外，大多数传感器网络所设想的应用是由大学的研究人员创建的，它们通常没有一个真正的市场需求。最近，标准的重要性、可市场化的应用和互联网服务的重要性都鼓励 WSN 团体参与到 6LoWPAN 的标准化和 IPSO 联盟中来。其结果是，通过 WSN 研究产生的很多创新已经开始被应用于无线嵌入式互联网技术中，一个很好的例子是 IETF ROLL 工作组。

如上所述，标准化、产业和研究，有一股强烈的融合趋势。因为现代嵌入式应用的明确要求，这种融合显然是转向以互联网为基础的方法。6LoWPAN 就是融合到物联网的结果和催化剂。

1.1.4 6LoWPAN 的应用

在无线嵌入式网络市场之所以有大量的技术解决方案，是因为嵌入式应用的要求、规模和市场的变化很大。应用的范围可以从个人的健康传感器监测到大规模的设备监控。这是与 PC 信息技术相反的，PC 信息技术是比较单一的，主要是针对家庭和办公环境。6LoWPAN 可以比较理想地应用在有以下需求的应用中：

1）嵌入式设备需要与基于互联网的服务进行通信。

2）低功耗异构的网络需要被捆绑在一起。

3）对于新的用途和服务，网络必须是开放的、可重用的和可扩展的。

4）在移动性的大型网络基础设施中必须支持可扩展性。

互联网与物理世界的连接，可以实现各种有趣的应用，6LoWPAN 技术也可适用于这些应用，包括：

1）家庭和楼宇自动化。

2）医疗自动化和物流。

3）个人健康和健身（见图 1-4）。

4）提高能源使用效率。

5）工业自动化（见图 1-5）。

6）智能电表和智能电网基础设施。

7）实时环境监测和预报。

图1-4　个人健康监测应用

图1-5　工业安全应用

8）更好的安全性和危害较小的防御系统。

9）更灵活的RFID基础设施和用途。

10）资产管理和物流。

11）车辆自动化。

6LoWPAN的一个有趣的应用实例是设施管理，用于管理由楼宇自动化、资产管理以及其他嵌入式系统组合而成的大型设施。这种快速增长的领域可以受益于6LoWPAN，需要的技术也已经成熟，并具有真正的商业需求。出于这些原因，这是一个理想的例子，我们将在接下来的章节中介绍它。

1.1.5 实例：设施管理

设施管理是物联网的一个非常有趣的应用，是一个 SENSEI 项目已详细研究的用例。它涉及建筑设施的综合管理。这些设施管理服务通常是基于 Web 的，并且正变得越来越普遍。图 1-6 显示了一个来自 SENSEI 项目的设施管理用例。无线嵌入式网络在设施管理中的广泛应用包括：

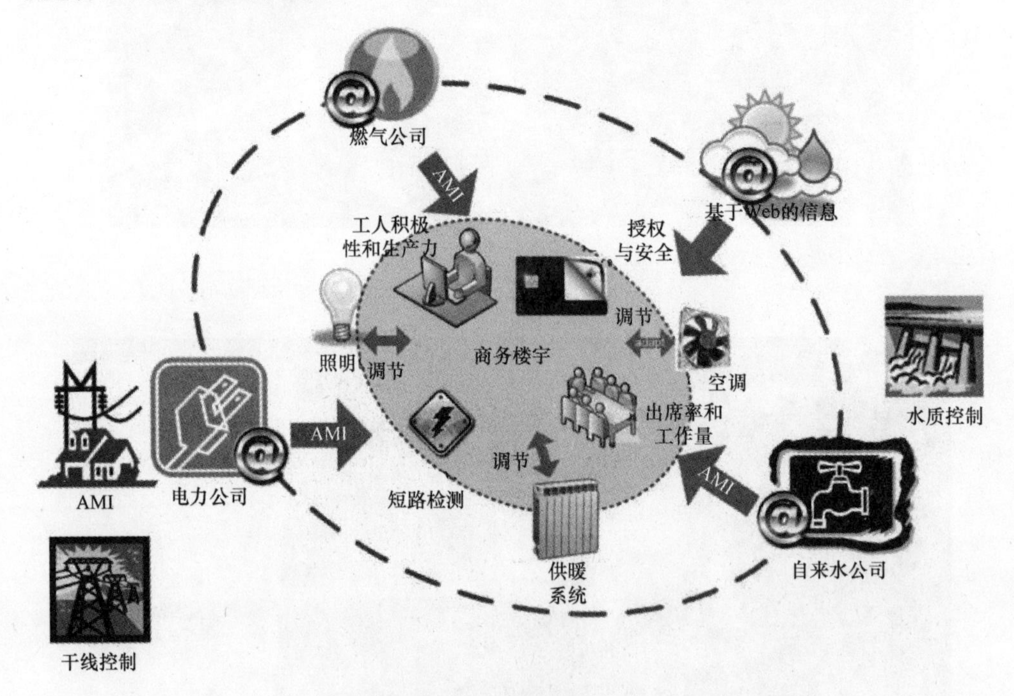

图 1-6 一个包括有自动抄表基础设施的设施管理系统的实例

（1）门禁控制：门禁控制包括使用 RFID 标签或基于有源标签的标识符来自动控制和记录到一个建筑内不同部分的访问。

（2）楼宇自动化：楼宇自动化包括使用传感器和控制来提高建筑的运作和效率。

（3）跟踪：跟踪包括在人、设备和物资上使用有源标签，这些人、设备和物资都被整个设施的无线基础设施所跟踪。跟踪结果被用于资产管理、安全和物流优化中。

（4）节能：设施中的节能，可以通过智能照明控制、加热控制、通风和空调控制以及电气设备的自动功率控制来实现。

（5）维护：设施的可维护性可通过对建筑本身的远程监控和建筑中常用的通过手动监视的系统来提高。

（6）智能抄表：通过使用自动抄表基础设施（AMI）的更加智能的电、燃气及水的计量，大型设施中资源的使用可以得到减少和更好的控制。

设施管理中的利益相关者包括智能设施管理系统和服务的提供者、这些服务的用户和第三方。因为大量的数据需要收集、处理和利用以通过一个有利的方式来提供所需的服务，设施管理服务的提供者发挥了重要作用。设施的自动化系统包括门禁控制、楼宇自动化、跟踪、维护监视和抄表系统。设施管理的使用者包括业主或租户、建筑使用者和设施管理人员。此外，设施管理还涉及许多第三方，如证券公司、保险公司和公用事业。在图 1-6 中标出了一些利益相关者。

设施管理可以带来能源和资源利用效率的提高、员工工作效率的增加和更安全更舒适的环境。建筑是能源的主要消费者：据估计，在欧盟和美国，所有能量的 40% 被消耗在建筑行业［Baden06，DoE06］，通过提高效率，碳的排放量可减少 22%［2002/91/EC］。对于建筑的企业用户，更重要的好处是提高了工作人员的工作效率，以及更好的舒适性和安全性。通过提高生产率，也可以大幅地节省成本。

设施管理对嵌入式设备和网络提出了许多技术上的挑战。大范围的系统集成需要系统之间的互操作性，以及异构网络的融合技术。此外，随着时间的推移，新设备和应用将会不断被加入，所以可进化性是很重要的。在大型建筑中对无线嵌入式网络的可扩展性要求很高。在一个单一的空间，设备的密度可以达到数百个节点，并有大范围的固定和移动设备相互混合。电池供电的无线设备需要智能网络，旨在最大限度地提高设备的使用寿命，从而减少维护成本。与通过这些服务实现的长远利益相比，设施管理系统和设备必须具有成本效益，并易于安装。最后，在企业网络中应用无线嵌入式网络，虽然确保隐私相对容易但安全性仍然是一大挑战。我们会考虑如何应用 6LoWPAN 来解决在本书中提到的那些网络要求。

1.2 6LoWPAN 架构

无线嵌入式互联网是通过将由无线嵌入式设备所组成的“小岛”（island）连接起来而建立的，每个由嵌入式设备所组成的“小岛”是在互联网上的一个末梢网络（stub network）。末梢网络是一个发送 IP 数据报或 IP 数据报所发往的网络，但不作为到其他网络的中转。6LoWPAN 的架构是由低功耗无线局域网（LoWPAN）组成的，这些 LoWPAN 是 IPv6 的末梢网络。图 1-7 给出了 6LoWPAN 的整体体系结构。三种不同类型的 LoWPAN 被定义为：①简单 LoWPAN、②扩展 LoWPAN 和③自组织 LoWPAN。一个 LoWPAN 是 6LoWPAN 节点的集合，这些节点都有一个共同的 IPv6 地址前缀（IPv6 地址的前 64 位），这意味着无论节点是在 LoWPAN 中的哪里，它的 IPv6 地址都将保持不变。一个自组织 LoWPAN 没有连接到互联网，不需要基础设施便可自行运行。一个简单 LoWPAN 通过一个 LoWPAN 边缘路由器连接到另一个 IP 网络。图 1-7 中显示了一个回程链路（backhaul link）（点到点，例如 GPRS），但是，这也可能是一个（共享的）骨干链路（backbone link）。扩展 LoWPAN 是一个包括多个边缘路由器的 LoWPAN，同时与一个骨干链路（如以太网）互相连接。

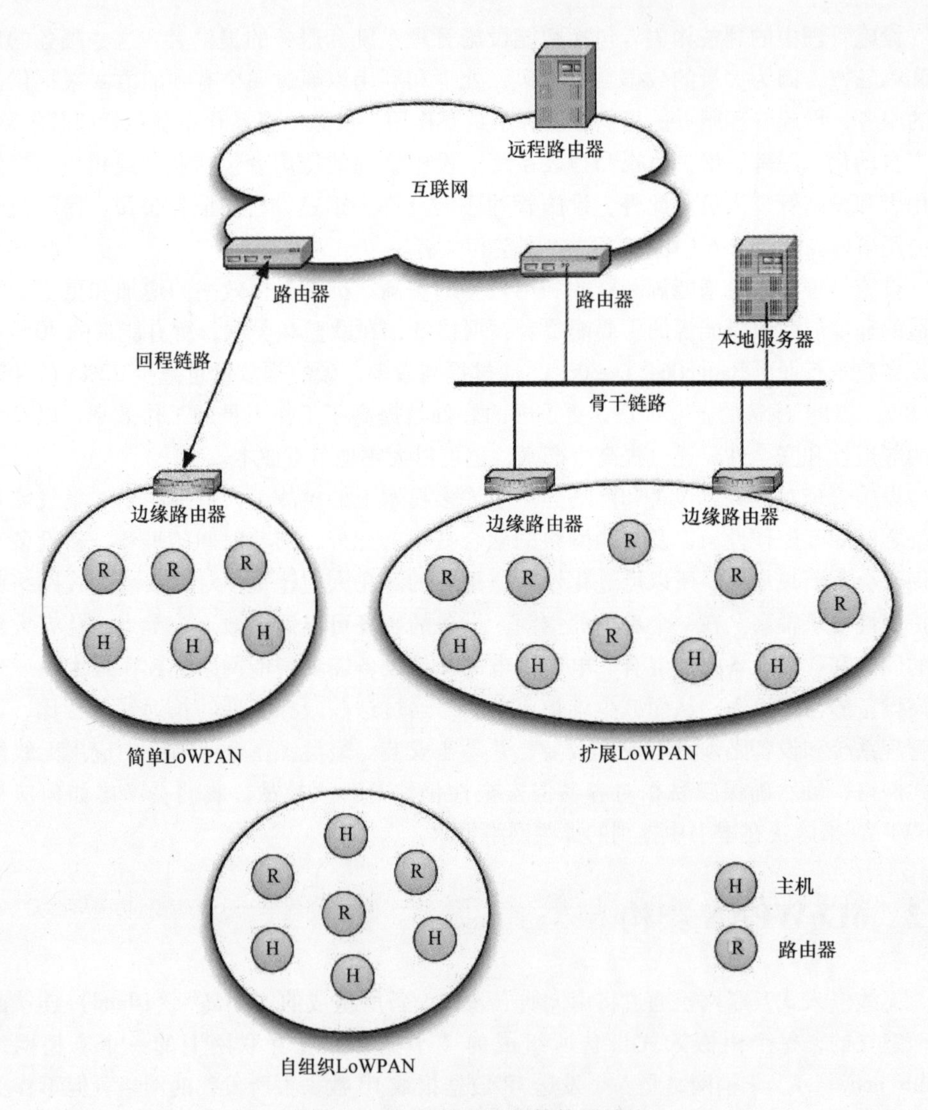

图 1-7　6LoWPAN 的整体体系结构

如图 1-7 所示，LoWPAN 通过边缘路由器连接到其他的 IP 网络。边缘路由器起着重要的作用，因为其路由数据报出入 LoWPAN，同时处理 6LoWPAN 标准的压缩和邻居发现。如果 LoWPAN 要连接到 IPv4 网络，边缘路由器同时也要处理 IPv4 互联性（这将在第 4.3 节中进一步讨论）。边缘路由器通常有管理功能，从而组成整体的 IT 管理解决方案。在同一个 LoWPAN 中支持多个边缘路由器共享同一个骨干路由器。

一个 LoWPAN 由节点和一个或多个边缘路由器组成，其中节点可以充当主机或路由器的作用。在同一个 LoWPAN 中的节点的网络接口共享相同的 IPv6 前缀，这些前缀是由 LoWPAN 中边缘路由器和路由器所分配的。为了便于高效的网络操作，节点会在一个边缘路由器进行注册。这些操作是邻居发现（ND）的一部分，而邻居发现是IPv6的一个重要的基础性机制。邻居发现定义了在同一链路上主机和路由器的交流方式。LoWPAN节点在同一时间可能加入不止一个LoWPAN（称为多归属），在边缘路由器之间可以实现容错。在整个LoWPAN中、边缘路由器之间甚至不同的LoWPAN之间，LoWPAN节点可以自由移动。拓扑发生变化也可能是由无线信道条件造成的，而节点本身的物理位置并没有改变。在LoWPAN中的多跳网状拓扑结构可以要么通过链路层转发（称为Mesh - Under），要么通过使用IP路由（称为Route - Over）来实现。6LoWPAN同时支持这两种技术。

LoWPAN节点和其他网络节点的通信以端对端的方式进行，就像任何IP节点之间的通信一样。每一个LoWPAN节点是通过一个唯一的IPv6地址来标识的，并可以发送和接收IPv6数据报。通常LoWPAN支持ICMPv6通信，比如“ping”命令，并使用用户数据报协议（UDP）作为传输协议。在图1-7中，简单LoWPAN和扩展LoWPAN可以通过它们的边缘路由器与任意一个服务器进行通信。因为LoWPAN节点的数据载荷和处理能力非常有限，通常在一个UDP数据载荷中使用一个简单的二进制格式来设计应用协议。适合于6LoWPAN的应用协议将在第5章中讨论。

一个简单LoWPAN和扩展LoWPAN之间的主要不同是边缘路由器的数量，它们共享相同的IPv6前缀和一个共同的骨干链路。多个LoWPAN可以互相重叠（甚至在同一个信道上）。当从一个LoWPAN移动到另一个时，节点的IPv6地址将改变。一个LoW-PAN边缘路由器通常通过一个回程链路连接到互联网，如蜂窝或DSL［ID - 6lowpan - nd］。例如因为管理方面的原因，网络部署也可以选择多个简单LoWPAN，而不是选择在一个共享骨干链路上的一个扩展LoWPAN。如果网络中不同LoWPAN之间的流动性很小，或应用没有为节点假定固定的IPv6地址，这个问题将不存在。第1.4节将给出一个简单LoWPAN通过回程链路连接到互联网的部署例子。

在扩展LoWPAN的配置中，如图1-7中的右侧所示，多个边缘路由器共享一个共同的骨干链路，并通过共享相同的IPv6前缀，以及卸载大部分邻居发现消息到骨干链路进行协作［ID - 6lowpan - nd］。因为在整个扩展LoWPAN中IPv6地址是稳定的，并且边缘路由器之间的移动非常简单，这大大简化了LoWPAN节点的操作。边缘路由器还可以代表节点处理IPv6的转发。对LoWPAN之外的IP节点而言，无论在扩展LoW-PAN中它们的连接点在哪里，LoWPAN节点总是可达的。这使得建立大型企业级的6LoWPAN基础设施成为可能，这与WLAN（Wi - Fi）接入点的基础设施功能类似，但是是在第3层而不是在第2层。

6LoWPAN并不需要基础设施来运行，它可以作为一个自组织LoWPAN来运行［ID - 6lowpan - nd］。在这种拓扑结构中，必须配置一个路由器作为简化的边缘路由器，以实现两个基本功能：唯一本地单播地址（ULA）的生成［RFC4193］和处理6LoWPAN的邻居发现注册功能。从LoWPAN节点的角度来看，自组织网络的运行方式与一个简单LoWPAN相似，除了被广告的前缀是一个IPv6本地前缀，而不是一个全球性的，并且在 LoWPAN 外没有路由。

第 3 章将详细介绍 LoWPAN 类型和 6LoWPAN 邻居发现操作。完整的规范请参阅［ID－6lowpan－nd］中的 6LoWPAN 邻居发现文档。

1.3 6LoWPAN 简介

本节对本书中所涉及的核心 6LoWPAN 内容给出了一个简短但全面的介绍。首先介绍了协议栈、链路层技术、编址和头格式，接着介绍了网状拓扑结构以及其与互联网的融合。

1.3.1 协议栈

图 1-8 给出了带有 6LoWPAN 协议栈的 IPv6 与一个典型 IP 协议栈的比较，以及对应的互联网的五层模型（［RFC1122］的四层模型，其中物理层从链路层中单独分离出来）。因为互联网将多种链路层技术与多种传输协议和应用协议联系在一起，互联网模型有时也被称为“窄腰”（narrow waist）模型。简单的 IPv6 和 6LoWPAN 协议栈（也称为 6LoWPAN 协议栈）几乎等同于一个普通的 IP 协议栈，但有以下区别。首先 6LoWPAN 只支持 IPv6，它定义了一个小的适配层（称为 LoWPAN 适配层），以在 IEEE 802.15.4 和类似的链路层上优化 IPv6。实际上，在嵌入式设备中的 6LoWPAN 协议栈，往往实现了 LoWPAN 的适配层和 IPv6，因此，它们也可以一起显示为网络层的一部分（有关协议栈实现问题的更多信息，请参见第 6.2 节）。6LoWPAN 最常使用的传输协议是用户数据报协议（UDP）［RFC0768］，它可以通过使用 LoWPAN 格式被压缩。因为性能、效率和复杂性的原因，传输控制协议（TCP）不常被 6LoWPAN 使用。互联网控制消息协议版本 6（ICMPv6）［RFC4443］被用于控制消息，例如 ICMP 回应、ICMP 目的地不可达和邻居发现消息。虽然有更多标准的应用协议可用，应用协议往往特定于应用并基于二进制格式。我们在第 5 章中将详细讨论应用协议。

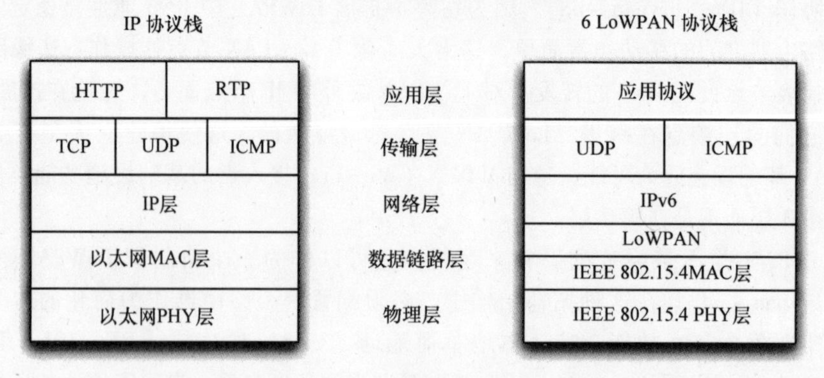

图 1-8 IP 和 6LoWPAN 协议栈的比较

完整的 IPv6 和 LoWPAN 的格式之间的自适应（在本节后面介绍）是通过 6LoWPAN 的边缘路由器来执行的。这种转换在两个方向上都是透明、有效和无状态的。在边缘路由器中的 LoWPAN 的适应通常作为 6LoWPAN 网络接口驱动程序的一部分来进行，并对 IPv6 协议栈本身是透明的。图 1-9 显示了一个有 6LoWPAN 支持的边缘路由器的实现。关于边缘路由器实现的注意事项，请参见第 6.4 节。在 LoWPAN 内部，因为所有的压缩字段都被每个节点所知，所以主机和路由器实际上并不需要完整的 IPv6 或 UDP 报头格式。

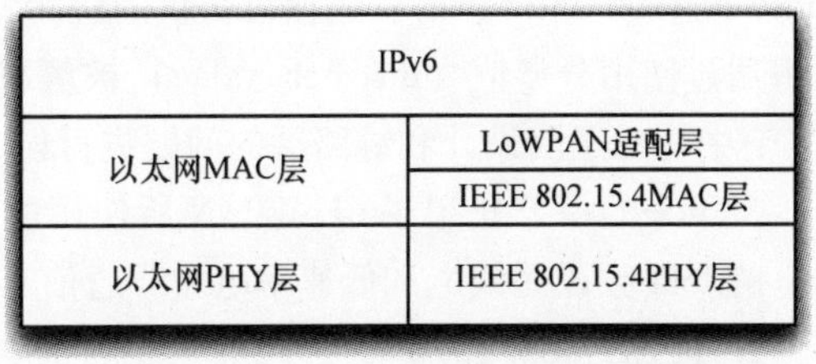

IPv6	
以太网MAC层	LoWPAN适配层
	IEEE 802.15.4MAC层
以太网PHY层	IEEE 802.15.4PHY层

图 1-9　6LoWPAN 支持的 IPv6 边缘路由器

1.3.2　6LoWPAN 链路层

互联网协议最重要的功能之一是把异构链路互联到一个单一的可互操作的网络，这提供了一个通用的“窄腰”。对于 6LoWPAN 和嵌入式网络这同样适用，其中会使用很多不同的无线（和有线）链路层技术。嵌入式网络的特殊应用需要一个比一般的个人计算机网络更广范围的通信解决方案，而个人计算机网络几乎普遍都使用以太网和 Wi - Fi。幸运的是，对于嵌入式网络应用，IEEE 802.15.4 标准是最常见的 2.4GHz 无线技术，并已被用来作为 6LoWPAN 发展的基准。6LoWPAN 使用的其他技术包括 sub - GHz 无线电、远程遥测链路以及甚至电力线通信。接下来将讨论 6LoWPAN 对链路层的要求，它和链路层的相互作用，以及 IEEE 802.15.4、Sub - GHz 无线电和电力线通信等相关内容。

一个链路应提供一套要求或推荐的功能，以与互联网协议协同工作。这些功能包括组帧、编址、错误检查、长度指示、一定的可靠性、广播和合理的帧大小。在 [RFC3819] 中讨论了为使用 IP 而设计子网所涉及的问题。6LoWPAN 被设计用于一种特殊类型的链路，并且其有一套自身的链路要求和建议。

支持 6LoWPAN 的链路层最基本的要求是组帧、单播传输和编址。编址用于区分链路上的节点，并形成 IPv6 地址，此地址在之后会因 6LoWPAN 压缩而被省略。强烈建议一个链路在默认情况下支持唯一的地址（例如，一个 64 位的扩展唯一标识符 [EUI - 64]），以允许无状态自动配置。多路链路应提供广播服务。标准的 IPv6 要求多播服务，但 6LoWPAN 并不要求（广播就足够了）。IPv6 要求一个链路的最大传输单元（MTU）为 1280B，6LoWPAN 通过在 LoWPAN 适配层支持分片也满足此最大传输单元。一个链路应提供有效载荷有用部分的大小至少为 30B 的长度（大于 60B 更好）。虽然 UDP 和 ICMP 包括一个简单的 16 位校验和，但还是建议在链路层再提供更强的错误检查。最后，因为 IPsec 可能对 6LoWPAN 并不实际，所以强烈推荐链路有强大的加密和认证功能。实际上，2006 年版的 IEEE 802.15.4 标准不包括“下一个协议标识符”

（next protocol identifier），这使得协议的检测变得很困难。这个问题虽然在 LoWPAN 格式中通过使用分派值（dispatch value）被解决，但一个链路最好拥有这个功能。在第 2.2 节中将对子网设计和链路层的问题进行讨论。

接下来的章节介绍了 6LoWPAN 所使用的三种链路层技术：IEEE802.15.4、sub－GHz 的 ISM 频段无线电和低速率电力线通信。

1. IEEE 802.15.4

IEEE 802.15.4 标准［IEEE 802.15.4］定义了工作在 2.4GHz、915MHz 和 868MHz 频段上的低功耗无线嵌入式无线电通信。标准的第一个版本发布于 2003 年，并在 2006 年进行修订。最近发布的 IEEE 802.15.4a 标准和扩展的 IEEE 802.15.4 标准定义了两个新的物理层选项：2.4GHz 的线性调频扩频，3.1～10.6GHz 的超宽带。增加新功能的工作仍在继续，如 IEEE 802.15.4 4e 工作组（TG4e）的 MAC 改善、有源 RFID（TG4f）、更大的网络（TG4a）和用于中国（TG4c）和日本（TG4d）的专用物理层。关于这些内容的更多信息，请访问 IEEE 官方网站。实际上，传感器网络在今天几乎全部使用的是 2.4GHz 的 IEEE 802.15.4，因为它提供了合理的数据速率，并可以在全球内被使用。sub－GHz 信道受地理限制，这是因为 915MHz 主要用在北美，而 868MHz 主要用在欧盟（EU）。再加上 sub－GHz 的 IEEE 802.15.4 有限的数据速率和信道选择，这使得在今天的市场上只有很少的芯片。往往更灵活的 sub－GHz 的芯片更容易被使用，这将在下一节中介绍。由于新的 sub－GHz 的应用变得越来越广泛以及像 IP500 联盟所做的努力，以及用于 sub－GHz 信道的最新的 IEEE 802.15.4 标准的改进，这种趋势还可能发生变化。

IEEE 802.15.4 标准依据频率可以提供 20～250kbit/s 的数据传输速率。信道共享是通过使用载波侦听多址访问（CSMA）来实现的，并且提供确认机制以提高可靠性。链路层安全提供 128 位的 AES 加密。64 位（长）和 16 位（短）地址的编址模式具备单播和广播的能力。物理层的有效载荷高达 127B，有效载荷的 72～116B 在链路层组帧、编址和附加的可选安全域是可用的。MAC 层可以运行在两种模式：非信标模式和信标使能模式。非信标模式使用纯 CSMA 信道接入，且像 IEEE 802.11 一样没有信道保留。信标使能模式使用混合的时分多址（TDMA）的方式，可以为关键数据保留时隙。IEEE 802.15.4 标准包括许多用于形成网络和控制超帧设置的机制。附录 B 中提供了 IEEE 802.15.4 标准参考。

早期的 6LoWPAN 标准化工作最初是针对 IEEE 802.15.4 标准［RFC4919，RFC4944］的，因此假设了一些 802.15.4 特定的功能，如信标使能模式和关联机制将和 802.15.4 设备一起使用。基于［RFC4944］的实际经验和行业的需求，最近的 6LoWPAN 标准化已经推广到更大范围的链路层，避免了假设 IEEE 802.15.4 的特定功能。在第 2.2 节中将介绍更多有关 6LoWPAN 使用的细节。

2. sub－GHz ISM 频段无线电

sub－GHz 无线电技术，使用工业、科学和医疗（ISM）频段，在无线遥测、计量和远程控制等低功耗无线嵌入式应用中特别流行。sub - GHz ISM 频段包括 433MHz、868MHz 和 915MHz。sub - GHz 普及的主要原因是低频率无线电波具有更好的穿透性，使得与 2.4GHz 相比具有更大的通信范围。另外一个原因是 2.4GHz ISM 频段在城市环境中变得非常拥挤。一种流行的 sub - GHz 芯片是德州仪器公司的 CC1101 收发器［CC1101］。该收发器作为一个可重新配置的无线电能够在 300 ~ 928MHz 运行，有各种各样的调制方式、信道并且数据速率高达 500kbit/s。这样的芯片也可以与外部功率放大器一起使用，用于增加通信范围。芯片的功能包括载波感测，接收信号强度指示（RSSI）支持，以及帧大小最多可达 250B。单芯片系统版本——CC1110，还包括一个 128 位的 AES 硬件加密引擎。这种收发器只提供物理层，它的数据链路层是和具体的实现相关的，需要提供组帧、编址、错误检查、确认和帧的长度。当设计一个这种类型的收发器的链路层时，IEEE 802.15.4 标准的帧结构和非信标模式操作通常可以被作为一个起点。

3. 电力线通信

6LoWPAN 在特殊有线通信链路上，如低速率电力线通信（PLC）也有有趣的用途。这项技术的应用包括家庭自动化、能源效率监测和智能电表。一个来自 Watteco［Watteco］的这样的系统采用被称为瓦特脉冲通信（WPC）的技术，大大降低了通信的复杂性。使用 WPC 的物理层的数据速率是 9.6kbit/s，在房屋、建筑物或市区的电力系统上所得到的信道是多路的且类似于无线 CSMA 信道。Watteco 提供了 WPC 的一个版本，其带有 IEEE 802.15.4 数据链路层的仿真。这使得 6LoWPAN 可以通过以一种与 IEEE 802.15.4 和其他 ISM 频段无线电非常相似的方式，与 PLC 一起使用。有了 PLC，多跳路由将不再是一个问题，这是因为通常所有的节点都在同一个稳定链路上。多跳转发在互联多个 PLC 子网，或集成 PLC 和无线 6LoWPAN“小岛”中，可能是有用的。

1.3.3 编址

6LoWPAN 中的 IP 编址就像在任何 IPv6 网络中的一样，并与［RFC2464］所定义的以太网编址相似。通过组合 LoWPAN 的前缀和无线接口的链路层地址，IPv6 地址通常会自动形成。在 LoWPAN 中的差异是低功耗无线技术支持链路层编址的方式；链路层地址和 IPv6 地址之间的直接映射可以用于实现压缩。第 1.3.4 节将对此进行说明。

低功耗无线射频链路对所有设备通常都使用平面链路层编址，并同时支持唯一的长地址（如 EUI - 64）和可配置的短地址（通常长度为 8 ~ 16 位）。例如，IEEE 802.15.4 标准在所有的无线芯片中支持唯一的 EUI - 64 地址，同时也支持可配置的 16 位短地址。本质上这些网络也支持广播（在 IEEE 802.15.4 中的地址 0xFFFF），但不支持本地多播。

IPv6 地址的长度是 128 位，并（在与此有关的情况下）由一个 64 位的前缀部分和 64 位的接口标识符（IID）［RFC4291］组成。无状态地址自动配置（SAA）［RFC4862］用于按照［RFC4944］从无线接口的链路层地址形成 IPv6 接口标识符。为了简化和压缩，6LoWPAN 网络假定 IID 有到链路层地址的直接映射，从而避免了地址解析的需要。IPv6 前缀是通过在一个正常 IPv6 链路上的邻居发现路由器广告（RA）消息［ID-6lowpan-nd］来获得的。6LoWPAN 中从已知的前缀信息和已知的链路层地址来产生 IPv6 地址，允许了一个高的报头压缩比。在第 2 章中详细讨论了 6LoWPAN 的编址。附录 A 提供了关于 IPv6 的参考，包括了 IPv6 的编址模式的说明。

1.3.4 报头格式

6LoWPAN 的主要功能是在 LoWPAN 适配层中，它允许了对 IPv6 以及其后报头，例如 UDP 报头的压缩、以及分片和网状编址功能。6LoWPAN 标准的报头在文件［RFC4944］中进行了定义，后来被［ID-6lowpan-hc］改善和扩展。6LoWPAN 标准的压缩是无状态的，因此非常简单和可靠。它依赖于所有节点从它们加入到该 LoWPAN 而获得的共享信息，以及分层的 IPv6 地址空间，该空间允许 IPv6 地址在大部分情况下都被完全省略。

LoWPAN 报头由以下部分组成：确定报头类型的分派值、表示哪些字段被压缩的 IPv6 报头压缩字节、任何串联的 IPv6 字段。例如，如果 UDP 或 IPv6 扩展报头遵循 IPv6，那么这些报头将通过使用被称为下一个报头压缩的方法来被压缩［ID-6lowpan-hc］。图 1-10 给出了 6LoWPAN 压缩的一个例子。在数据报较高位中包括了一个字节的 LoWPAN 分派值，以表示在 IEEE 802.15.4 基础上完整的 IPv6。图 1-11 给出了一个 6LoWPAN/UDP 最简单形式的例子（相当于图 1-10 中的较低位），按照［ID-6lowpan-hc］在其中有一个分派值和 IPv6 报头压缩（LoWPAN_ IPHC）（2B），其中所有 IPv6 字段都被压缩，随后是一个 UDP 的下一个报头压缩字节（LoWPAN_ NHC），压缩的源字段和目的端字段以及 UDP 校验和（4B）。因此，在可能的最好的情况下，6LoWPAN/UDP 报头刚好是 6B。而相比较而言，一个标准 IPv6/UDP 报头是 48B，如图 1-12 所示。考虑到在最坏情况下，IEEE 802.15.4 仅有有效载荷的 72B 可用，因此压缩功能至关重要。在第 2 章中详细描述了 6LoWPAN 的格式和功能。注意，这些表示数据报格式的图采用了框记号的方法，其解释请参见附录 A.1 节。

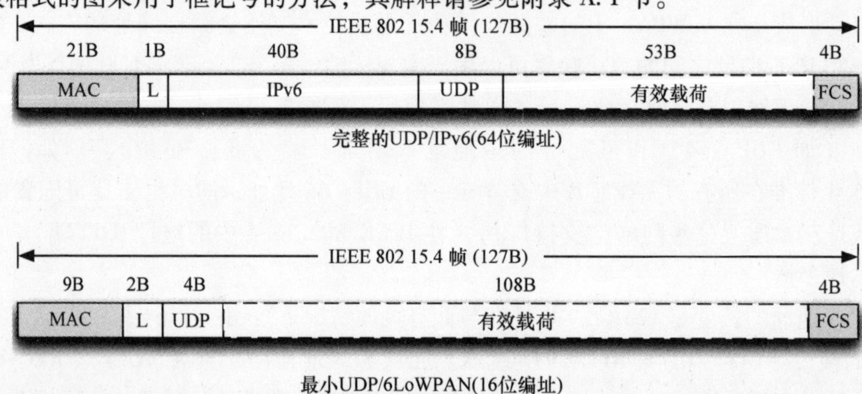

图 1-10　6LoWPAN 报头压缩举例（L = LoWPAN 报头）

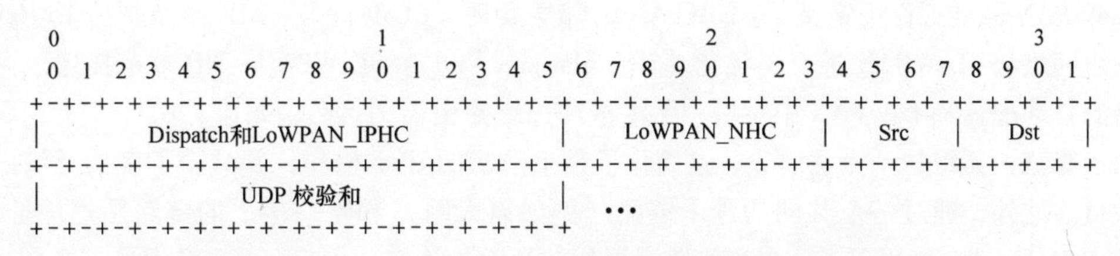

图1-11 6LoWPAN/UDP压缩后的报头格式（6B）

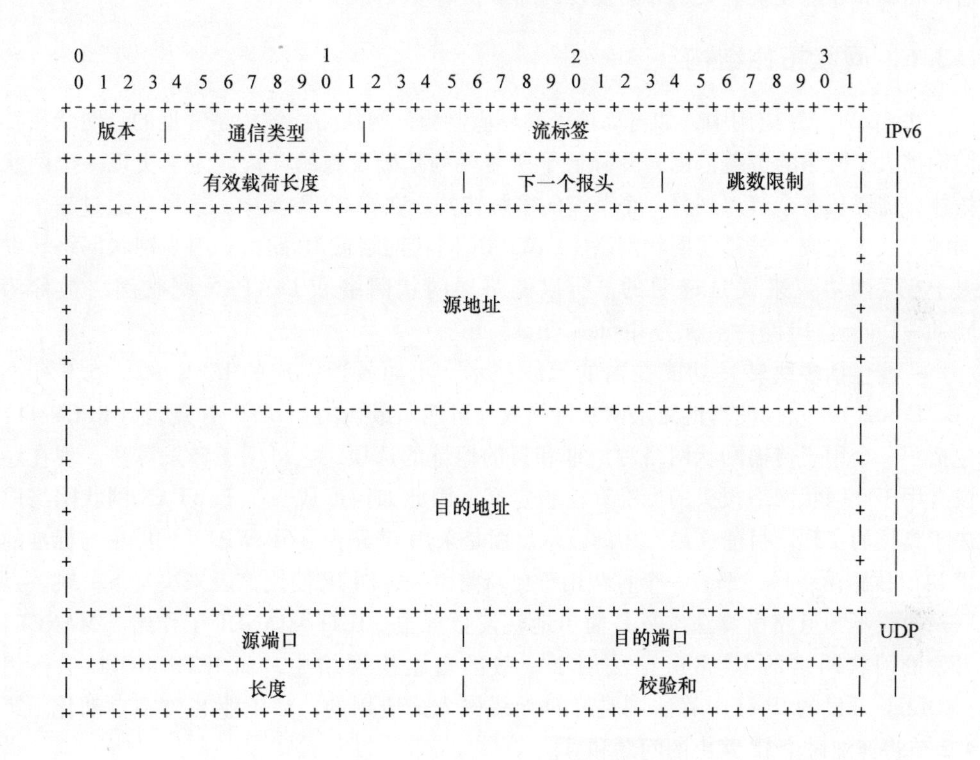

图1-12 标准的IPv6/UDP报头（48B）

1.3.5 启动

6LoWPAN应用经常涉及完全自主的设备和网络，它们必须在没有人工干预的情况下进行自动配置。启动首先需要通过链路层来执行，以使在无线电范围内节点之间能进行基本的通信。基本的链路层配置通常包括信道设置、默认的安全密钥和地址设置。一旦链路层开始工作，且设备之间的单跳通信成为可能，6LoWPAN的邻居发现［ID－6lowpan－nd］就被用来引导整个LoWPAN。

邻居发现是IPv6的一个关键功能，它处理IPv6链路上节点之间最基本的启动和维护问题。［RFC4861］中规定了基本的IPv6邻居发现，但不适合于6LoWPAN使用。

6LoWPAN 标准工作组定义了 6LoWPAN 的邻居发现（6LoWPAN - ND），特别为低功耗无线网络和 6LoWPAN 进行了优化［ID - 6lowpan - nd］。6LoWPAN - ND 规范描述了网络的自动配置和 LoWPAN 中主机、路由器和边缘路由器的运行。每个 LoWPAN 中相应的边缘路由器维护一个注册表，这简化了整个网络的 IPv6 操作，并减少了多播泛洪的数量。此外，通过一个共同的骨干链路（例如以太网）和唯一生成的链路层短地址，6LoWPAN - ND 使覆盖了许多边缘路由器的 LoWPAN 连接到一起。第 3 章中将主要介绍启动问题和邻居发现。关于邻居发现的细节，请参阅附录 A。

1.3.6 网状拓扑结构

在 6LoWPAN 应用中，如自动抄表和环境监测，网状拓扑结构是常见的。网状拓扑结构扩大了网络的覆盖范围，并降低了所需要的基础设施的开销。为了实现一个网状拓扑，需要从一个节点到另一个节点的多跳转发。在 6LoWPAN 中，这可以通过三个不同的方式来完成：链路层网状网络、LoWPAN 网状网络或 IP 路由。因为网状网络转发对于互联网协议来说是透明的，所以链路层网状网络和 LoWPAN 网状网络被称为 Mesh - Under。IP 路由被称为 Route - Over。

一些包括多跳转发功能在内的无线技术，比如最近完成的 IEEE 802.15.5 标准［IEEE 802.15.5］，使得链路层网状网络成为可能。最初的 6LoWPAN 规范［RFC4944］包括了一个用于传输网状网络源地址和目的地址的选项，它可用于转发算法。现在还没有用于此网状网络报头的标准算法被定义，因此如何形成一个 LoWPAN 网状网络取决于具体的实现。目前，最常用的技术反而是采用 IP 路由。6LoWPAN 的路由与标准的 IP 协议栈路由一样，都有一个算法用于更新路由表，而 IP 使用该表来决定下一跳。互联网协议不知道路由算法，只是简单地转发数据报。IETF MANET 工作组［MANET］开发的网状网络的 IP 路由算法用于一般的自组织网络中，而 IETF ROLL 工作组［ROLL］开发的 IP 路由算法则是针对无线嵌入式应用的，如工业和楼宇自动化。第 4.2 节将详细讨论 IP 路由的问题和算法。

1.3.7 互联网的整合

当一个 LoWPAN 连接到另一个 IP 网络或互联网时，有几个问题需要考虑。通过有效地压缩报头和简化 IPv6 的要求，6LoWPAN 使 IPv6 可以应用于低功耗无线网络中的简单嵌入式设备上。当 LoWPAN 与其他 IP 网络进行整合时，要考虑的问题包括：

（1）最大传输单元：为了符合 IPv6 要求的 MTU 为 1280B，6LoWPAN 执行了分片和重组。然而，专为无线嵌入式互联网设计的应用，应尽可能减少数据报大小。这是为了避免使 LoWPAN 出现分段的 IPv6 数据报，因为这将带来性能上的损失。在分片上的其他注意事项将在第 2.7.2 节中进行介绍。

（2）防火墙和 NAT：在实际网络部署中，防火墙和网络地址转换器（NAT）被广泛使用。当通过这些来连接 6LoWPAN，可能有几个问题需要处理，例如 UDP 端口的阻塞和非标准的用于6LoWPAN应用的应用协议，以及无法使用静态IP地址。

（3）IPv4互联：6LoWPAN本身仅支持IPv6，但是6LoWPAN节点与IPv4节点交互或通过IPv4网络进行交互往往是必要的。有几个方式可以处理IPv4的互联性问题，包括IPv6 - in - IPv4隧道和地址翻译。这些机制通常配置在LoWPAN边缘路由器、本地网关路由器上。第4.3节将介绍IPv4的互联性。

（4）安全：在嵌入式设备连接到公共互联网时，安全性应始终是一个关注的重点，因为嵌入式设备是资源有限的和自主的。6LoWPAN也是这样，因为节点和网络的局限限制了完整的IPsec套件的使用、传输层（“套接字”）安全或每个节点上复杂的防火墙的使用。尽管LoWPAN内部的链路层安全机制（采用IEEE 802.15.4的128位的AES加密）提供了一些保护，但LoWPAN路由器之外的通信依然容易受到攻击。这增加了应用层上端对端的安全性需求。在第3.3节中我们将进一步讨论安全性。

1.4 网络实例

在本节中，我们将给出一个6LoWPAN在实际中是如何工作的简短的例子，主要集中于讨论启动和操作过程中发生的基本事情。图1-13显示了一个部署简单LoWPAN的例子，该LoWPAN通过回程链路连接到IPv6互联网。该LoWPAN由边缘路由器、3个LoWPAN路由器（R）和3个LoWPAN主机（H）组成。此外，在互联网上有一个远程服务器。这个LoWPAN是基于IEEE 802.15.4的，并使用IP路由（这就是为什么这里有LoWPAN路由器的原因）。为了可以很容易地理解该例子，仿造的IPv6子网前缀和节点地址都包括在图中（在现实中的地址将更长）。

连接到互联网的路由器在回程链路上广告IPv6前缀2001: 300a: : /32，这被边缘路由器用于自动配置。边缘路由器然后配置IPv6前缀2001: 300a: 1: : /48到其IEEE 802.15.4无线接口。值得注意的是，因为使用的是简单LoWPAN模型，所以LoWPAN和回程链路是在不同的子网上。LoWPAN中的IEEE 802.15.4无线设备假设了一个默认的信道和安全密钥的设置。边缘路由器开始广告IPv6前缀，被三个路由器用于执行无状态地址自动配置，并使用6LoWPAN - ND在边缘路由器进行注册。现在每个LoWPAN节点都有一个有64位IID的IPv6地址，另外还在注册过程中从边缘路由器收到一个有16位IID的IPv6地址。在图中显示了IPv6地址的IID部分，例如，: : 1，其完整的IPv6地址为2001: 300a: 1: : 1。在实际的实现中，这些IID将从16位的随机数中生成。然后路由器广告同样的前缀到三个主机，这三台主机也同样在边缘路由器注册。LoWPAN内的拓扑结构可以自由更改，而不会影响节点的IPv6地址。

用于广告路由器和注册的邻居发现消息可以用来初始化路由器的路由算法。图1-13中的虚线表示了一组路由实例。LoWPAN节点的IPv6源地址和目的地址在通信过程中被省略。在同一链路上（例如: : 6到: : 5）发送数据报根本不需要IPv6地址，这是因为链路层报头中已经包含了IEEE 802.15.4源地址和目的地址。如果数据报被多

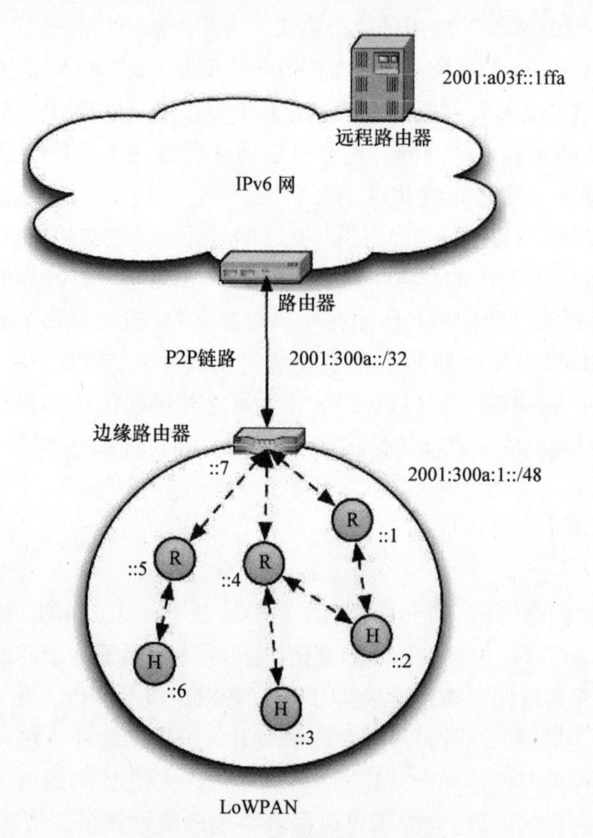

图 1-13　一个 6LoWPAN 实例

跳转发，那么就会加上 16 位的源地址和目的地址（例如：：3 到：：7），这些地址用于路由的数据报。发往 LoWPAN 以外的数据报要么包括一个完整的 IPv6 目的地址，或者如果压缩的部分在 LoWPAN 中被广播，就包括一个压缩的地址。例如，LoWPAN 主机 2001：300a：1：：6 发送一个数据报到远程服务器 2001：a03f：：1ffa。如果报头被压缩，边缘路由器将扩展压缩的 LoWPAN 和 IPv6 报头到一个完整的 IPv6 报头。边缘路由器也处理传入的数据报，尽可能地压缩 IPv6 报头和 UDP 报头。

第2章 6LoWPAN格式

设计互联网协议的目的是使网络不受任何单一网络的限制。互联网是由许多子网组成，数据报通过一些子网从它的源端被传递到目的端。对于每种类型的子网，需要有一个“IP - over - X”的规范来定义如何在该子网中传输IP数据报。这些规范的复杂性可以有很大的差别。

在众多复杂的IPv6 - over - X规范中，最简单的是在以太网上实现IPv6 [RFC2464]，它通过四页多的ASCII文本（加样板）来描述数据报的格式和用于这些数据报的地址格式。这样简单的原因是，IPv6使用的链路模型与以太网的能力相匹配，这使得一个非常简单的一对一映射成为可能。在其他情况下，将IP层所要求的服务映射到下层所提供的服务上需要更多的工作。“IP - over - X”规范可以相当于其自身的一个（子）层，通常被称为适配层。

IPv6 - over - 点对点协议（PPP）给出了这样的一个例子 [RFC5072]。尽管该规范本身所包含的规范性文本只有10多页，但它包括了50页供参考的PPP规范 [RFC1661]，并且根据所选择的选项，可能会调用和鲁棒报头压缩同样复杂的规范（ROHC [RFC3095]，超过150页）。最后，PPP本身需要规范来将它映射到特定的点对点链路，如ISDN（综合业务数字网，基于64kbit/s电路的电路交换式数字电话网络）上的PPP [RFC1618]，或以太网上的PPP [RFC2516]。其实，PPP的功能还可以更强大，因为它可以作为一个子层，用于在各种点对点链路上发送各种协议。

用于在IEEE 802.15.4网络中传输IPv6的6LoWPAN规范 [RFC4944]，没有PPP规范复杂，但需要比以太网上传输IPv6做更多的工作。IEEE 802.15.4所提供的服务没有以太网所提供的服务强大。此外，由于IEEE 802.15.4的有限的性能，以及对实际数据传输和接收中能耗的限制，这些对在适配层中的优化提出了更高的要求。

本章首先对在6LoWPAN适配层中需要解决的问题进行一个简短的概述，然后介绍了6LoWPAN对每个问题的解决方案。

2.1 适配层的功能

一个“IP - over - X”适配层需要把IP数据报映射到子网所提供的服务，通常被认为是在一个分层参考模型的第二层（L2）。这里可能需要解决下列问题：

（1）链路可以是点对点的或它们能提供多个IP节点的互连。当一个数据报在点对点链路上发送时，这清楚地意味着该数据报将被另一个节点（接收节点）所使用。对于一个多路接入链路，通常会提供某种形式的链路层编址（L2的编址）。具体而言，在一个无线网络中，如 IEEE 802.15.4，一个数据报可以被多个接收器侦听，而不是所有接收器都需要对此有所行动；L2 地址提供了一个有效的方式来做出该决定。一旦 IP 层决定了数据报的下一跳 IP 地址，适配层的任务之一是要找出数据报需要编址到哪一个链路层地址，这样数据报就可以在到其预期 IP 层目的地的路径上继续转发。这将在第 2.4 节中进行讨论（有趣的是，6LoWPAN 协议也可以参与一些 L2 地址的实际分配，见第 3.2.1 节）。

（2）子网可能不会立即为数据报提供到其下一个 IP 节点的路径。比如，当映射 IP 到面向连接的网络时，例如 ISDN 或 ATM（异步传输模式，基于大小相等的 53B 单元的虚电路的单元切换式链路层），适配层可能需要设置连接（还可能决定何时再次关闭它们）。虽然 LoWPAN 不是面向连接的，在 Mesh - Under 情况下，适配层可能需要找出下一个 L2 跳，并可能需要提供该跳下一步方向的信息，以将数据报继续转发。具体内容请参见第 2.5.1 节。

（3）在子网中，IP 数据报需要被打包（封装），以使得子网可以传输该数据报并且 L2 接收节点可以再次提取该 IP 数据报。这导致了很多子问题：

1）链路可以发送其他类型的数据报，而不仅仅是 IP 数据报。此外，还可能需要区分不同类型的封装。大多数链路层提供某种形式的下一层的数据报类型的信息，如以太网中的 16 位以太网类型或 PPP 中的 PID（协议 ID）。在 IEEE 802.15.4 中则不是这样：6LoWPAN 在确定不同的数据报封装时是独立的，在第 2.3 节中将详细讲解。

2）IP 数据报可能不符合第 2 层可以传输的数据单元。IP 网络接口很重要的一个特征在于 MTU（最大传输单元），即可以使用该接口来发送的最大数据报。通常来说，以太网接口的 MTU 为 1500B。IPv6 定义了 MTU 最小值为 1280B，即任何适配层上的最大数据报的大小不能小于 1280B，1280B 或更小的数据报在链路上都可以被传输。IEEE 802.15.4 只能传输最大为 127B 的 L2 数据报（其中很大一部分还会被 L2 占用）。为了能够传输更大的 IPv6 数据报，需要有一种方法来将 L3 数据报分割成多个 L2 数据报。那么下一个 IP 节点需要将数据报的这些部分放在一起并重组 IP 数据报。这个过程通常被称为分段和重组；类比 IP 层的分片过程，6LoWPAN 称此为分片和重组，这将在第 2.7 节讨论。

3）IP 设计的目的是使每个数据报都能完全独立。这导致了一个报头可能包含许多信息，这些信息可以从它的上下文中推断出。在一个 LoWPAN 中，通常 IP/UDP 报头的 48B 大小已经占用了一个 IEEE 802.15.4 数据报中有效载荷的很大一部分，造成在进行分片之前只留给应用层很少的空间。一个直接的解决方法是重新设计（或避免使用）IP。而更好的办法是消除在 L3 - L2 接口的大部分冗余，而且对于提供报头压缩这已被证明是一个很好的构架。现有的 IETF 标准的报头压缩（如上文所述的 ROHC）对于 LoWPAN 节点来说太复杂了，因此 6LoWPAN 标准带有自己的报头压缩，我们将在第 2.6 节进行讨论。

对于有关第 2 层网络特点和适配层的背景信息以及其他注意事项，《给子网设计师的建议》[RFC3819] 是一个很好的参考。

2.2 有关链路层的假设

互联网工作在多样的链路层技术上，而这些链路层技术也各有不同的特点。1998 年，IETF 认识到，这些特点的性能隐忧并不总是能被链路层设计师很好地理解。特别是，以前和现在的链路层设计师都倾向于在链路层上尝试解决尽可能多的问题，即使这些问题在其他层可以得到更好的（或只能在该层）解决。IETF 建立了一个工作组来调查链路特性对性能的影响（PILC），发表了一些信息 RFC，包括 [RFC3819]。

IEEE 802.15.4 标准有 305 页，第 7 章占了一半的篇幅用于阐述 MAC 层 [IEEE 802.15.4]，可以作为 MAC 层设计越来越复杂的趋势的一个例子，尽管实际解决方案的成功来自于它的简单性。文档的复杂性来源于需要使标准成为 IEEE 802 系列的一部分，因为 IEEE 802 系列已经为物理层和 MAC 层标准开发了它自己的参考模型和描述性术语，但很大一部分源于尝试通过允许从大量的选项中选择来达成共识。本节讨论了实际用于 6LoWPAN 的选项的子集；对于 IEEE 802.15.4 的最重要的格式和特性，附录 B 提供了一个方便的参考。

2.2.1 IEEE 802.15.4 以外的链路层技术

设计 6LoWPAN 时主要以 IEEE 802.15.4 为重点，这种针对性有助于 6LoWPAN 标准工作组减轻工作的复杂度，但却使普适性变得困难。6LoWPAN 格式规范中某些可选的概念是与 IEEE 802.15.4 标准链路层的功能紧密联系在一起的，如使用 PAN ID 进行地址管理。

这就是说，重要的是要认识到，6LoWPAN 工作组的产品的确表现出了显著的通用性。随着时间的推移，工作组变得越来越不愿意将 6LoWPAN 绑定到 IEEE 802.15.4 MAC 层更特殊的功能上。正如第 1.3.2 节中讨论的那样，6LoWPAN 反而最小化了链路层实际上所需要的功能。但同时，支持 IEEE 802.15.4 可以被认为是引入一套更广泛的新兴标准：就像以太网已经在链路层空间形成了其他技术，如 IEEE 802.11 WLAN 标准，我们有理由期望在无线嵌入式领域的新规范将与 IEEE 802.15.4 的功能集有同等地位，使 6LoWPAN 标准适用于更广泛的技术。这一趋势的第一个例子在今天已经可以看到，如第 1.3.2 节中讨论的那样。然而，在这本书中，我们将局限于完善的 IEEE 802.15.4 标准所提供的坚固的基础上。

2.2.2 链路层服务模型

6LoWPAN 对于链路层的要求是非常适度的。它对链路层的基本要求是一个节点可以发送一个有限大小的数据报到其通信范围内的另一个节点（即一个单播包）。和 IP 一样，考虑到数据报在低功耗无线链路上传输的不可靠性，6LoWPAN 中没有对可靠性的期望，对可达性也没有一个明确定义的界限。在有线网络（如以太网）中，节点是否插入，以及是否接入某个以太网（链路）都是很清楚的；通常在以太网上的所有节点都可以相互通信。在一个 LoWPAN 中，节点 A 和节点 C 都可以和节点 B 通信，而节点 A 和节点 C 之间基本无法通信的情况并不罕见。

相反，6LoWPAN 对于链路的要求被放宽到一个假设，即节点 A 在一段时间内，有一组节点可能是 A 可达的。在本书中，我们称这组节点为 A 的单跳邻居。此外，还有一个假设，即节点 A 可以向本地广播数据报，这些数据报可能会（但不一定总是）被节点 A 的单跳邻居中的所有节点所接收。

IEEE 802.15.4 MAC 层定义了四种类型的帧：

（1）数据帧：用于传输实际数据，如根据 6LoWPAN 格式规范封装的 IPv6 的帧。

（2）确认帧：如果数据帧中的 MAC 报头中的确认请求位被置位的话，由接收节点在成功接收数据帧后立即发回。

（3）MAC 层命令帧：用来使能各种 MAC 层服务，如和协调器（coordinator）的连接和断开以及同步传输的管理。

（4）信标帧：被协调器用于组织与其相关节点的通信。

6LoWPAN 规范只关心数据帧，用于携带由 LoWPAN 适配层定义的协议数据单元（PDU），PDU 又包含嵌入式的 IPv6 数据报（或其中的一部分）。在下面的章节中，我们将只使用术语 6LoWPAN PDU。

IEEE 802.15.4 数据帧可以选择要求它们是否需要确认。实际上 6LoWPAN 格式规范建议要求确认帧，这样无线链路上的数据帧丢失可以在链路层上立即得到恢复。IEEE 802.15.4 定义了在发送方没有收到确认后的一个最大重发次数（macMaxFrameRetries），它是 0 和 7 之间的一个数，其默认值是 3。RFC 也建议了这样一个相对较小的重传持续时间：一方面，在单跳内本地解决数据报丢失是最好的；另一方面，重传持续时间过长可能导致这样一个情况，即链路层仍然在忙着重发原始帧，而上层已经决定开始自己的重传［RFC3819，第 8.1 节］（不幸的是，IEEE 802.15.4 确认帧的定义方式使得它们无法使用数据链路层的安全机制。攻击者因此可以容易模仿成功接收到数据帧，而该数据帧实际上已经丢失了。然而，这只是另一种干扰无线信号的方式）。

2.2.3 链路层编址

链路层必须对全球唯一编址有一定的概念。6LoWPAN 假设在网络中很少可能会出现有两台设备使用相同的链路层地址（如在第 3.2 节中我们会看到的一样，这种情况被视为失败，它可能会影响性能）。一个地址唯一标识一个节点的事实，并不意味着它能全球定位某个节点，即链路层地址是不可路由的，它本身并不用于确定一个节点是在相同或不同的网络中。

数据帧携带源地址和目的地址。接收器根据目的地址来决定该帧是否应当被该节点接受，还是应当路由到另一个不同节点。源地址主要用于查找有关链路层安全的密钥信息，但在数据报转发中也可能发挥作用（参见第 2.5 节）。IEEE 802.15.4 节点拥有 8B 的 EUI－64 标识符。由于一对 64 位的源地址和目的地址已经消耗了数据报中可用空间的八分之一，IEEE 802.15.4 还定义了一个短地址格式（见第 2.4 节）。在网络的启动中可以动态地分配这些 16 位地址，请参见第 3.2.1 节。如果节点在 64 位地址之外还有一个 16 位地址可用，则可以节省数据报中的一些空间。（对于一个从/到一个协调器的通信，IEEE 802.15.4 允许帧的源地址或目的地址被完全省略。然而，6LoWPAN 标准要求 IEEE 802.15.4 帧报头中包含源地址和目的地址）。

IEEE 802.15.4 通过 16 位的 PAN 标识符增强了源地址和目的地址。这个标识符将在相同通信范围内的不同的 IEEE 802.15.4 网络区分开来。IEEE 802.15.4 实际上规定了一个程序来解决不同协调器之间 PAN 标识符的冲突。确保两个 6LoWPAN 网络不混淆它们的消息的一个更可靠的方式是，使用加密和消息完整性检查——两个网络的密钥信息极可能是不同的，所以不会有潜在的混淆的可能。

2.2.4 链路层管理和操作

由于对可靠地分离不同 LoWPAN 的需要，这导致了对数据机密性和完整性的要求。众所周知，由于最初只定义一个非常薄弱的安全机制，初期的 IEEE 802.11 在部署上有很大问题，这个问题在 5 年后的 IEEE 802.11i 标准中才得以解决。IEEE 802.15.4 显然已经吸取了这个教训，并在一开始就采用强大的链路层安全机制作为标准的一个组成部分。第 3.3 节将讨论 6LoWPAN 如何利用此功能。在这一点上一个重要的观察就是，提供用于加密和包括密钥标识在内的消息完整性检查机制可以在每个数据帧中消耗多达 30B 的额外空间。这进一步降低了 6LoWPAN PDU 的可用空间，并且这使准确的实际可用的空间取决于所选择的安全参数。

至于 IEEE 802.15.4 MAC 层其他的强大功能，6LoWPAN 努力保持中立的立场。比如，6LoWPAN 允许使用 IEEE 802.15.4 的信标使能网络，尽管在今天的实践中通常不这样做。在信标使能模式下，协调器定期发送信标帧。其他设备将它们自己同步到由那些帧定义的时隙，其中包括一个所谓的超帧用于提供无竞争的担保时间服务（GTS）。参数化和管理所有这些机制是不容易的，实现类似好处的另一种方法请见第 7.1 节。

6LoWPAN 更容易运行在无信标模式下，通过 IEEE 802.15.4 基于竞争的信道接入方式执行无线介质访问控制，IEEE 802.15.4 称此为非时隙的 CSMA/CA。当一个节点要发送数据报时，它首先设置了一个变量 BE 为 macMinBE（默认值：3）。然后，等待一个从 0 到（$2^{BE}-1$）个单位时间（单位时间是 20 个符号周期）的随机时间，然后执行一个空闲信道评估。如果确定信道是空闲的，节点就传输数据报。如果不是，它增加 BE，最大可达 macMaxBE（取值范围是 3～8，默认情况下是 5），并再次等待。（一个节点尝试了 macMaxCSMABackoffs 次后将最终放弃，macMaxCSMABackoffs 的取值范围是 0～5，默认情况下是 4）。应答帧，如果有要求，在接收后的很短的延迟（转向时间）后被发送，而不使用这个 CSMA/CA 算法。

2.3 6LoWPAN 基本格式

附录 B.2 节给出了一个由 IEEE 802.15.4 定义的基本数据报格式的概述。正如在介绍中提到的，这种格式不包含任何进一步识别数据报所携带的有效载荷的字段：即没有复用信息来允许接收器区分 6LoWPAN 数据报和任何其他可能被发送的数据报，或区分不同类型的 6LoWPAN 数据报。因此，6LoWPAN 封装格式的任务之一就是提供一种数据报类型标识符，而不是由 IEEE 802.15.4 本身提供。

6LoWPAN 并没有效仿现有的标识方案来定义其类型标识符，如 2B 的 IEEE 802.3 以太网类型或基于 IEEE 802.28 的封装经常使用的 8B 的 SNAP（子网访问协议）报头 [RFC1042]。这些类型标识符提供了非常良好的长期可扩展性，但对于 IEEE 802.15.4 所用的短数据报来说是太浪费了。相反，有效载荷的第一个字节被用作一个分派字节，同时提供一个类型标识符和子类型内可能的进一步信息。对于分派值有可能的 256 个不同的值，其中最高两个有效位被设置为零的 64 个值被保留，用于 IEEE 802.15.4 在 6LoWPAN 之外使用（这样使用的一个例子，请参见第 7.1 节）。其他 3 × 64 = 192 个值，也根据最高两个有效位，大致分为 3 种类型（见表 2-1）。值得注意的是，这仅是初步的分配，随着 6LoWPAN 的进一步发展，更多的功能正在慢慢延伸到未使用的空间。分派字节值的分配被记录在 IANA 注册表中，见 http：//www.iana.org/assignments/6lowpan-parameters/。

表 2-1 分派值中的最高两个有效位

00	不是一个 LoWPAN 数据包（NALP）
01	正常的分派值
10	Mesh 报头，见第 2.5 节
11	分段报头，见第 2.7 节

分派字节值，01000001，被分配来传输未修改的 IPv6 数据报，如图 2-1 中所示。这在以太网（使用以太网类型 0x86dd 用于此目的）是常见的情况。但是在一个 LoWPAN 中，发送方更可能使用某种形式的报头压缩和/或一些本章中讨论的其他功能。值得注意的是，6LowPAN 没有试图保持 IPv6 所提供的 32 位/64 位字段对齐——这被认为是不必要的，因为 6LoWPAN 设备可能只配置了功能极其有限的微处理器。

在两个最高有效位是 01 时分配了另外两个值：0101010000 = LoWPAN_BC0，这个值用来携带一个用于在基于洪泛的广播机制中进行重复检测的序列号，这将在第 2.8 节讨论；01111111 = ESC，这个值被保留以使分派值的范围超过一个字节。

6LoWPAN 定义的一些格式被设计来进一步携带 6LoWPAN PDU 作为其有效载荷。

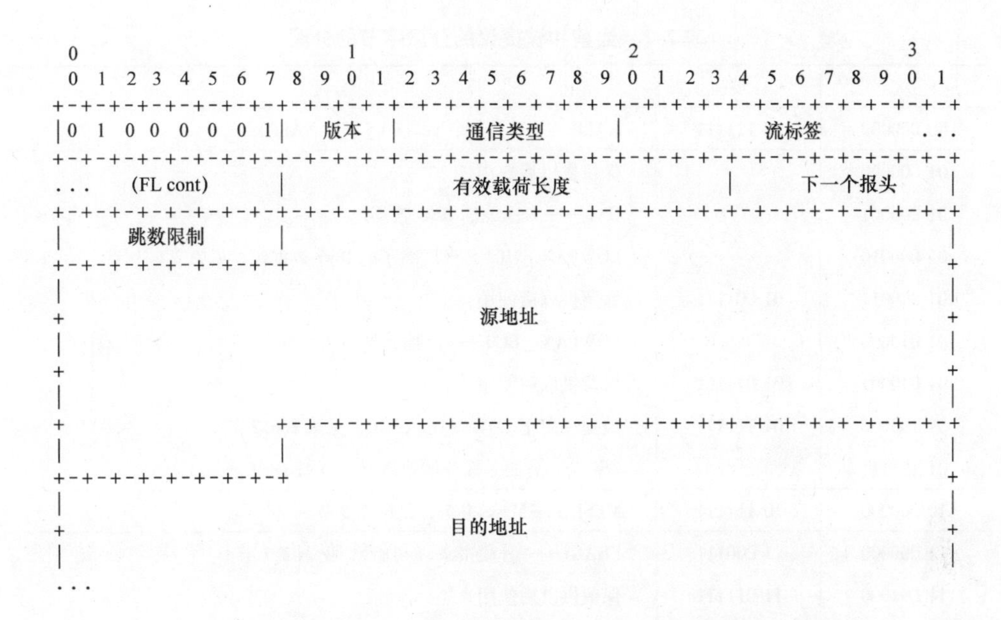

图 2-1　带 6LoWPAN 报头的非压缩的 IPv6 数据报

当存在多个报头时，问题在于哪一个报头应当作为另一个报头的有效载荷，即应该按照哪一个顺序来嵌套报头。为了使这项工作可靠，6LoWPAN 指定了一个明确的嵌套顺序。目前不同的 6LoWPAN 报头应该按以下顺序使用：

（1）地址：网状网络（mesh）报头（10nnnnnn，见第 2.5 节），携带 L2 初始源地址和目的地址以及跳数，其后是一个 6LoWPAN PDU。

（2）逐跳处理：本质上是 L2 逐跳选项的报头，比如广播报头（LoWPAN _ BC0，01010000，携带每次转发都会被检查的序列号，见第 2.8 节），其后是一个 6LoWPAN PDU。

（3）目的地处理：分段的报头（11nnnnnn，见第 2.7 节），携带片段，可能在已通过多个 L2 跳传输后，需要在目标节点重新组合成一个 6LoWPAN PDU。

（4）有效载荷：携带 L3 数据报的报头，如 IPv6（01000001，参见图 2-1），LOW - PAN _ HC1（01000010，参见第 2.6.1 节），或 LoWPAN _ IPHC（011nnnnn，参见第 2.6.2 节）。

在 IPv6 中类似报头的顺序和这是相同的。它们显著的差异是，IPv6 在每一个报头中的某处都有一个标识嵌套（下一个）PDU 类型的下一个报头字段，而 6LoWPAN 在每个 PDU 的开头使用一个分派字节，以识别其自身的类型。最初的主要原因是 IEEE 802.15.4 MAC 层缺乏复用信息，但这也被认为在计算资源有限的平台上实现起来更为简单。表 2-2 总结了已经被分配或是即将被分配的分派字节，它们即将耗尽分派字节的 256 位空间。

表 2-2 当前和被提议的分派字节的分配

从	到	分配
00 000000	00 111111	NALP——不是一个 LoWPAN 帧（NALP）
01 000000		保留供以后使用
01 000001		IPv6——未压缩的 IPv6 数据包
01 000010		LOWPAN _ HC1——压缩了的 IPv6 数据包，见第 2. 6. 1 节
01 000011	01 001111	保留供以后使用
01 010000		LOWPAN _ BC0——广播，见第 2. 8 节
01 010001	01 011111	保留供以后使用
01 100000	01 111111	被提议用于 LOWPAN _ IPHC，见第 2. 6. 2 节
01 111111		ESC——后面是额外的调度字节（被 IPHC 抢占）
10 000000	10 111111	MESH——Mesh 报头，见第 2. 5 节
11 000000	11 000111	FRAG1——分段报头（初始），见第 2. 7 节
11 001000	11 011111	保留供以后使用
11 100000	11 100111	FRAGN——分段报头（后续），见第 2. 7 节
11 101000	11 101011	被提议用于分段恢复 [ID – thubert – sfr]
11 101100	11 111111	保留供以后使用

2.4 编址

一个 IP 适配层通常涉及至少两种地址：链路层（L2）地址和 IP（L3）地址。6LoWPAN 在链路层支持两个地址格式：64 位的 EUI – 64 地址和动态分配的 16 位短地址。

由于 IEEE 鼓励新的链路层设计不需要直接和以太网兼容，IEEE 802. 15. 4 采用 64 位 IEEE EUI – 64（扩展的唯一标识符 [EUI – 64]），这是一个全球唯一的位组合，通常由设备的生产商所分配。为了保证 EUI – 64 的全球唯一性，生产商首先必须从 IEEE 买一个 24 位的组织唯一标识符（OUI），这是一次性付费 1650 美元的（截至 2009 年）。对于每个设备，生产商然后用 OUI 和生产商选择的 40 位扩展标识符，例如通过分配每个设备一个序列号（或以某种其他方式，唯一的要求是唯一性和避免某些保留值）来建立 EUI – 64。除了 40 位的扩展标识符可以支持制造商很长一段时间之外，这个过程和创建以太网 48 位 MAC 地址的过程是类似的。图 2-2 给出了所创建的 EUI – 64 结构。

值得注意的是，OUI 字段中有两位被保留：第一个字节的最低有效位（这里称为 M）用来区分单播地址和多播地址；第一个字节的倒数第二个最低有效位（这里称为 L）用来区分本地分配的地址和使用 OUI /扩展计划分配的全球的通用地址。这些保留位的特殊的位置源于大多数 IEEE 标准偏好首先传输最低有效位，而 RFC 传统的数据

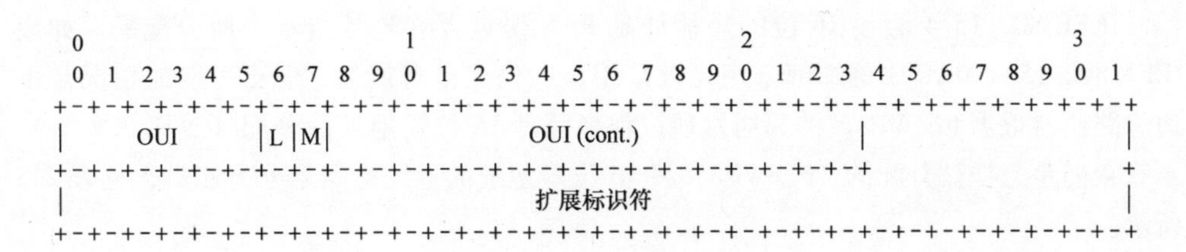

图 2-2　EUI-64 地址的组成

报格式则偏好首先出现最高有效位。需要注意的是，一个字节内不同的位顺序很少有实际的影响，然而由较多字节组成的字节流中，字节的顺序则可以有很大影响。参见附录 A.1 节中关于框记号的讨论。

一个形成 IPv6 地址的简单的方式是连接一个 64 位的前缀和一个 64 位的 EUI-64 地址，以作为接口 ID（IID）产生一个 128 位的值。IPv6 的设计者只运用了一个很小的改变：他们将 L 位取反（变成一个 U 位作为通用地址）[RFC4291]。这允许使用容易记忆的地址，比如用于本地分配的地址 2001:db8::1。采用十六进制 IPv6 地址的表示，通用地址把接口 ID 中头 16 位的字段与十六进制 0200 相异或。图 2-3 给出了一个从 EUI-64 地址开始构建的 IPv6 地址格式，要注意 ACDE 是如何变成 AEDE 的。

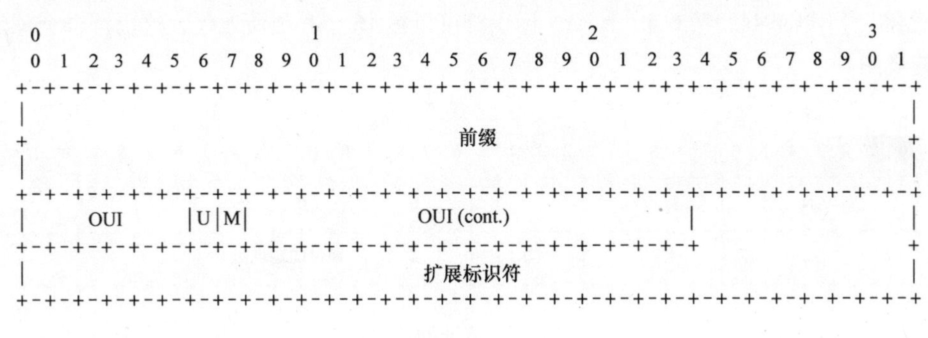

2001:0DB8:0BAD:FADE::　--前缀(/64)
ACDE:4812:3456:7890--EUI-64
2001:0DB8:0BAD:FADE:AEDE:4812:3456:7890--IPv6地址

图 2-3　从一个 EUI-64 地址组成 IPv6 地址格式：U 位是 L 位的取反

对于许多链路层，这样分配 IPv6 地址的方式仅仅是一个惯例，旨在最大限度地减少在 IPv6 无状态地址自动配置中发生冲突的概率 [RFC4862]。在 6LoWPAN 中，从链路层地址这样产生 IPv6 地址是强制性的，因为 6LoWPAN 对邻居发现协议的优化需要依靠这个映射（见第 3.2 节）。值得注意的是，这意味着 IPv6 中无状态地址自动配置的隐私扩展 [RFC4941] 不能使用在 6LoWPAN 中。通过在接口 ID 中使用动态分配的 16 位短地址而不是 64 位地址，这在一定程度上得到了补偿。

IEEE 802.15.4 假设 16 位的短地址是 PAN 协调器在连接过程中所分配的。如果 IEEE 802.15.4 MAC 中的那部分还在被采用，这仍然是可能的，但更可能的情况是由边缘路由器根据 6LoWPAN 的邻居发现过程来管理 16 位短地址的分配（见第 3.2 节）。不管它们是怎样被分配的，6LoWPAN 将 16 位短地址的地址空间划分为四类，见表 2-3 所示。

表 2-3 16 位短地址的地址范围

0xxxxxxxxxxxxxxx	是可变的，以分配作为单播地址
100xxxxxxxxxxxxx	组播地址（见 2.8 节）
1010000000000000 ~ 1111111111111101	被 6LoWPAN 所保留
111111111111111x	0xFFFE 和 0xFFFF 被 IEEE 802.15.4 保留

为了根据 16 位短地址来形成 IPv6 地址，如果短地址是由 PAN 协调器分配的，那么该短地址就会连接一个 PAN 标识符，如图 2-4 所示。值得注意的是，全球/本地位的规则要求 PAN 标识符的第 6 位为零，因为这不是一个 IEEE 分配的全球 EUI－64 地址，因此所需要的零位正好接到图 2-4 所示的 PAN 标识符后。对于更可能出现的 16 位短地址是由边缘路由器通过使用邻居发现所分配的情况，或者更一般地，“如果没有 PAN ID 已知”[RFC4944，第 6 节]，PAN 标识符可以被 16 个 0 位所取代，这也符合全球零位的规则。

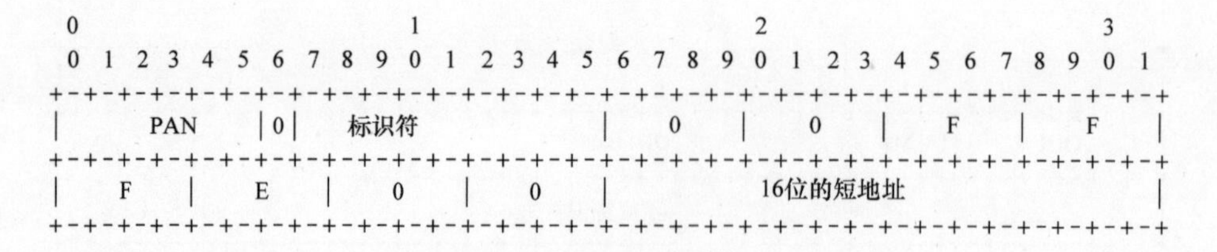

图 2-4 16 位短地址的接口标识符

2.5 转发和路由

数据报在 LoWPAN 中的传输往往要经过多个无线跳。这涉及两个相关的过程：转发和路由。这两个过程都可以在第 2 层或第 3 层被执行。路由通常涉及一个或多个路由协议，这将在第 4.2 节中讨论。路由协议在每个节点上填写路由信息库（RIB）。RIB 包含了运行路由协议所需要的信息。RIB 通常可以被简化为一个转发信息库（FIB），用于转发数据报。一些路由协议主动地填写 FIB，即 FIB 应始终包含每个可被实际转发的数据报的一个条目，而另一些路由协议只有在数据报到达时才填补 FIB 中的空白。

图 2-5 显示了在网络层常见的路由：数据报被发送到某一条链路上，并到达一个

路由器的接口 if0 上。路由器在 FIB 中查找目的地址，选择转发该数据报的接口（这里是 if1）和要发送到的目的端链路层地址，并通过该接口发送用新链路层地址封装的数据报。

在一个 LoWPAN 中，转发并不是因为要使用两个不同的链路层，而是因为第一个节点可能不在第三个节点的通信范围内。因此，数据报到达路由器节点的接口通常也是用于再次发送该数据报的接口（有时这种单接口配置被称为“单臂路由”，只是此处的臂是无线的，而装置上也只有一组天线，如图 2-6 所示。

图 2-5 和图 2-6 显示了 IP 层的实际路由。LoWPAN 中的路由和转发既能发生在 IP 层之下，也能发生在 IP 层之上。接下来的两节将讨论这两种不同的方式。

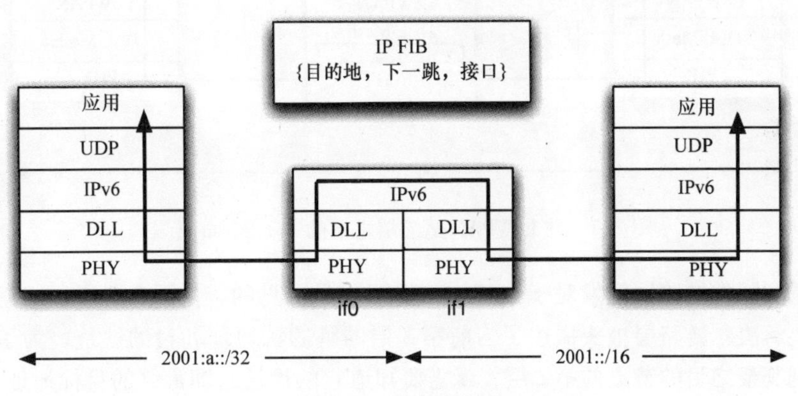

图 2-5　IP 路由模型

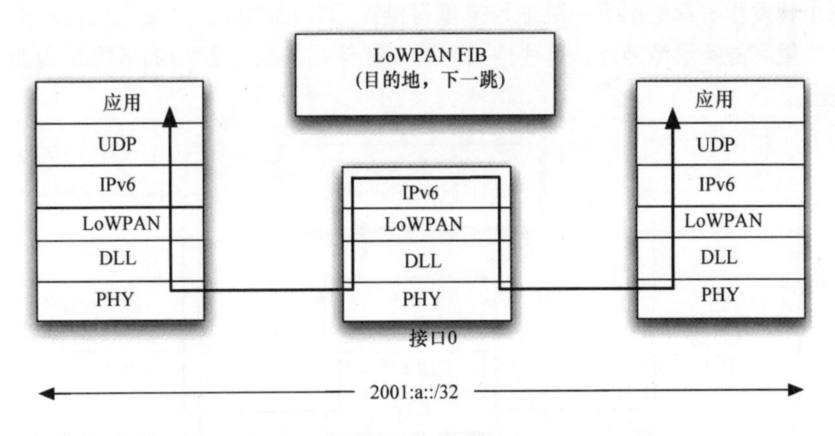

图 2-6　LoWPAN 路由模型（L3 路由，“Route - Over”）

2.5.1　L2 转发（“Mesh - Under”）

当路由和转发发生在第 2 层时，它们的执行是基于第 2 层地址的，也就是 64 位 EUI - 64 地址或 16 位短地址。IETF 通常不制定第 2 层的路由（“网状路由”）协议。

ISA100 标准（参见第 7.1 节）定义了一个这样的路由协议，以及一些数据链路层的扩展，这使得在第 2 层上发生的路由和转发对于 LoWPAN 适配层基本上是透明的，如图 2-7 所示。这和使用 IEEE 定义的用于 IEEE 802.15.4 的网状协议类似，参见［IEEE 802.15.5］。

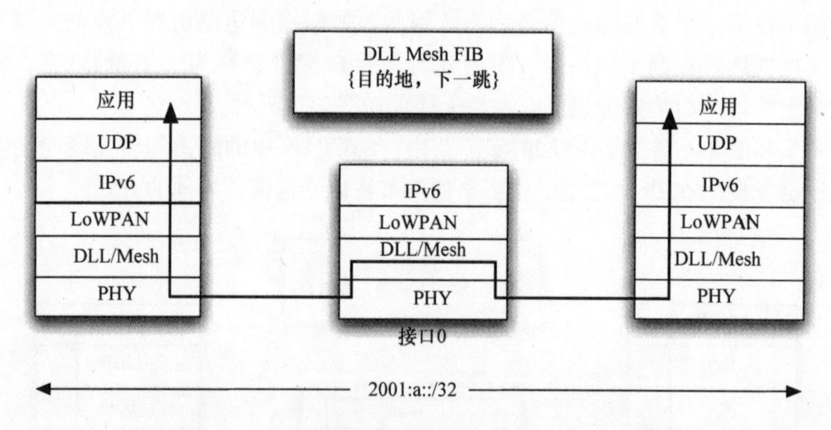

图 2-7 在 LoWPAN 适配层之下的 DLL Mesh 转发

如果实际的链路层转发对于 LoWPAN 适配层是可见的，如图 2-8 所示，就有一个问题需要解决：链路层报头描述了当前第 2 层的跳的源地址和目的地址。为了将数据报转发到其最终目的节点的第 2 层，就需要知道它的地址，即最终的目标地址。此外，为了执行一系列包括重组在内的服务，节点需要知道源节点第 2 层的地址，即源地址。由于每个转发步骤都会用下一跳地址来重写链路层目的地址，以及用执行转发的节点的地址来重写链路层源地址，这些信息需要被存储在其他地方。6LoWPAN 为此定义了 mesh 报头。

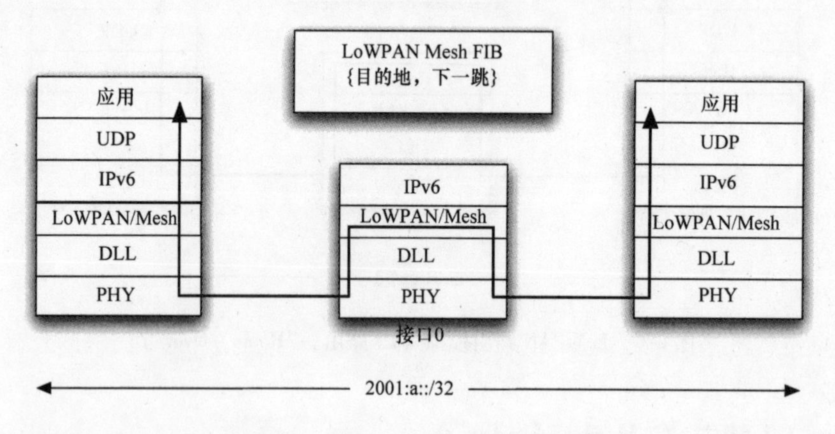

图 2-8 LoWPAN 适配层的 Mesh 转发

除了地址以外，mesh 报头还存储了一个与 IPv6 跳数限制等价的第 2 层的剩余跳数。由于实用的无线多跳网络的范围通常都较小，因此6LoWPAN对格式进行了优化，通过只分配4位给剩余跳数来使它的值小于15（图2-9中的第一种情况）。如果需要15或更大的剩余跳数值，6LoWPAN的数据报编码器需要插入一个扩展字节（图2-9中的第二种情况）。在转发节点发送数据报到下一跳之前必须将该值减1；如果该值达到零，数据报将被丢弃（值得注意的是，缺少任何错误消息意味着路由跟踪功能不能在6LoWPAN Mesh - Under的情况下实现，而该功能是IP组网的成功因素之一）。在实现中，当剩余跳数值下降到14个或更少时，不需要删除扩展字节，数据报可以被发送或可以通过删除该字节并将该值移到分派值中以对其进行优化。

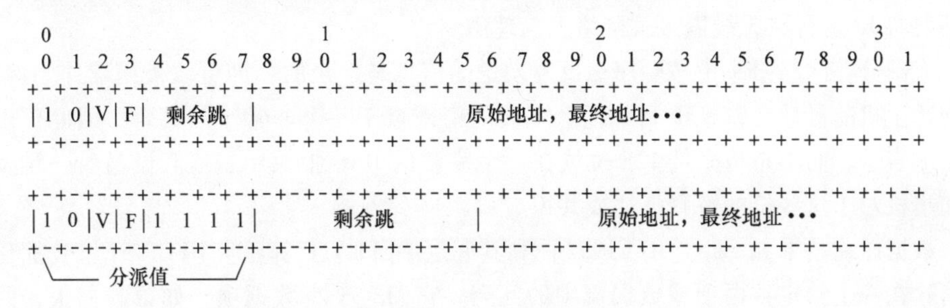

图2-9　Mesh编址类型和报头

图2-9中，V位和F位表示发起方（或“第一个”）地址和最终目的地址是否分别是16位的短地址（1）或64位的EUI - 64地址（0）。

当使用mesh报头时，该报头必须是6LoWPAN报头栈中的第一个报头，因为它携带用于转发的地址。下一个报头可能是一个用于多播的LoWPAN _ BC0报头，见第2.8节。报头栈中后面的报文可能包括分片报头，而在网状转发中不会涉及该报头，这是因为分片的网状转发是彼此独立的。

2.5.2　L3路由（“Route - Over”）

第3层上的Route - Over转发如图2-6所示。与第2层网状转发相反，第3层的Route - Over转发并不需要适配层任何特殊的格式支持。在第3层的转发引擎看到数据报之前，适配层已经完成了它的工作并解封装了数据报——至少在概念上是如此（如果知道如何为下一个第3层跳把封装格式改写成适当的封装形式，那么通过保持封装格式，实现上可能进行一些优化）。

值得注意的是，这意味着分片和重组将在Route - Over转发的每一跳中进行，否则这是很难想象的，因为第3层地址是IPv6报头初始字节的一部分，而IPv6报头只存在于较大数据报的第一个分片中。同样，通过保持一个虚拟重组缓冲区，具体的实现能够优化这个过程，该缓冲区只会存储包括相关地址在内的IPv6报头（以及到达顺序发生混乱的任何分片的内容）。

2.6 报头压缩

6LoWPAN 的一个重要特性就是由 IEEE 802.15.4 提供的数据报的有效载荷的大小有限，其中约一半会被 IPv6 报头消耗掉。虽然可以通过使用分片和重组发送较大的数据报（参见第 2.7 节），但当所有的 IPv6 包可以放进一个 IEEE 802.15.4 数据报时，6LoWPAN 才是最有效率的。即使有效载荷足够小而可以较少考虑分片，但使用电池供电以及利用 IEEE 802.15.4 网络相当有限的信道容量传输大型 IPv6 报头，也经常被作为不要将 IP 运行在无线嵌入式网络上的理由。

大部分在网络报头中按顺序被反复发送的信息是多余的，即可以被压缩掉。例如，在到达主机的最后一跳，IP 目的地址字段的值来自于一个非常小的集合，因此可以由几位来表示，而不是将全部 128 位放在一个完整的 IPv6 报头中——假设最后一跳发送端和主机对于这些位的解释已达成共识。

数据压缩技术如 gzip [RFC1952] 和其底层 DEFLATE 算法 [RFC1951] 被优化用于消除在一个给定数据项或数据流中的冗余。它们对于小数据项，如单数据报，并没有太大作用，并且把它们运用到一系列的数据报中比较困难，因为数据报可能丢失，这使得用于解码的后续数据报的信息被破坏。

数据压缩算法最好应用到数据报的应用层内容。另一组单独的技术已经被开发用于压缩一个序列的数据报报头栈：报头压缩。

报头压缩可以端到端地执行，但这对压缩 IP 报头的有效载荷内的其他报头是有限的，压缩端和解压端之间的路由器仍然需要看到整个 IP 报头。因为在许多 IPv6 报头栈中最大的报头就是 IP 报头本身，所以这不是非常有效。相反，大多数报头压缩方案是逐跳进行的，即作为适配层的一部分。这允许在一个链路上发送数据报之前，对包括 IP 报头在内的整个报头栈进行压缩，并在数据报可能被压缩并通过一个很可能采用不同压缩方案或至少不同报头压缩参数的链路上发送之前，解压缩并重建完整的报头栈（见图 2-10）。这种方法的优点是，采用什么样的报头压缩方式只需要由本地的两个邻居节点来决定：即只有链路两端的节点需要对它的使用（和具体要使用的参数）达成一致。

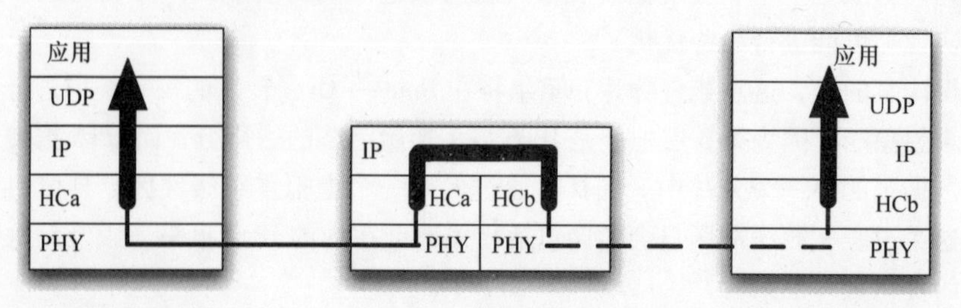

图 2-10 两种不同报头压缩方法的逐跳报头压缩（HCa 细线，HCb 细虚线）

历史上存在大量有关处理报头压缩的 RFC 文档：从 1990 年第一代的范·雅各布森报头压缩［RFC1144］，第二代的 IP 头压缩［RFC2507］和其扩展 RTP［RFC2508，RFC2509，RFC3544，RFC3545］，到第三代的 ROHC（鲁棒报头压缩）系列标准［RFC3095，RFC3241，RFC3843，RFC4815，RFC4995，RFC4996，RFC5225］，ROHC 甚至开发了自己的形式化表示法［RFC4997］。

ROHC 标准和它之前的标准致力于压缩数据报流，如来自一个单 TCP 连接或 RTP 流的数据报的序列。这些复杂的算法将完整的报头栈（IP/ TCP 或 IP / UDP / RTP，可能带有嵌入式扩展报头）压缩到非常小，通常只有个位数的字节。这主要通过为每一个新的连接/流建立流状态，并通过数据报流在初始数据报的交换期间的一组压缩状态而步进，直到一个高水平的压缩可以实现为止。

基于流的报头压缩所需要解决的主要问题是，当数据报丢失时，在发送方和接收方之间每个流的状态，即上下文，可能会失去同步。在这种情况下，各种不同的技术，比如肯定确认或带有校验和的乐观压缩以及否定确认，会用来要么避免处理上下文状态，要么快速恢复其同步（鲁棒性）。

虽然 ROHC 可以为长期运行的流（比如 IP 语音）获得显著的压缩效果，但实现这些好处所需的复杂性会将 ROHC 列入 12 个最复杂的 IETF 协议之一。从规范的长度来看，ROHC 与 SIP［RFC3162］、NFSv4［RFC3530］、IOTP［RFC2801］、iSCSI［RFC3720］、IPP［RFC2911］、OSPF［RFC2328］等是同一档次的。一个这么复杂的协议被认为不适合于资源有限的 LoWPAN 系统。

相反，最初的 6LoWPAN 格式标准仅采用无状态压缩，见第 2.6.1 节。没有状态，就不会存在同步问题，算法也变得非常简单。

IPv6 报头最大的部分是两个 16B 的 IPv6 地址，它们一共可以消耗一个 6LoWPAN 数据报中 40% 或更多的可用空间。最初的 6LoWPAN 格式规范定义了如何压缩某些形式的链路本地地址，但仍然需要传输完整大小（或至少是 64 位前缀）的全球可路由地址。由于在一个 LoWPAN 中运行 IPv6 的全部意义是可以在本地链路之外进行通信，所以这不能令人满意。

不幸的是，如果完全没有状态的信息，就没有方法来压缩全球可路由的 IPv6 地址。6LoWPAN 工作组因此同意了标准化第二种报头压缩方法，即有一个变化缓慢的全局上下文。基于上下文的报头压缩将在第 2.6.2 节中讨论。一旦基于上下文的报头压缩标准化工作完成，只采用无状态报头压缩的方案将被取消。

2.6.1　无状态报头压缩

6LoWPAN 格式规范［RFC4944］定义了两种可以一起工作的报头压缩方案：HC1 用来压缩 IPv6 报头，HC2 用于压缩 UDP 报头。HC2 可以选择性地被用于同样使用 HC1 的数据报。通过使用分派字节 LoWPAN _ HC1（01000010）可以选择 HC1，并用下一个字节选择不同选项。HC1 的最后一位如果被设置的话，表示了 HC2 也被采用，并使用另一个选项字节来表示（这个字节的大多数位都被保留）。图 2-11 显示了使用 HC1 压缩或同时使用 HC1/HC2 压缩的有效载荷的初始字节。

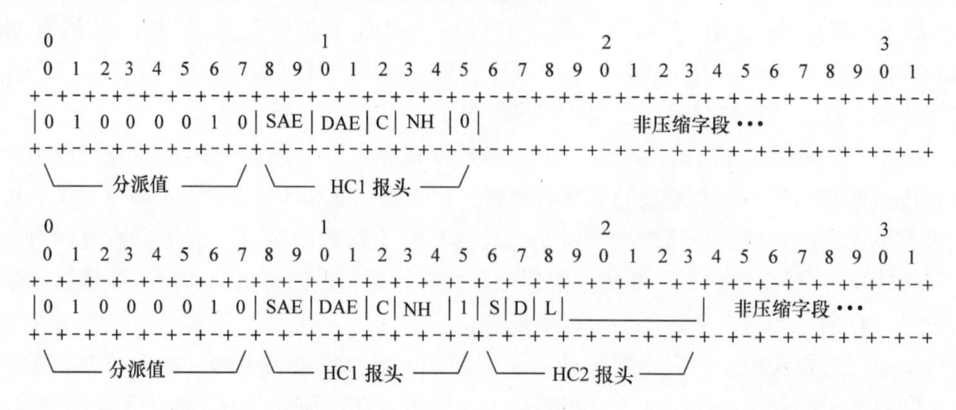

图 2-11 采用 HC1 压缩的 IPv6 数据报：不带和带 HC2 报头

HC1/HC2 的目的是使报头压缩以一种完全无状态的方式进行。也就是说，交换压缩数据报的两个节点无需在之前达成一致。所以 HC1/HC2 本质上只利用数据报的内部冗余，或者用更少的位数对数据报的变化进行编码。

一个 6LoWPAN 数据报的最大的冗余，是由从第 2 层地址形成 IP 地址的方式所造成的，这两个地址都存在于整个第 2 层数据报中。当 6LoWPAN 主机发送一个数据报时，数据报的第 2 层源地址将反映主机的 MAC 地址。正如第 2. 4 节中所讨论的，IP 地址的 IID 也是从 MAC 地址开始创建的，所以它是多余的并可以省略。类似的考虑也适用于发送给主机的数据报中的两个目的地址。

压缩 IP 地址的前 64 位相当困难。HC1 仅对当这些位表示一个链路本地地址的情况进行优化。这种情况下，其前缀是 FE80: : / 64。HC1 允许压缩机制通过使用图 2-11 中 HC1 报头的被称为 SAE（源地址编码）和 DAE（目的地址编码）的两位来独立地选择省略源地址和目的地址的其中一半，编码方式见表 2-4。

表 2-4 HC1 的 SAE 和 DAE 值

SAE 或 DAE 值	前缀	IID
00	被串联发送	被串联发送
01	被串联发送	被省略并从 L2 或 mesh 地址中得到
10	被省略并被假设为本地链路（FE80: : /64）	被串联发送
11	被省略并被假设为本地链路（FE80: : /64）	被省略并从 L2 或 mesh 地址中得到

HC1 报头的其余部分涉及 IPv6 报头非地址部分的压缩，在图 2-12 中显示了这些地址部分。

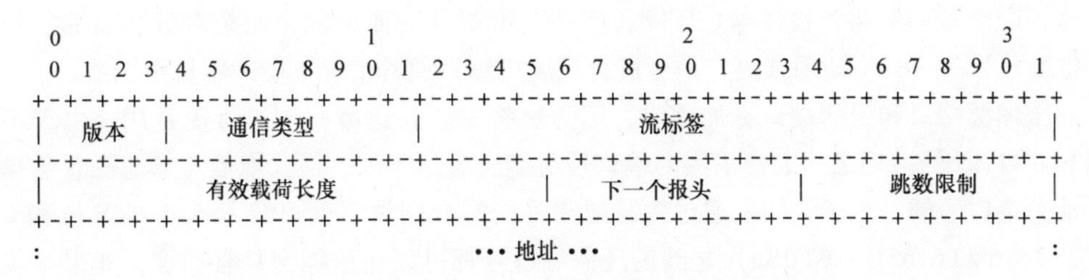

图2-12　IPv6报头：非地址字段

1）很明显版本号总是6，所以该字段永远不需要被发送。

2）在IPv6报头中经常为0的两个字段是通信类型和流标签。HC1报头中的C位，如果置1的话，表示这些位确实为0并不会被发送。如果C位为0，它们将按以下所解释的顺序被包含在非压缩字段中。

3）有效载荷的长度可以由6LoWPAN PDU的剩余长度（反过来也可以通过链路层帧或分片机制得到6LoWPAN PDU）推断出来，因此有效载荷的长度从来不在压缩的字段中被发送。

4）下一个报头字段是一个满字节。HC1报头中的NH位，如果是非0的话，表示下一个报头字段可以由其值所推断出来，见表2-5；如果为0，下一个报头值将串联在后面被发送。

表2-5　HC1的NH值

00	下一个报头被串联发送
01	下一个报头 = 17（UDP）
10	下一个报头 = 1（ICMP）
11	下一个报头 = 6（TCP）

5）最后，由于跳限制字段太难被压缩，所以它被串联在非压缩字段中被发送。

紧接着HC1或HC1/HC2报头的非压缩字段总是从跳限制字段（8位）开始。在其之后是按照在HC1报头中的同样顺序串联的字段：

1）如果SAE的高阶位是0的话，源地址前缀（64位）；

2）如果SAE的低阶位是0的话，源地址接口标识符（64位）；

3）如果DAE的高阶位是0的话，目的地址前缀（64位）；

4）如果DAE的低阶位是0的话，目的地址接口标识符（64位）；

5）如果C位是0的话，通信类型（8位）和流标签（20位）；

6）如果NH为0的话，下一个报头（8位）；

7）由HC2留下的任何非压缩字段；

8）不再进一步压缩的任何下一个报头及有效载荷。

是否采用HC2报头由HC1报头的最右边位来决定，只有当NH位表示下一个报头是17（UDP）时这才被完全定义。HC2报头有3位来表示源端口、目的端口和长度的压缩，UDP 校验和将不被压缩。压缩长度并不重要（它刚好能由剩余有效载荷的字段数推断出）——L 位被用来决定是否进行长度压缩，通常情况下会采用长度压缩。

压缩源端口和目的端口更加困难，因为这将需要知道哪些端口号更常用。由于不同 6LoWPAN 的应用之间通常采用的端口号可能会有所不同，格式规范简单地任意选择了动态端口号的一个子空间。通过为源端和目的端分别设置其 HC2 报头中的 S 位和 D 位，61616 和 61631（0xF0Bn）之间的任何端口号都可以被压缩到只有四位，如果 S 位和 D 位都被设置的话，这将节省 3B。

任何未压缩的 UDP 字段按照它们在 UDP 报头中的顺序（源端口、目的端口、长度、校验和），被放置在 LoWPAN _ HC1 数据报中的其他非压缩字段之后。

不幸的是，6LoWPAN 格式规范并没有解释那些长度不是 8 位的倍数的非压缩字段是如何被处理的，这是因为有一个 20 位的流标签以及被压缩的 UDP 端口的问题（除非两个 UDP 端口都被压缩）。由于实现者非常喜欢用基于上下文的报头压缩来取代无状态报头压缩，所以目前尚不清楚此规范空白是否有一天会被填补。

下面给出一个最好的情况下无状态报头压缩的例子：当两个相邻节点使用 0xF0Bn 端口号在它们的链路本地地址之间交换 UDP 数据报时，得到的压缩包如图 2-13 所示。

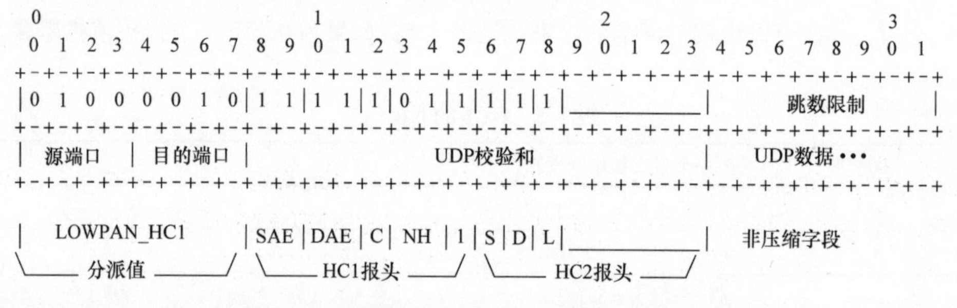

图 2-13 最好情况下 HC1/HC2 压缩的 IPv6 数据报

2.6.2 基于上下文的报头压缩

虽然最好的情况下无状态报头压缩的例子令人印象深刻，但它只适用于不太可能发生的情况。在许多 LoWPAN 中，大多数数据报都会从 LoWPAN 主机发送到一些 LoW-PAN 外部的节点或从一些 LoWPAN 外部的节点发送到 LoWPAN 主机。这两种情况都不能使用链路本地地址，因为源地址和目的地址都要是可路由的地址（全球可路由或在一个组织的网络内可路由）。一般来说，在这样的数据报中，IPv6 地址的 32B 中只有 8B 是可压缩的（对于从 LoWPAN 中路由出去的数据报，只有源地址 IID 部分可以被压缩）。

在对 6LoWPAN 和它的报头压缩机制有了一些初步经验后，第二代报头压缩规范正在被制定。尽管目前还处于工作组制定互联网草案［ID－6lowpan－hc］的阶段，该规范已经在工作组内得到了广泛的共识，并有可能被接受作为一个标准的 RFC（可能变化很少，因为它也被ISA100采用了）。

为了可以对全球的地址进行压缩，这个新规范假定当节点在加入LoWPAN时都有一种方法来为其提供一些额外的上下文信息。这些上下文信息可以在6LoWPAN节点之间交换数据报时被参考，并用于地址字段压缩。新的基于上下文的报头压缩方案并没有定义是如何得到上下文的，但假设这是通过使用6LoWPAN的扩展，即邻居发现（6LoWPAN-ND，见第3.2节），或某一系统标准，比如ISA100（见第7.1节）来得到。

显然，基于上下文的报头压缩方案最重要的正确性要求，是确保上下文在压缩端和解压端之间保持同步。在一个节点可达性不断变化以及有睡眠节点的无线网络中，全局上下文的改变不一定立即能到达每一个节点。因此，上下文被划分成多个时隙，其每个时隙都可以独立地被改变。发送节点只有当有足够的理由相信更新后的值被更新到接收节点时，才开始使用上下文时隙。当一个节点仍然用最近已变化的上下文时隙的旧值来压缩数据报时，在解压端会对这个值产生模棱两可的状态。因此上下文时隙的旧值会被停止使用一段时间，直到新值被分配到这个特定上下文时隙。当出现没有再分配值到一个上下文时隙这样的消息时，压缩端必须停止使用该特定上下文时隙，而解压端则可能要保留旧值更长的一段时间。

为了进一步减少错误的概率，只有当使用一个更高层协议，通过使用某种形式的基于伪报头的校验和和/或认证器来保护IPv6地址，如UDP、TCP或某种特定于应用程序的完整协议，LoWPAN节点才应该使用基于上下文的报头压缩。

类似无状态报头压缩，基于上下文的报头压缩分为用于IP报头（LoWPAN_IPHC）的压缩方案和一个用于下一个报头（LoWPAN_NHC）的可选的压缩方案。

LoWPAN_IPHC的基本报头需要13位。要对这个可能频繁使用的报头进行压缩编码，这些位中的5位要被放入分派值的最右边位，即在我们所说的正常分派空间中的64个分派值中的32个会被报头压缩方案消耗。剩余8位将被放入一个附加字节用于基本报头，这使得用于表示数据报类型和设置压缩参数的总开销是2B。

LoWPAN_IPHC报头的格式如图2-14所示。C位（在规范［ID-6lowpan-hc］中被称为CID）决定是否添加第三个字节来为源地址和目的地址指定上下文ID。如果C位没有被置，这两个地址则使用“默认上下文”（即ID为0的上下文）。

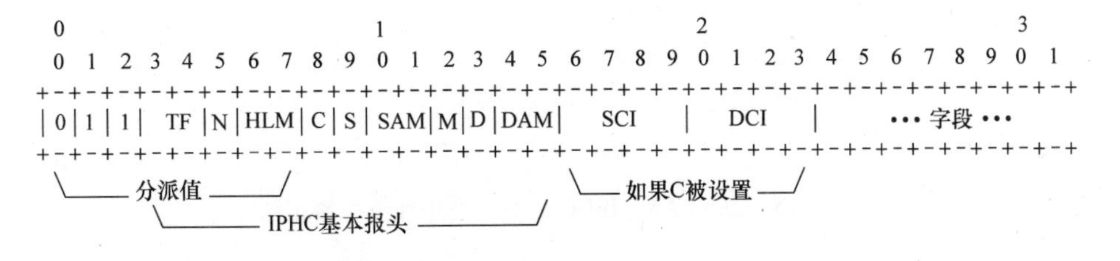

图2-14 LoWPAN_IPHC报头的格式

在 LoWPAN _ IPHC 报头的 2 个或 3 个字节（包括分派字节）后的所有（或部分）IPv6 报头字段都是没有被压缩的，且按照与它们在非压缩 IPv6 报头中相同的顺序被串联发送（按顺序处理字段明显简化了实现）。这样就完成了对 IPv6 报头的压缩，随后是下一个报头（例如 UDP），如果 N 位被置位，此报头会通过使用 LoWPAN _ NHC 再次被压缩（见下文）。

IPv6 报头中，版本字段总是省略的（其值为 6），IPv6 有效载荷长度字段也总是省略的，该字段可以由 6LoWPAN PDU 的长度推断出。在无状态压缩中，这需要一个有效的表示 6LoWPAN PDU 长度的值，它可能直接来源于 IEEE 802.15.4 报头，或对于在适配层分片的 IPv6 数据报，重组的数据报的大小可以从 6LoWPAN 的分片报头中得到。

LoWPAN _ IPHC 报头由多个标志位和 2 位的选择器组成，该选择器决定以何种方式压缩 IPv6 报头字段：

1）两位的 TF 标志符决定如何处理 IPv6 报头字段的通信类型和流标签（见图 2-15）。由于流标签是一个非结构化的 20 位标签［RFC2460，RFC3697］，所以只规定当所有位都为 0 时（表示数据报不是任何特定流的一部分，这是当前通信的一个很普通的情况）完全省略它。IPv6 通信类型字段的结构分为一个 6 位的差异化服务控制点（DSCP［RFC2474，RFC3260］）用于将通信分成不同类型，和 2 位用于显式拥塞通知（ECN［RFC3168］）。显式拥塞通知允许路由器通过使用比丢弃一个完整数据报更巧妙的方式来表示拥塞。根据 ECN 和差异化的服务在资源受限的 LoWPAN 中可以很好地利用的假设，与以前的报头压缩格式相反，当压缩流标签或 DSCP 时，采用了特殊的处理以支持 IPv6 报头位有效地执行 ECN。这三个（子）字段可以基本保持不变地被发送（需要稍微重新排序，以便使如果全部发送的话 ECN 总是首先被发送，TF = 00），如果通信类型的 DSCP 部分所有位均为 0，则可以被省略（TF = 01），如果流标签的所有位都为 0，则可以被省略（TF = 10），如果通信类型和流标签的所有位都为 0，那么它们可以被完全省略（TF = 11）。

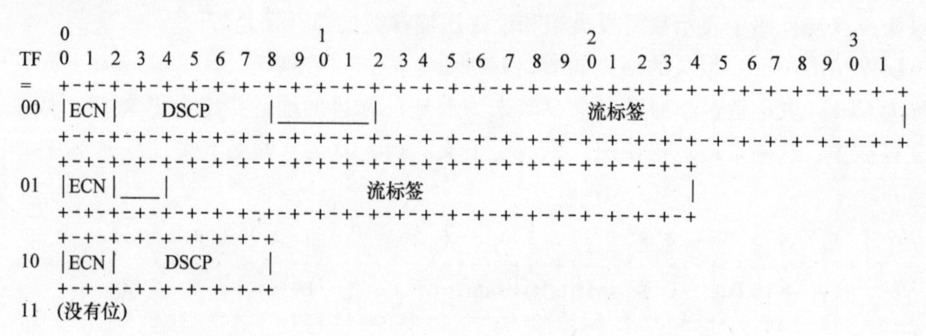

图 2-15 LoWPAN _ IPHC 的通信类型和流标签压缩

2）如上所述，*N* 位（在［ID - 6lowpan - hc］中称为 NH）同时决定下一个报头字段是否被串联发送以及下一个报头是否使用 LoWPAN _ NHC。

3）IPv6 报头的跳数限制字段不能完全被省略，因为路由过程中的每个路由器都需要对其值减一。我们可以通过识别经常使用的值，采用较少的位数来对其进行压缩。这样做的代价是对那些不经常使用的值，我们需要较多的位来表示。使用非常有效的编码方式，如 Huffman 编码，将需要大量的代码并难以实现字节对齐。相反，我们通过定义三个优先值来压缩跳数限制字段：1、64 和 255。一个 2 位的字段（在［ID - 6lowpan - hc］中称为 HLIM，在图 2-14 中称为 HLM）可以选择三个首选值中的一个，当该字段设置为 00 时，表示一个被串联发送的单独字节将包含跳数限制字段的实际值。

当使用两位来表示其中一个优先值时，每个数据报的跳数限制压缩总共节省了 6 位，因此只有在优先值发生在至少三分之一的情况下，它才是有效的。6LoWPAN 路由器可能会对此有所协助并通过将跳数限制减去一个大于 1 的数来满足其中一个优先值，以此可以节省一个字节。举例来说，如果一个跳数限制为 70 的数据报到达一个边缘路由器，边缘路由器可能会先把跳数限制减小为首选值 64，然后再将该数据报发送出去；同样地，最后一跳路由器可以通过减小跳数限制为 1 而节省一个字节。同样，一个数据报源可以设置跳数限制为其中一个首选值并在第一跳节省一个字节，值 64 可以被选定作为一个第一跳的跳数限制。

4）源地址和目的地址的压缩分别由 S/SAM 和 D/DAM 决定。一个特殊的标志位 M，可以被设置来表示目的地址是一个多播地址，这种情况将在第 2.8 节中进行讨论。单播按照如下方式来解释标志位：标志 S（［ID - 6lowpan - hc］中称为 SAC）和标志 D（DAC）控制各个地址的压缩是否是基于上下文的压缩。SAM/DAM 选择器决定依赖这些位的子模式，每一个子模式都设置了一些位串联在 IPv6 头部的其他非压缩部分序列中，然后这些位与一些固定的位和/或从上下文中取出的位相结合，以重新构建各个地址（见表 2-6）。

表 2-6　当 M = 0 时的 S/SAM 值和 D/DAM 值

S/SAM	串联发送	
0 00	128	串联发送（地址完全串联发送，没有被压缩）
0 01	64	FE80: 0: 0: 0: 串联发送（本地链路 + 64 位的接口 ID）
0 10	16	FE80: 0: 0: 0: 0: 0: 0: 串联发送（本地链路 + 16 位的短地址）
0 11	0	FE80: 0: 0: 0: 链路层（本地链路 + 链路层源地址）
1 00	—	保留
1 01	64	上下文［0..63］: 串联发送（上下文 + 64 位的接口 ID）
1 10	16	上下文［0..111］: 串联发送（上下文 + 16 位的短地址）
1 11	0	上下文［0..127］（上下文）

如果 LoWPAN _ IPHC 中的 N 位没有被设置，则压缩的 IPv6 报头包含一个串联的下一个报头字段，其后紧接着是 IPv6 有效载荷字段。如果 N 位被设置，则其后跟随一个

LoWPAN _ NHC 报头。LoWPAN _ NHC 基本报头既暗示存在下一个报头字段也为下一个报头中的字段的压缩提供参数。LoWPAN _ NHC 基本报头通过与整体格式的分派值的定义方式相似的一种可扩展的方式来定义。目前只有一小部分空间被使用，要么用于UDP 的识别及压缩（见图 2-16），要么用于表示某 IPv6 扩展报头（做了少量调整，以消除一些填充（padding））。或者用于通过设置另一个 N 位，来表示更多 LoWPAN _ NHC 报头的存在以及在扩展报头中下一个报头字段的省略（见表 2-7 和图 2-17）。

表 2-7 LoWPAN _ NHC 基本报头中的 EID 值

0：	IPv6 逐跳选项［RFC2460］
1：	IPv6 路由［RFC2460］
2：	IPv6 分片［RFC2460］
3：	IPv6 目的地选项［RFC2460］
4：	IPv6 移动报头［RFC3775］
5：	（保留）
6：	（保留）
7：	嵌套的 IPv6 报头，LOWPAN _ IPHC 编码

图 2-16 显示了 UDP 的 LoWPAN _ NHC 基本报头值。P 字段和 C 位决定 UDP 报头的端口号字段和校验和字段是如何被压缩的。UDP 的长度是冗余的，所以总是被省略。

```
  0 1 2 3 4 5 6 7
+-+-+-+-+-+-+-+-+
|1|1|1|1|0|C| P |
+-+-+-+-+-+-+-+-+
```

图 2-16 UDP 的 LoWPAN _ NHC 基本报头值

```
  0 1 2 3 4 5 6 7
+-+-+-+-+-+-+-+-+
|1|1|1|0| EID |N|
+-+-+-+-+-+-+-+-+
```

图 2-17 IPv6 扩展报头中的 LoWPAN _ NHC 基本报头值

1）C 位决定 UDP 校验和是否被省略。如果该位被设置，压缩端将删除 UDP 校验和，该校验和必须在解压端中被重新计算（如果数据报是发往本地节点或如果转发的下一跳将再度压缩掉校验和，那么在实现中将省去重新计算校验和的步骤）。

省略 UDP 校验和并在解压缩期间重新计算校验和将破坏 UDP 校验和的端对端性质，该性质在用于其他目的时，对于检测不正确的解压缩是有用的。因此，只有当有其他机制来检验再造的数据报（包括它的地址）时才建议省略校验和（因为 UDP 校验和将使用伪报头）。

由于省略检验和会干扰端对端的保护，所以规范明确禁止使用校验和省略，除非在假定源端知道未检测的损坏将造成多大损害的情况下，源端授权允许使用校验和省略（不幸的是，如果损坏牵涉到目的地址值，其造成的损害可能会发生在一个意想不到的接收节点上）。

在最初发送数据报的主机中，该授权可以从本地的上层传输或应用协议得到。在一个LoWPAN转发节点中，如果它设置了C位，此授权可以来源于收到的LoWPAN数据报（这也启动了上述的优化）。对于路由数据报进入LoWPAN的边缘路由器，一般是不可能获得授权的。一个查看源于LoWPAN并被转发到一个更大的网络的数据报的UDP校验和压缩的方法是，源节点将LoWPAN之外的IPv6网络所要求的生成校验和的工作委托给边缘路由器。

2）P字段决定UDP报头源字段和目的字段的压缩（见图2-18）。当P=00时，该字段全部被发送。与HC1/HC2采取的方法类似，端口可以被截断（端口号的最高有效位被61616=0xF0B0替换），但是，通过使用两位来用于控制字段，两个端口号的压缩都可以独立地被控制，并且字节对齐所浪费的空间可以被用于扩大可编码的端口号范围。

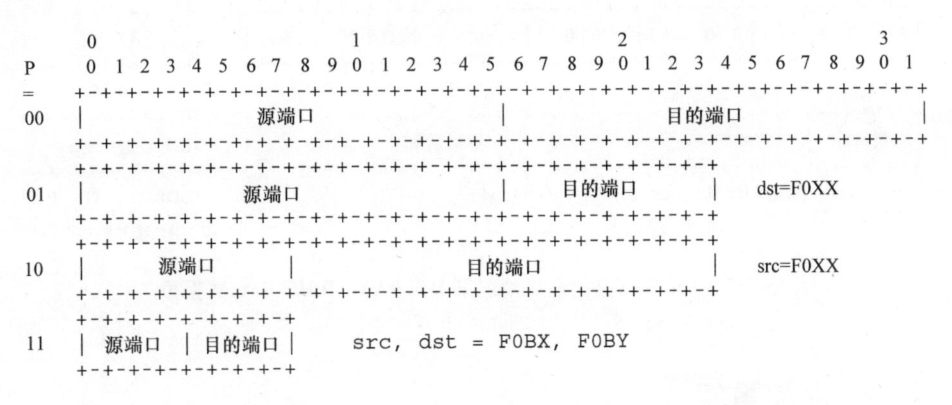

图2-18　LoWPAN_NHC端口号压缩

在上面所讨论的无状态报头压缩的最好情况下（有链路本地通信、UDP、0xF0Bn端口号和一个为1的跳数限制），LoWPAN_IPHC可以把IPv6报头压缩到两个字节（分派字节和LoWPAN_IPHC编码），UDP报头可以被压缩到四个字节（LoWPAN_NHC、一个字节用于被压缩的端口号，两个字节用于校验和），如图2-19所示，这比原始的无状态报头压缩少一个字节（如果来源于高层的适当的保护允许省略UDP校验和，那么校验和的另两个字节也可以被节省）。

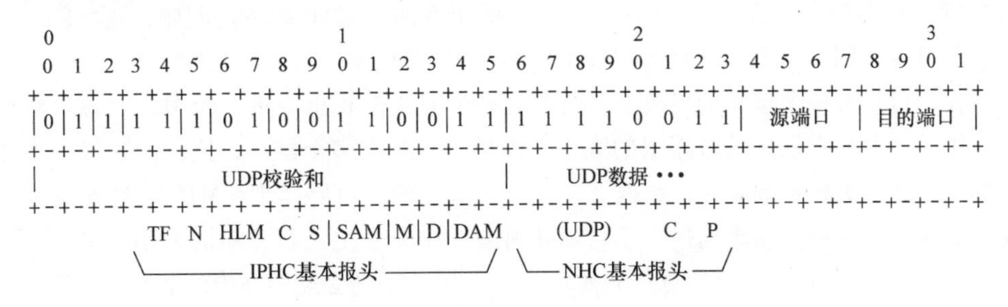

图2-19　最好情况下的LoWPAN_IPHC IPv6数据报

Route - Over LoWPAN 中一个更可能发生的情况是根据一个 112 位的默认上下文和跳数限制来使用全球可路由地址，当经过多个 IP 跳而进行路由时，该跳数限制会发生变化。在最好的情况下，LoWPAN _ IPHC 把 IPv6 报头压缩到 7B（2B 的分派值/ LoWPAN _ IPHC、1B 的跳数限制、2B 的源地址和 2B 的目的地址，见图 2-20）。在某些情况下，地址的接口 ID 部分将需要更多的字节，并且一个 CID 字节可能会变得必不可少，这使得总压缩报头的大小，包括 UDP 增加到大约 20B。只有当上下文对压缩地址没有一点作用或使用了比如流标签之类的特殊的 IPv6 功能时，压缩的报头大小才会远超这个大小。

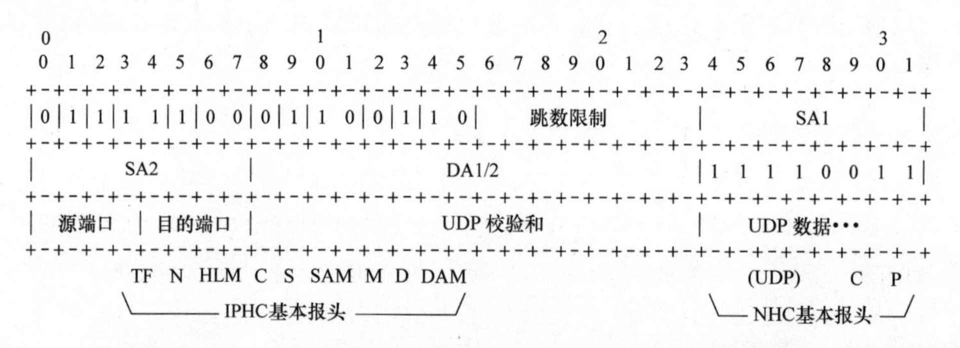

图 2-20 全球可路由最好情况下 LoWPAN _ IPHC IPv6 数据报

2.7 分片和重组

IP 数据报有许多不同的大小。最小的（不是非常有用）IPv6 数据报只包含 40B 的 IP 报头，使得其总大小为 40B 并且有效载荷长度为 0B。最大的 IPv6 数据报通过特大包选项［RFC2675］被定义，其允许多达 4294967295（$2^{32}-1$）B 的有效载荷，如果不考虑这个很少使用的机制，IPv6 数据报可以包含一个高达 65535（$2^{16}-1$）B 的有效载荷，因此总大小可能高达 65575B。很少有子网可以有效地传输这么大的数据报，大多数子网都定义一个远低于该值的最大传输单元（MTU），例如（标准）以太网的 MTU 为 1500。在本节中，我们将讨论 6LoWPAN 和 IPv6 的与 MTU 相关的问题，这些问题同样涉及 IPv4，因为这可以解释 6LoWPAN 的一些机制和设计决定。

在一台只有一个接口的主机上，通常有一个办法来找出该接口的 MTU，该方法允许应用程序调整它发送的数据报的大小。如果主机具有多个接口，这样的选择就变得不那么清楚。更糟糕的是，在数据报发往其目的端的路由路径中，MTU 可能会逐跳改变，这使得应用程序很难选择一个可以在所有路由路径上进行传输的大小。IPv4 对一个链路的 MTU 只有一个非常宽松的要求：一个 IPv4 子网必须能够传输至少有 68B 的数据报。由于大多数链路都可以处理较大的数据报，所以限制应用程序只能发送这个大小或更小的数据报是不合理的。相反，IPv4 要求每个节点（数据源节点或路由器）可以将数据报分片成几个较小的数据报，并且每个最终目的端必须能够重新组合这些片段。为了区分整体（不分片的）数据报和它的分片，前者通常被称为数据报。

需要注意，IPv4的最小MTU经常与较大的最小重组缓冲区大小产生混淆：每个IPv4目的端必须能够接收576B的数据报，无论是单片还是将要被重组的多个分片[RFC0791]。某些协议，如原来的DNS（在EDNS0被引入[RFC2671]之前）限制它们自身从来不发送较大的数据报。TCP可以通过它的最大分片大小（MSS）选项在连接建立期间协商一个较大的数据报大小，执行这个选项是强制性的，以便广泛启用这个相当重要的性能优化。

如果在源端使用一个较大的数据报且该数据报在随后的传输过程中不被分片，这实际上只增加了整体的TCP性能。主机从事MSS协商知道自己链路的MTU，这样就可以确保这不会发生在第一跳和最后一跳；一个用于检测中间链路上最小MTU的机制被称为路径MTU检测（PMTUD，IPv4的[RFC1191]）。该算法采用IPv4的不分片（DF）标志，这会导致一个在转发路径上将数据报分片的节点反而发送回一个ICMP目的地的不可达差错（需要分段和设置DF，往往就称为数据报过大）。由于TCP实例之间的路径可以改变，所以该算法需要有自适应性：当路由改变到一个新的有较小路径MTU的路径时，过大的数据报将导致一个ICMP包的快速生成，这允许发送方降低其数据报的大小。只有通过发送方使用一个比当前已知的路径MTU更大的数据报来探测路径时，可用的路径MTU的增加才会被检测到。

PMTUD广泛部署的结果是，在典型的互联网通信中，只有小于1%的数据报被分片[Shan02]。尽管如此，每个IPv4数据报都预留32位报头空间（参见图2-21）以在路径上进行进一步分片；即使DF位被设置，报头空间也被保留。

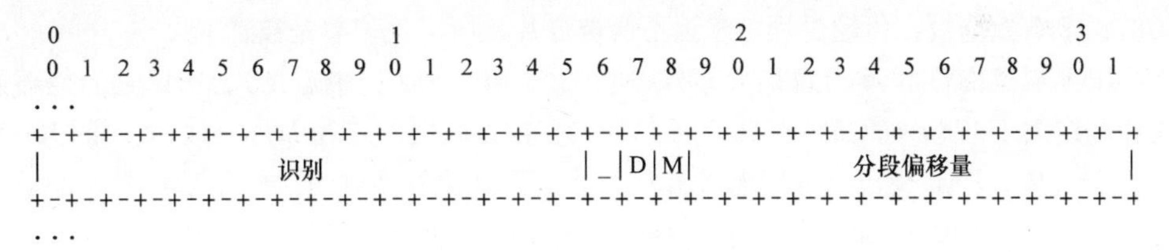

图2-21 IPv4报头中的分段字段（D=DF，M=MF）

IPv4重组发生在数据报的最终目的地。有相同源地址、目的地址、IP协议字段值、标识字段值（四元组）的片段被组合在一起。通过设置片段偏移量为零来确定第一个片段，最后一个片段的后续分片标志位的值为零（如果都是零，则该数据报没有被分片，重组也将没有必要）。互联网不保证顺序传送数据报，所以片段可能不会按顺序到达，数据报片段会根据它们的片段偏移量被定位到重组缓冲区（计数以8B为单位，因此只需要13位，而不是16位）。当收到最后一个片段并且最后一个片段之前的所有的字节位置也都被其他片段填充时，数据报就是完整的。在看到最后一个片段之前，IPv4重组过程并不知道数据报有多大。

数据报有可能丢失（因而一个数据报的片段也会丢失），这使得重组过程中只能获得不完整的数据报。因此，需要采用定时器以在一段时间后放弃重组数据报。值得注意的是，在这种情况下已经被传输的片段将变得无效，IP 没有提供一个更高层的协议来利用该信息，这与如何使用已到达的片段形成鲜明的对比，例如 TCP SACK（选择性确认）。假设数据报丢失是不相关的，将一个数据报分片成 n 个片段，将使数据报丢失概率 p 增加到 $1-(1-p)^n$，因此如果数据报包括 6 个片段的话，10% 的数据报丢失率将变为 47%。此外，所有这些部分重组的数据报将消耗相当大的缓冲空间，直到它们最终被丢弃为止。在网络之外，它们基本上是无丢失的（例如有线 LAN），因此 IP 分片的使用被普遍最小化。

为了简化基本 IP 报头，IPv6 去掉了 IPv4 的分片字段。如果一个数据报的源需要使用分片，它需要插入一个单独的分片报头作为一个扩展报头。这是唯一可能发生分片的地方：IPv6 不提供中途分片的机制。为了使这更被接受，最小 MTU 被大大增加：所有的 IPv6 子网都必须提供 1280B 的最小 MTU。建议的 MTU 实际上是 1500B［RFC2460，第 5 节］（为了与以太网中的 MTU 保持一致），但选择较小的 1280B 是为了为隧道报头留出空间，该隧道报头在以太网上传输之前必须被增加到数据报上，同时还为有效载荷大小至少为 1024B 的情况下的 IP 报头和报头栈留下一些空间（与 IPv4 相比，IPv6 定义的最低重组大小为 1500B）。

如果要发送大于路径 MTU 的数据报，可以使用 IPv6 片段报头在源端分片（见图 2-22）。下一个报头字段除了需要被连接到 IPv6 的扩展报头链，它的内容标识字段与它所取代的 IPv4 字段非常相似。然而，由于 IPv4 所提供的 16 位已不能满足今天的更高的链路速度，标识字段已经扩大为原来的两倍［RFC4963］。DF 标志位也是没有必要的：IPv6 数据报在传输过程中永远不会被分片，所以该位总是被置 1。

IPv6 规范推荐 IPv6 节点执行 PMTUD（在［RFC1981］中定义），所以它们能够发现和利用大于 1280B 的路径 MTU。考虑到大多数互联网的路径 MTU 与以太网的 1500B 相比少 20%，IPv6 规范也合理地指出，资源受限的 IPv6 实现可以限制自身发送的数据报不能大于 1280B，从而减小了它们执行 PMTUD 的需要。

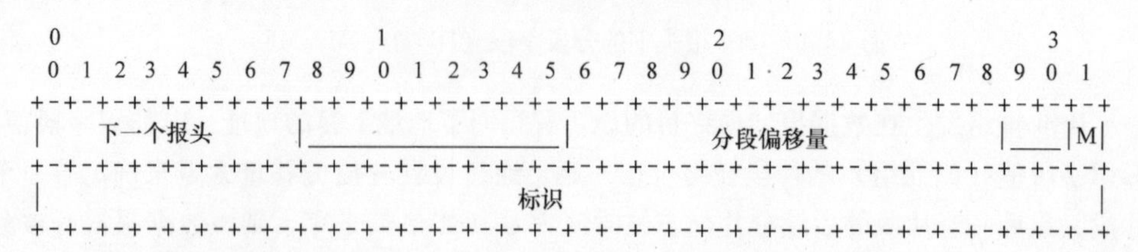

图 2-22　IPv6 分段报头（M = MF）

综上所述，虽然 IPv6 确实为大于最小 MTU 的 1280B 的数据报提供了自己的分片，但它依靠子网层来传输至少 1280B 的数据报。对于本身无法传输 1280B 数据报的链路来说，这意味着需要在它们的适配层做一些工作，即将数据报划分成多个链路层帧并在IPv6接收节点上进行重组。

一个在20世纪90年代著名的链路被称为基于单元的异步传输模式（ATM），该模式在其适配层类型5（AAL5）中定义了在两个子层中的分片和重组（SAR）。较低子层通过在每个单元中使用一个报头位来表示后续的单元是否是相同数据报的一部分（类似于上面提到的MF位），从而形成了单元链，而较高子层通过管理填充（padding）以指示最后一个单元中浪费了多少空间（并增加了一些ATM本身并不提供的错误检测）。

2.7.1　分片格式

与ATM相比，6LoWPAN对分片和重组机制提出了完全不同的要求。一方面，其链路层已经提供了错误检测以及可变长度的帧，所以不需要一个与AAL5的上层等效的层。另一方面，6LoWPAN的链路，特别是在Mesh-Under转发过程中帧可能被重新排序的链路，并不提供顺序的ATM虚拟电路语义，所以除了单独的一位之外，还需要更多的信息来将帧正确地拼接成一个IPv6数据报。

由于与IPv4分片的要求相当类似，6LoWPAN分片采用一种类似的机制，但在编码和实现方面的效率更高。

6LoWPAN没有提供一个后续分段标志位，而是将要被重组的数据报（IPv6报头+IPv6载荷）的大小复制到每一个分片中。这使得接收端根据接收到的第一个分片可以为整个重组单元分配一个缓冲区，这与哪一个分片实际最先到达相对独立。由于RFC4944对重组后的数据报的称呼有些误导，故称尺寸大小字段为datagram_size。它的长度是11位，这将允许重组后的单元的长度高达2047B（与6LoWPAN接口的实际IP层MTU非常符合，该MTU被定义为1280B）。

与IPv4的标识字段类似，一个16位的datagram_tag，与发送方的链路层地址、目的地的链路层地址和datagram_size相结合，被用于区分不同的将要被重组的数据报。值得注意的是，考虑到6LoWPAN所使用的链路速度有限，大小为16位的标签是足够的：我们假设，为了发送一个L3分片数据报所产生的一系列L2数据报的大小总和至少为128B（否则适应层分片不会生效）。即使当一个源节点完全占用250kbit/s的IEEE 802.15.4链路，也需要超过四分钟才能使16位的标签溢出。

一个8位的datagram_offset给出了重组后的IPv6数据报中分段的位置，因为在IP层中以8B为单位计数，所以8位可以覆盖整个2047B。就所有的6LoWPAN帧来说，一个分片的第一个字节（分派字节）表示帧的类型，该字节（11100nnn）的8个可能的值被分配给分段用于将datagram_size延伸到分派字节，这样就不需要填充其他的位。所得到的格式，如图2-23所示，被用于除了6LoWPAN分段序列的初始分段之外的所有分段。

假设在一个LoWPAN中发送的大多数数据报，虽然被分片，但还是相对比较小的，那么很大一部分分段都是偏移量全部为零的初始分段。优化允许省略这个偏移量，另外八个可能的分派值（11000nnn）被用于另一个分段格式，该格式暗示了datagram_

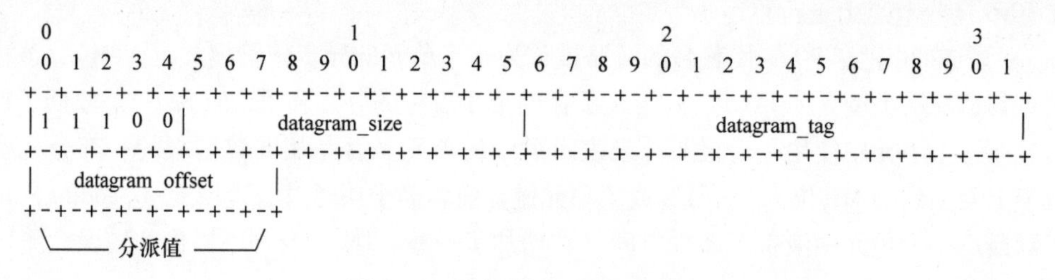

图 2-23　非初始 6LoWPAN 分段

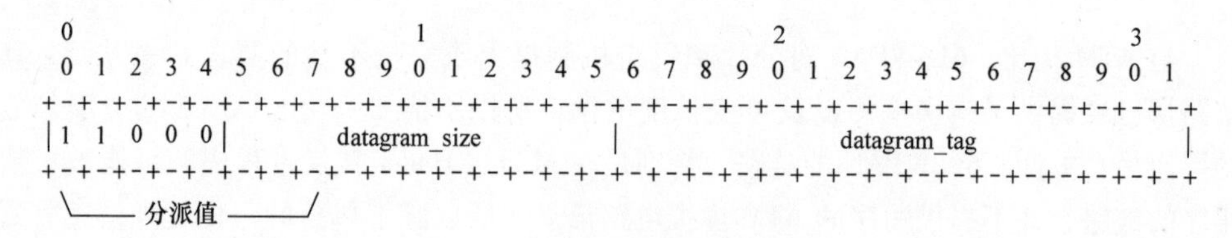

图 2-24　初始 6LoWPAN 分段

offset 为零（见图 2-24）。

一个节点可以使用下面的步骤，以发送一个因太大而不能放入链路层帧的 6LoWPAN PDU：

1）设置变量 packet _ size 为 IPv6 数据报（包括报头和有效载荷）的大小，并设置 header _ size 为只需要存在于第一个分段中的 6LoWPAN 报头的大小，如分派字节和未压缩或压缩的 IPv6 报头（后者包括非压缩的字段）。如果 IPv6 数据报报头或有效载荷（如 UDP 报头）的一部分被压缩到压缩的报头中，调整 header _ size 使其减去该量（这将通常使 header _ size 为负!）。综上所述，如果 6LoWPAN PDU 可以不分段地被发送，header _ size + packet _ size 就是 6LoWPAN PDU 的大小。

2）设置变量 max _ frame 为一个数据链路层帧中减去 PHY、MAC 地址和安全报头和报尾，以及可能需要被加在每个分段或完整数据报上的任何 6LoWPAN 报头（如 Mesh - Under 的 mesh 报头）占用的空间后所留下的空间。需要注意的是，max _ frame 可能依赖于实际的下一跳目的地以及安全性和地址的大小设置（除非 header _ size + packet _ size > max _ frame，否则不需要分片，PDU 可以简单地被打包成一个链路层帧）。

3）递增一个全局 datagram _ tag 变量到一个新值，该值将被用于此 PDU 的所有分段。

4）现在棘手的部分是，要发送刚好大小的 IPv6 数据报，使得其大小为 8B 的倍数而且刚好能填入第一个分段。设置变量 max _ frag _ initial 为［（max _ frame - 4 - header _ size)/8］×8（为初始分段报头留出 4B 的空间）。

5）在初始分段中发送 6LoWPAN PDU 最初的 max _ frag _ initial + header _ size 个字节，同时在这些字节前加上 4B 的初始分段报头。

6）设置变量 position 为 max _ frag _ initial。

7）设置变量 max _ frag 为［（max _ frame - 5)/8］×8（为每个非初始分段报头留出 5B 的空间）。

8）只要 packet _ size - position > max _ frame - 5，则：

① 一个非初始分段来发送下个 max _ frag 字节，同时在这些字节之前加上 5B 的非初始分段报头，并将 position/8 填写到 datagram _ offset 值中。

② 把 max _ frag 值增加 position 大小。

9）用一个非初始分段来发送剩余字节，并将 position/8 填写到 datagram _ offset 值中。

此过程中的有些奇怪的边缘条件是由某些约束所造成的，即 datagram _ offset 在数据报中的位置只能描述长度为 8B 的倍数。因此，除了最后的分段之外，所有的分段都不一定需要填满所有的可用空间。

分段的接收和重组可能会按照以下过程来执行：

1）建立一个四元组，其组成为：

① 源地址。

② 目的地址。

③ datagram _ size。

④ datagram _ tag。

2）如果之前没有为此四元组创建一个重组缓冲区，那么使用 datagram _ size 作为缓冲区大小，并初始化一个相应的所收到的分段列表为空。

3）对于初始分段：

① 设置变量 datagram _ offset 为 0。

② 丢弃 4B 的分段报头。

③ 对所包含的分派字节和任何压缩的报头执行解码和解压缩，就好像这是一个完整的数据报一样，但使用完整的 datagram _ size 来对长度字段进行重建，如 IPv6 有效载荷长度和 UDP 长度。

④ 设置临时变量 data 为分段的内容，并设置 frag _ size 为所得到的解压缩的数据报的大小。

4）对于非初始分段：

① 设置变量 datagram _ offset 为来自数据报的字段的值。

② 丢弃 5B 的分段报头。

③ 设置临时变量 data 为分段的内容，并设置 frag _ size 为所收到的分段的数据部分的大小，即减去 5B 的报头大小。

5）设置变量 byte _ offset 为 datagram _ offset ×8。

6）检查 frag _ size 是否是以下情况：

① 8 的倍数（允许额外的分段来与末尾对齐）。

② byte _ offset + frag _ size = datagram _ size（即这是最后分段）。

如果两个都不正确，那么重组就失败了（因为没有方法来填补剩余的字节）。

7）如果和区间［byte _ offset，byte _ offset + frag _ size）之前所收到的分段列表中有任何的条目相重叠，则

① 如果重叠条目是相同的，那么将当前分段作为重复的内容而丢掉。

② 如果不是，那么就造成重组失败。

8）否则，将该区间添加到列表。

9）复制数据的内容到从 byte _ offset 开始的缓冲区位置。

10）如果区间段的列表覆盖了整个区间，那么重组就完成了，并且缓冲区包含一个 datagram _ size 大小的 IPv6 数据报。执行最后有关整个数据报的处理，比如重建一个被压缩了的 UDP 校验和。

在因重叠而失败的情况下，需要丢弃该重组缓冲区，通过建立一个新的重组缓冲区再尝试重组。如果 6LoWPAN 格式规范执行重叠检测的要求被忽略的话，重组过程会变得更加简单。

2.7.2 避免分段性能损失

有很多原因会使分段不被采用，1987 年的论文 Fragmentation Considered Harmful［Kent87］中列出了其中的很多原因。最常讨论的问题是（分段）损失单元和（整个数据报）重发单元之间的脱离，以及与之相关的低效。可能更重要的原因是在一个资源受限的嵌入式环境中，重组缓冲区何时将接收到剩余分段的不确定性使得管理分配给重组缓冲区重组的资源变得非常困难。这对于边缘路由器来说可能不是一个太大的问题，但可能使由电池供电、内存有限的系统接收分段的数据报变得相当不可靠。作为一个经验法则，对于从这样的设备（其主要问题是整个重组的数据报完整到达的概率会降低）发出的数据报，分片勉强是可以接受的，但对于发送到这样的设备的数据报，应避免分片。

不幸的是，对于在互联网上的通信节点来说，max _ frame（在链路层帧中为 IP 有效载荷所留的剩余空间，见上面的第 2.7 节）的实际值是不容易找到的，因为第 2 层具体地址的长度和安全性设置可能是未知的。更糟糕的是，在外部很难预测报头压缩机制将会多么成功，以及将有多少 IPv6 报头和 UDP 报头将被放入 max _ frame 中来作为非压缩字段。除了通过将丢包率和数据报大小相互关联，6LoWPAN 标准目前还没有提供一种方法来执行第 2 层的等效 PMTUD。

连续的第 2 层跳可能有不同的 max _ frame 值的事实加剧了这种情况。在某些情况下，在 LoWPAN 中的第一跳可能会将数据报分裂成例如 80B 的分段，只是为了使下一跳将这些分段每个都分裂成一个 72B 的分段和一个 8B 的分段！因此，在用到链路层（mesh）转发的地方，所有将要对数据报进行分片的节点应该对在其他节点上的 max _ frame 值有一个大致了解。

从应用程序角度，一个问题是应用程序可以选择的使其可能不会造成第 2 层分片

的数据报的大小是多少呢？作为一个经验法则，在IEEE 802.15.4 MAC层帧的127B中，5B会被用于头和尾，6~18B通常用于编址。如果需要最高级别的安全，一般情况下需要20B，额外可能有高达30B用于安全。这为max_frame留下了约90B。新的HC可以将IPv6报头和UDP报头压缩到11B，但可能也需要20B或以上的字节（未压缩的大小是49B）。总之，基于UDP的应用将必须使有效载荷为50~60B或更少，这样就有一个合理的预期，即不会有分片发生在LoWPAN中。

某些应用程序，如固件下载，它们对数据报大小的要求不那么节省。如果不能采用更加复杂的协议，如有MSS协商机制的TCP，那么通过在多跳网状路径之间使用分段确认和重传来提高数据报的到达率，这是值得的。一项这样的建议目前正在被6LoWPAN工作组讨论以作为一个可能的扩展［ID-thubert-sfr］。

2.8　多播

虽然IP通信的基本模型在大约30年前就已经固定，但在随后的十年出现了一个额外的补充：IP多播模型［RFC1112］。在IPv6的定义中，多播被认为是一个基本的组成成分，并成为了规范的一个组成部分，甚至取代了由IPv4定义的子网广播机制。IPv6和它的子协议的设计，特别是邻居发现（ND［RFC4861］），肯定是通过以太网链路强大而可靠的多播功能而形成的。

在一个有不可靠链路的多跳无线网络中，提供一种高效率的多播功能是很困难的。IEEE 802.15.4本身并没有像以太网定义一个多播功能的方式一样定义一个多播功能；然而，一个数据报可以被发送到一个广播地址，该广播地址可以到达无线电范围内的所有节点。

为了能不依靠多播而有效地进行IPv6邻居发现，和在ND规范［RFC4861，第1节］中所预测的一样，6LoWPAN提供了ND优化——见第3.2节。正如像将现有IPv6应用程序一成不变地移植到简单的嵌入式系统是不太可能的一样，从应用程序方面也很少有推动力坚持在LoWPAN中使用多播功能。

6LoWPAN支持Mesh-Under路由协议，该协议提供多播功能。在一个多跳无线网络中提供多播能力的一个简单但相当低效的方式就是洪泛：要发出一个多播的节点只需使用IEEE 802.15.4所提供的无线电广播来发送该多播，接收到这样广播的节点除非在之前看到过（并回应过）该多播，否则将简单地对该多播做出回应。为了使一个节点不需要记住整个数据报就能进行此项检测，6LoWPAN标准定义了一个基本的广播报头LoWPAN_BC0，作为一个传输序列号的地方（见图2-25）。更高效的多播转发机制可以通过与路由协议相结合来得到（第4.2节）；若对于这样的

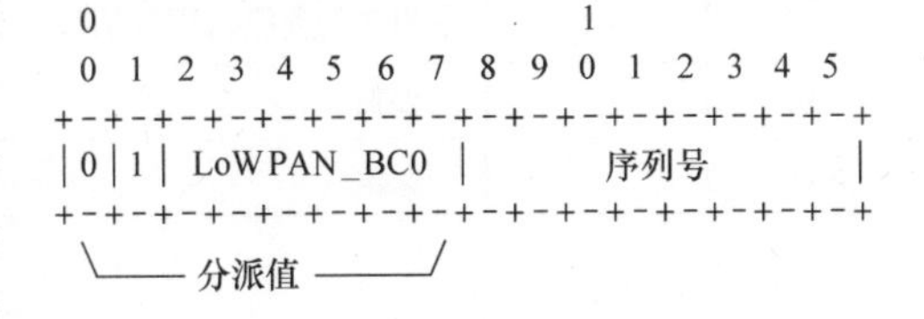

图2-25　LoWPAN_BC0广播报头

转发机制基本广播报头是不够的，那么可以定义另一个路由报头。

为了像 Mesh - Under 路由中一样在第 2 层执行多播，IPv6 多播地址需要被转换为第 2 层多播地址。为此，6LoWPAN 保留了 16 位短地址空间中的一部分。与此方式类似，IPv6 多播地址的 4 个低位字节被转换成一个 MAC 层多播地址，6LoWPAN 使用 IPv6 多播地址的低 13 位来形成 16 位短地址（见图 2-26）。

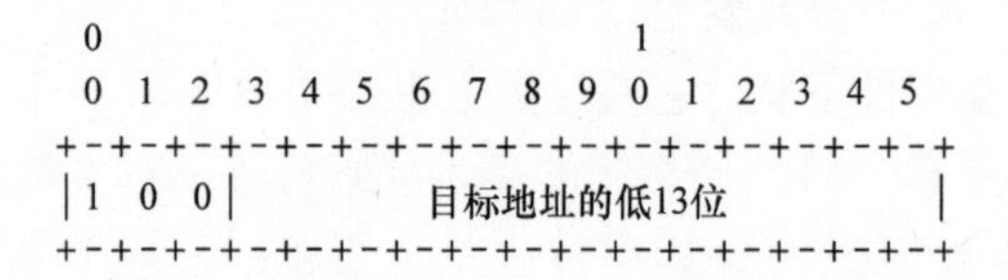

图 2-26 IP 多播地址到 16 位短地址的映射

如果没有使用第 2 层的 mesh 转发功能，通过将 16 位全部为 1 的地址（FFFF）作为 MAC 层目的地址，多播数据报将被直接无线广播出去。

由于形成 IP 多播地址的规则和形成单播地址的规则不同，它们最好以一种不同的方式被压缩。LoWPAN _ IPHC 基本报头包括用于为目的地址（多播地址不能出现在源地址字段中）选择多播地址压缩的 M 位。表 2-8 显示了为 M 被设置的情况所定义的 D/DAM 值。前 4 个条目越来越有可能用于编码多播地址中范围和低阶位的组合。第 5 个条目在 M =0 且 D/DAM 值为 0 00 的情况下是多余的，其还逐字带有一个目的地址。第 6 个条目是一个特殊情况，用于编码基于单播前缀的多播地址［RFC3306］和带有嵌入式汇聚点（RP）地址的多播地址［RFC3956］；链路范围的 IPv6 多播地址［RFC4489］不包括在内。为了限制需要在解压缩时考虑的情况，一些位的组合被保留而没有被使用。

表 2-8 M =1 时的 D/DAM 值

D/DAM	串联发送	
0 00	48	FFXX: : 00XX: XXXX: XXXX
0 01	32	FFXX: : 00XX: XXXX
0 10	16	FF0X: : 0XXX
0 11	8	FF02: : 00XX
1 00	128	串联发送（地址完全串联发送，没有压缩）
1 01	48	FFXX: : XXLL: PPPP: PPPP: PPPP: PPPP: XXXX: XXXX，其中 P 是从上下文中取出来的前缀，且 L 是其长度
1 10	—	保留
1 11	—	保留

第3章　自举和安全

当照明开关接入到能够传输电源至特定照明的配线中时，每个照明开关同它们各自控制的电路有着紧密的物理关系。以前不需要对一个物理的照明开关进行配置，只要电源正确接通，配置就自动完成了。显然，这对于无线照明开关而言不成立。

一个基于6LoWPAN的照明开关在复位后（重新上电后）会丢失内存，需要做以下工作（不一定按照以下顺序）：

1）发现需要加入的正在运行的LoWPAN。

2）建立网络参数，比如IP地址前缀和它自己的IPv6地址。

3）与相关的网络节点进行安全关联。

4）建立从节点到相关节点的链路，保持这些链路，同时在有可能的情况下为其他节点进行转发。

5）创建应用层参数，比如谁对照明开关什么时候运行感兴趣。

6）与相关应用层实体建立安全关联。

7）启动应用层协议，例如告知当前开关的位置。

某些状态的建立需要在短时间内动态重复，比如备用路由器的选择和转发路由路径的选择。

路由路径的选择是通过使用路由协议完成的，见第4.2节，该协议能够协助节点选择路由。其他参数相对而言不需要修改，它们的建立步骤主要分为两个阶段：

(1) 调试：有些状态的建立需要人工干预；比如，有人需要决定并进入系统的某些部分，而这些部分中的照明是由照明开关控制的。这一阶段也是安全关系启动的阶段。安全关系启动后能保护网络和设备安全，并保护应用免于遭受袭击和各种可能的事故。

(2) 自举：在调试阶段之后，节点的设置操作将不需要更多的人工干预。然而，有些状态仍然需要配置，包括在设备的初始化（使用新电池从而需要复位）或者当其加入一个LoWPAN网络时（参见第4.1节）。

值得注意的是让一个节点从启动到正常工作涉及一系列的活动，并且没有一个明确的定义说一个特定的活动是调试、自举，还是部分动态协议，如路由。通过一个管理系统的协调，人们可以手动干预来区分自举与调试的区别，这从设备的角度来说使调试过程完全自动化。针对这类互操作调试过程的相关标准非常少，所以我们将会在第3.1节中进行宽泛的讨论。然而，IPv6协议制定了一个和自举阶段相关的协议：邻居发现（ND）。并在6LoWPAN中进行了优化，见第3.2节。调试和自举与安全之间的紧密联系，将会在第3.3节中介绍。

3.1 调试

大多数6LoWPAN设备是按照通用设备生产的，出厂时不会设置任何针对特定环境的信息。给这些设备提供相关信息的过程（或者这个过程的一部分）被称为安装、配置或预配置。因为这些术语都有一个特殊的含义，我们将所有这些行为统称为调试。我们把让设备能在预定的使用环境下工作的设置过程称为安装，把调试过程中逐步注入设备的信息集的过程称为配置。

在LowPAN网络中为了能够启动一个设备，需要知道一些基本参数。因为许多读者熟悉IEEE 802.11设备的安装，所以我们将以无线局域网（WLAN）作为类比进行讲解。让一个WLAN节点在IEEE 802.11网络中正常工作需要知道以下两个信息：

（1）如何找到网络，或者需要加入哪个网络。这通常需要知道SSID（服务集标识符）；有时，选择需要使用的IEEE 802.11类型和频带需要更多的配置（WLAN节点经常变化所使用的频带，比如，他们能检测到所支持的信道中哪些正在被使用）。

（2）安全信息。节点需要知道用于保护这个网络的方法和需要的密钥信息。比如，一个预共享（pre - shared）的密钥用于个人无线保护接入（personal WPA）或使用用户名/密码以获取某种形式的企业无线保护接入（enterprise WPA）。

建立一个WLAN基站（接入点）所需要的信息包含一个SSID和用于网络的安全配置。然而，可能还需要一些额外的信息，比如可能使用到的频率/信道或者一些关于回程（backhaul）的类型信息，比如是以太网还是无线分布式系统（WDS）。

类似的，一个LoWPAN设备需要有一些识别网络的方法以及相关的安全信息。通常情况下，一个LowPAN设备不会被配置去频繁变换信道，即对于可用网络，该设备不会去搜索信道，而是被静态地分配一个信道（IEEE 802.15.4中信道的定义请参考附录B.1节）。在IEEE 802.15.4中没有SSID的概念；相反地，当一个节点的安全参数和密钥信息匹配后就认为它找到了自己所属的网络，即收到的数据报通过了完整性检查。除了让设备加入想要加入的LoWPAN网络外，为了找到适当的通信端节点，必须设定应用所需要的参数。

一个是在调试阶段一劳永逸地建立好所有的状态信息；一个是在启动阶段或者甚至是在这之后动态地发现状态信息。前者的效率和后者的灵活性之间存在一个平衡。例如，调试期间为网络提供前缀能够减少邻居发现的路由广告帧的需要。但是前缀可能会变化，那么将需要每次进行重新校验。作为一种妥协，设备可能在自举阶段缓存所需要的信息。

执行调试的一种方式是在工厂的生产过程中配置这些设备。这就意味着安装者只需要选择正确的设备，并对其进行正确地设置，比如把一个电子仪表安装到合适的家庭中。对于使用一个即时（just - in - time）的生产流水线，这可能是一个非常有效的过程。缺点是在这个过程中可能遇到各种干扰，比如遇到一个有瑕疵的设备或者在安装过程中发生损坏，这些情况需要一次例外处理（比如使用一个安装设备并进行耗时的手动配置），或者甚至可能需要等待一个新的产品。

另外一种选择就是以未配置的状态来交付设备，并在交付或者安装期间对该设备进行调试。这通常需要使用一个专用安装器设备（installer device）。通过使用带外（out-of-band）方式，包括条形码标签、红外或者近场通信技术，USB插头或者任何其他有线接口，这种安装器同设备通信并配置参数。

最后，该设备可以使用带内（in-band）通信进行配置，比如使用6LoWPAN通信。这样的调试方式很难同时做到完全的自动化和安全化，因为一个完全通用的设备不能和另外一个完全通用的设备区分开来，那么安装器设备该如何知道与它通信的是否是正确的设备呢？根据IEEE 802.15.4的设计，每一个设备都应该被配置一个EUI-64的信息来作为64位的MAC地址。这个标识符必须是唯一的，因此也可以被用作一个设备的ID从而达到用于应用的目的。然而，这个标识符不能被当作安全标识符来使用；因为它是广播的，所以所有的偷听者都能够侦听到所有使用这个64位地址的帧。

假如调试过程是完全自动化的，它的安全性必须得到保证。在调试过程中，为设备初始化EUI-64标识符的过程同样需要提供唯一的密钥信息以启动安全机制。

一个刚出厂的设备处于一种被动模式，等待一个安装设备为其安装一些基本的配置。它也可以处于一个主动模式，基于它的预配置信息试图加入一个网络，并等待安装设备通过网络对其进行配置。该网络可能会是一个正常运行中的LoWPAN（或者网络中使用了不同安全参数运行的一个部分），或者是由安装设备和该设备组成的简单网络。一些为使用者提供的接口（比如一个按钮）能够将设备从被动模式转变为主动模式。还有其他一些从设备中得到安全参数的方式，比如打印了设备安全信息的条形码或者保存在服务器上的相关安全信息的引用。这个信息可能需要一些额外的信息去使用它（比如对其进行加密）。

如果要进行调试的刚出厂的设备已经被安装在其最终位置上，则需要为其建立特殊的安装网络以建立初始连接——这个网络可以是和安装设备之间的本地通信，或者是通过LoWPAN网络连接的管理系统。

总之，调试过程必须充分考虑到安全性和可用性之间的平衡。在这方面，销售商很可能看到潜在的不同的市场需求。在第3.3节中，我们将会进行安全方面的讲解。

3.2　邻居发现

IPv6的邻居发现协议［RFC4861］是IPv6网络自举所关注的焦点。节点使用邻居发现（ND）去发现相同链路上的其他节点，来决定自己的链路层地址，找到路由器，维护从节点到与节点积极通信的邻居节点之间可达的路径信息。邻居发现能够结合其他协议，比如 DHCPv6 以获取额外的节点配置信息。在 LoWPAN 网络中资源受限的节点，结合使用这些协议的开销通常比想象的高。为了更加方便地参考，附录 A.3 节中给出了一些关于邻居发现协议的额外信息。

ND 协议规范指出，除了特别指定的基于 X 的 IP 的相关规范［RFC 4861，参见第 1 章］，它适用于所有类型的链路。在同一段落中，规范明确指出，如果网络不能完全支持链路层多播或者邻居关系是不可传递的，将需要提供替代协议或机制。就像第 2.8 节中所讨论的，LoWPAN 多播的开销非常昂贵，所以 6LoWPAN 并不是强制性需要的。在 route - over 配置中，链路也是不可传递的（也就是说，通常如果来自 A 的一个包能到达 B，而来自 B 的一个包能到达 C，这并不意味着来自 A 的包能够到达 C）。

对 6LoWPAN，在本书写作时，工作组正在起草并接近完成一个关于替代协议和机制的规范［ID - 6lowpan - nd］。在本书中，我们把这个优化的邻居发现规范称为 6LoWPAN - ND。

基本的邻居发现协议把节点分为传统的主机节点和路由节点，只有路由器节点会转发不是发给它自身的 IP 数据报。相比于主机，在邻居发现中路由器必须执行一些指定的额外功能。由于在 LoWPAN 网络中许多节点的性能有限制，6LoWPAN 邻居发现引入了第三个角色，即边缘路由器，专门用于执行一些 6LoWPAN 路由发现中更加复杂的功能，这样可以减少其他路由器尤其是主机所需完成的任务的复杂度。主要的新的概念就是由边缘路由器维护的白板（whiteboard）来集中管理一些协议状态。另外，使用一些简化的假设来减轻整个 ND 协议的任务。最后，6LoWPAN - ND 可以用来传播上下文信息，使得基于上下文的报头压缩效率更高。

本章节介绍了一个 6LoWPAN - ND 怎样启动一个 LoWPAN 网络节点，以及其如何维护 LoWPAN 网络。

3.2.1 地址构造

在 IPv4 中，如果一个节点没有自己配置的地址，就需要使用动态地址分配协议从一个动态地址分配服务器获取一个地址。DHCP 使用一个四方报文交换，从多个 DHCP 服务器中选择其中一个，并且通过选择的服务器获取一个有时间限制的地址分配。DHCP 已经被移植到 IPv6 中成为 DHCPv6［RFC3315］。然而，IPv6 更大的地址长度使得一个更加简单的地址配置机制成为可能：即无状态地址自动配置（SAA）［RFC4862］。欲了解 SAA 的具体细节，请参见附录 A.4 节。

正如在第 2.4 节中提到的方法，6LoWPAN 通过要求节点根据 MAC 层地址和前缀构造接口 ID 来简化 IPv6 的寻址模式。对于每个 6LoWPAN 接口，以下两个地址是必需的：根据 FE80::/10 的前缀构造的一个本地链路地址和一个根据 LoWPAN 的全局路由前缀构造的全局路由地址。

那么节点如何查找前缀呢？在标准的邻居发现中，路由器周期性发送路由广告（RA）帧，并且假如它们并不想等待这个周期性的广告帧，节点可以主动地使用路由器请求（RS）报文来请求这样一个报文。这两类报文通常都是多播。在这个特殊的情况下，即使在LoWPAN网络中也不会造成问题，通信通常发生在主机和第一跳路由之间，因此代价很高的多跳报文转发是没有必要的。

同标准ND前缀信息选项相比，6LoWPAN信息选项（见图3-1）进行了简化和扩展，在标准ND中为重编号提供宽限期限的一对生命期被一个单一的有效生命期替代，并且“RESERVED2”字段也被移除（见附录A.3节中标准ND前缀信息选项的格式）。

作为一个补充，6LoWPAN中有一个4位的上下文身份识别（CID）码：这使得提供的前缀（在给定CID时）对基于上下文的头压缩是可用的（见第2.6.2节）。通常，CID = 0用于LoWPAN网络的通用全局路由前缀。额外的6LoWPAN信息选项可作为提供频繁通信节点的前缀，或提供其他的可能提高基于上下文的头部压缩效率的上下文条目。如果某个额外的6LoWPAN信息选项并不倾向于支持6LoWPAN另一个前缀，那么A标志位将置为0，表明该给定的前缀不能使用于SAA。C标志位表明该信息选项实际上是为了在上下文中占据一个位置。V标志位通常也被设置好，但是在一个上下文条目的生命周期里，为了引入和提前收回条目，V不应被设置：C=1、V=0代表上下文条目对解压是有效的，但对压缩暂时无效或者不再起作用。

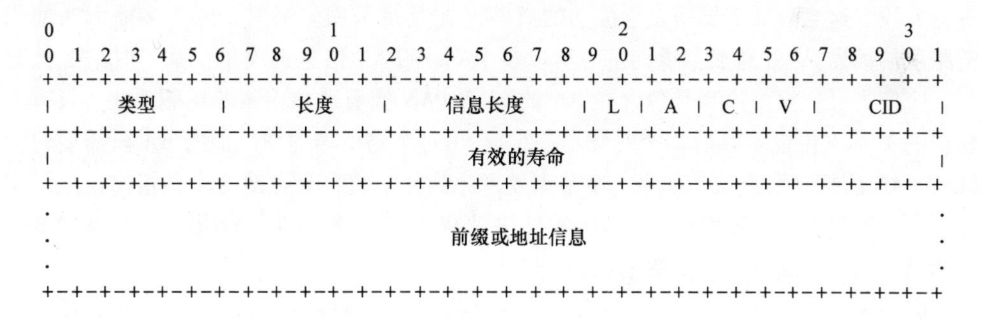

图3-1 6LoWPAN信息选项

只有当6LoWPAN网络中所有节点共享相同的上下文时，基于上下文的报头压缩才能够正常工作。因此，6LoWPAN-ND要求从边缘路由器开始，整个上下文信息集需要发送至整个6LoWPAN网络中。在它们的广播报文中，边缘路由器包含了上下文信息，并将其提供给所有的第一跳路由，进而把信息发布到整个网络拓扑中（参见图3-2）。即使其他某个路由器一直在发送一个旧版本，下文将要讨论的序列号也能够确保上下文信息是最新的。

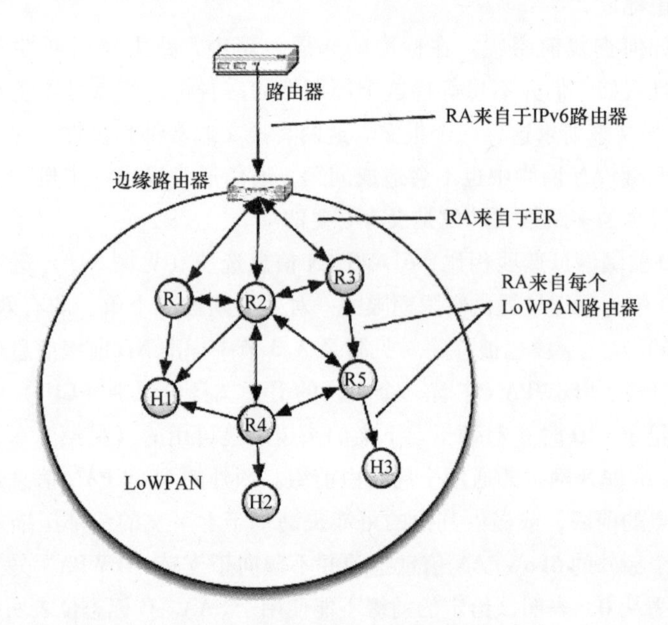

图 3-2 路由广告传播

如果在上下文中使用了大量的条目，那么在一个 RA 报文中发送的整个上下文的 6LoWPAN 信息选项可能达到 16 × (8 + 16) = 384B。要发送 RA 报文中完整的信息就要进行分段，这会降低数据报发送成功的概率（尤其是采用多播时，因为多播无法使用链路层的信息），并造成信道拥塞。所以整个 6LoWPAN 信息选项集在某一时刻会被分配一个序列号。这个序列号包含在 RA 的 6LoWPAN 摘要选项中，参见图 3-3（只有当相应的 V 标志位设定好后，序列号才有效）。由每个路由器周期广播的 RA 只需要包含 6LoWPAN 前缀摘要选项。如果一个节点发现序列号与它自身存储的信息相比发生了变化，它会通过向 RA 源发送一个 RS 报文来请求更新；路由器会响应一个单播的 RA，并为其发送一个包含全部前缀信息集合的 RA。

6LoWPAN 前缀摘要选项还包含一个 ER 度量；我们将在第 3.2.4 节中对其进行介绍。

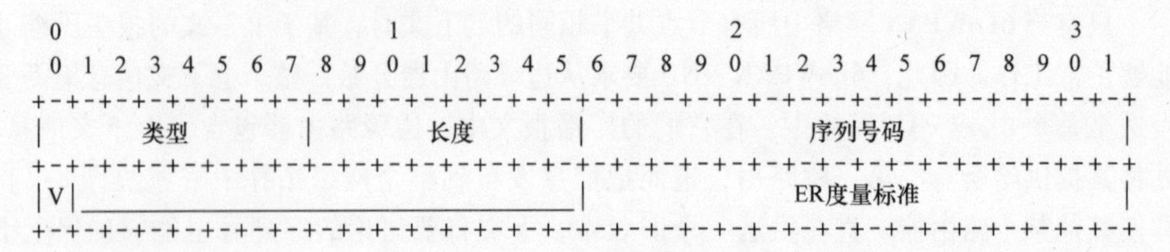

图 3-3 6LoWPAN 摘要选项

3.2.2 注册

在标准的路由发现中，完成地址构造的下一步是对该地址进行地址冲突检测（DAD）。该操作通过发送一个邻居请求至一个请求节点地址（一个作为要被验证地址的函数而形成的多播地址）来完成。只有当多播数据报能到达子网中的每个订阅了请求节点地址的节点的情况下，这个过程才能正确工作。而在6LoWPAN中，这个假设是不成立的。

相反，6LoWPAN－ND在边缘路由器中进行地址冲突检测。每一个边缘路由器维护了一个白板，节点在白板上描述它们的地址，以供其他节点以后阅读。其中使用了两个新的ICMPv6报文：节点注册（NR）报文和节点确认（NC）报文，整个过程被称为注册（第3.2.3节中的表3-1提供了白板的详细信息）。

我们先从一种最简单的情况开始讨论：一个节点在一个邻近的边缘路由器中进行注册。在获取了一个SAA的前缀和边缘路由器的地址之后，主机试图通过发送一个节点的注册报文去注册一个或多个自身地址到边缘路由器中。边缘路由器回复一个节点确认报文，列出可接受的地址，然后把这些地址加入白板中（见图3-4）。

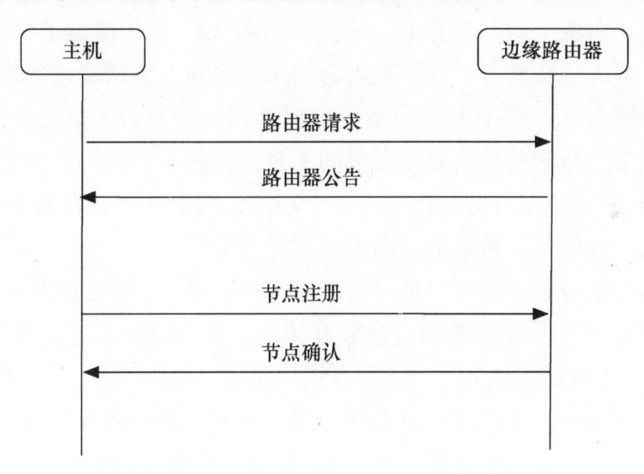

图3-4 基本的路由发现和边缘路由器的注册过程

图3-5显示了节点注册和节点认证报文的格式。6LoWPAN－ND定义的新格式应该是相似的，并且与现存的ND格式兼容。类型、编码以及校验和通常都被放在ND报文中（在第3.2.4节中，我们将看到在多跳中使用编码的案例）。TID是一个事务ID，用于检测重复的IID。NC消息中的状态用来指示注册请求是否成功。如果该P标志位被置1，表明这是首次注册；如果没有被设置，表明该注册是个故障恢复中的备份，此备份是在附加边缘路由器协作下完成的。我们将在本节的后半部分再次讨论TID和P字段。

绑定生命期指定由此请求在白板中产生的条目的有效期长度（以分钟为单位；16

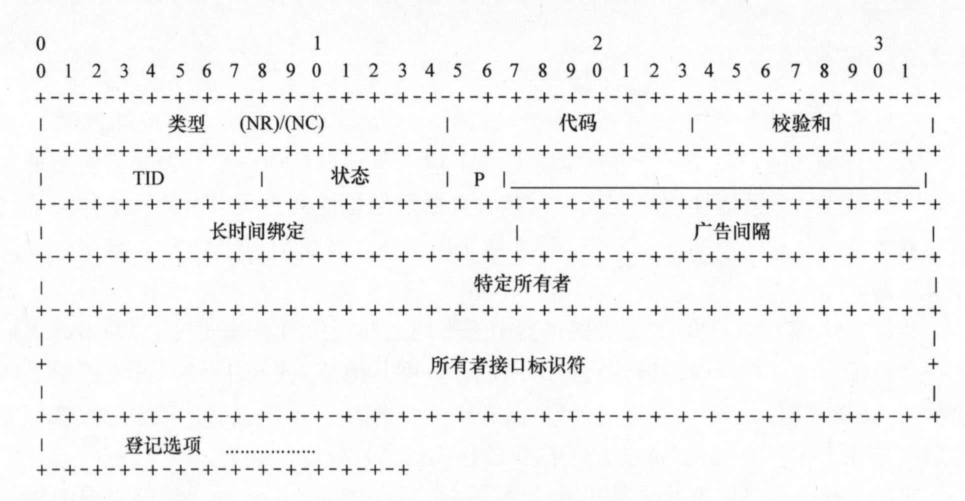

图 3-5　节点注册/确认报文的格式

位无符号整数可以表示长达 6.5 周的寿命）。白板中的条目相当于移动 IPv6［RFC3775］中的绑定，它是个软状态，即它们需要被定期更新。随着生命期的流逝，边缘路由器将会从白板上删除该条目，它为 6LoWPAN - ND 提供了清除过期条目的机制。注册节点，即绑定所有者，在绑定生命期结束之前，应该通过发送另外一个 NR 消息来更新这个绑定关系。这个更新类似于租赁合同的更新。（第二个值，也即广告间隔，描述了一个节点与它的邻居路由器之间关系维持的生命期，大约若干个 10s。）

作为 NR/NC 报文静态部分的倒数第二个字段，绑定的所有者通过其主接口标识符（OII）进行确认。身份标识符通常情况下由节点的 EUI - 64 产生。6LoWPAN - ND 标准通常假定主接口标识符是全球唯一的（和 EUI - 64 一样），而且提供了一种多节点共享一个主接口标识符的错误检测机制（这将在第 3.2.3 节讨论。这个过程由所有者随机数（Owner Nonce）辅助完成）。

NR/NC 报文中的剩余信息由 ND 选项携带，如图 3-5 中所示的绑定选项。每个 NR 报文可以要求登记一个或多个地址，每个 NC 信息可以确认注册的一个或多个地址。为了能在这些报文中携带地址，这些地址都被都编码到一个地址选项中（见图 3-6）。

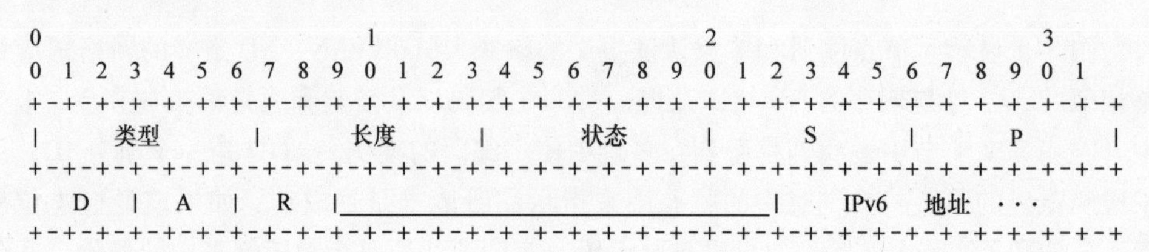

图 3-6　地址选项的构造

类型和长度字段与任何其他邻居发现选项是一样的。在 NC 报文中，状态字段用（0 ~ 127）表示成功，用（128 ~ 255）表示失败，而在 NR 报文中没有使用状态字段。

以下这些标志位用于修改请求/确认：

（1）D：复用标志位，如果在 NR 中设置，表明一个地址多次注册是可以接受的。这用于注册任播（anycast）地址。

（2）A：地址产生标志位，如果在 NR 中设置，表明该主机没有提供地址（在这种情况下 IPv6 地址的长度是 0）。但是，边缘路由器被要求产生一个地址。P 和 S 标识字段（见下文）表明被请求的地址是什么类型。在 NC 中，设置 A 标志位是用来表明地址确实产生了。

（3）R：移除标志位，如果在 NR 中设定，表明这个特定的地址是要求从白板中移除而不是加入。在 NC 中，设置一个 R 标志位表示该地址不能再使用。

最后，P、S 和 IPv6 地址字段对要进行注册/确认的 IPv6 地址进行编码压缩；P 和 S 也指定要求的特定地址类型以防 A 标志位已经被设置。P 标志位指定如何处理 IPv6 地址的前 64 位（“前缀”部分），而 S 指定如何处理其余 64 位（“后缀”）。当 P = 16 时，前缀被完整地保留。当 P = 17 时，前缀为 FE80::/64，而当 0≤P≤15 时，前缀为上下文 ID（CID）；当 P = 16 时，不需要为前缀发送任何信息。同样的，当 S = 0 的时候，后缀被完整地保留。当 S = 1 时，后缀被省略，并且从 NR/NC 信息包头中的所有者接口标识字段中被复制。当 S = 2 时，后缀从 6LoWPAN 的格式规范中定义的 6LoWPAN 的 16 位短地址中构建（或者如果使用一个非 IEEE 802.15.4 的射频，则采用适合用于 LoWPAN 的链路层）。P 和 S 的其他可能值被保留。NR/NC 消息的交换可以用下面这个例子来说明。我们假定一个与某个 ER 处于同一链路的主机想要给白板注册两条地址信息，两条地址都通过 SAA 和一个附加地址从其 EUI－64 产生，这条附加地址需要 ER 能产生 16 位的短地址（主机也可把这条附加地址作为 MAC 层地址）。为了注册，主机给 ER 的本地链路地址发送 NR 消息。比如说主机刚刚启动，这样事务 ID 从 0 开始；首先进行一个初级注册，注册有效期为 600s（即 10min）；主机的 EUI－64 经过恰当的修改，被用作所有者接口标识。

图 3-7 中给出了一个带有两个地址选项的 NR 消息：一个地址是从上下文 ID0 默认前缀和所有者 IID 构建出的（这种情况下，地址完全被压缩），另一个地址要求分配一个 16 位的短地址，并根据上下文 ID0 默认前缀和新分配的短地址进行地址构建（这种情况下，由于 A 标志位被设定，地址不会随 NR 被发送）。

图 3-8 给出了一个由 ER 应答而发出的可能的 NC 消息。TID 也作为零看待。状态为零，所以注册成功。生命期定为 600s。由上下文环境 ID0 默认前缀和所有者 IID 构建的地址的地址选项也就被重复并确认。第二个地址选项确认 16 位短地址的分配——该地址随地址选项一同被发送回 NC；随后，主机继续并从上下文 ID0 默认前缀和新分配的短地址中重建完整的 IPv6。

从现在开始，到注册生命期结束前，主机将定期重新登记。这里的注册与在 TID 中重新注册是不同的，但也是以分配短地址的方式来处理：一旦主机分配了 16 位的短

```
 0                   1                   2                   3
 0 1 2 3 4 5 6 7 8 9 0 1 2 3 4 5 6 7 8 9 0 1 2 3 4 5 6 7 8 9 0 1
+-+-+-+-+-+-+-+-+-+-+-+-+-+-+-+-+-+-+-+-+-+-+-+-+-+-+-+-+-+-+-+-+
|          类型 = (NR)          |     代码  =  0     |   校验和   |
+-+-+-+-+-+-+-+-+-+-+-+-+-+-+-+-+-+-+-+-+-+-+-+-+-+-+-+-+-+-+-+-+
|    TID=0      |    状态=0     | 1 |_____________________________|
+-+-+-+-+-+-+-+-+-+-+-+-+-+-+-+-+-+-+-+-+-+-+-+-+-+-+-+-+-+-+-+-+
|            最终时间=10            |         广告间隔=6          |
+-+-+-+-+-+-+-+-+-+-+-+-+-+-+-+-+-+-+-+-+-+-+-+-+-+-+-+-+-+-+-+-+
|                          所有者随机数                          |
+-+-+-+-+-+-+-+-+-+-+-+-+-+-+-+-+-+-+-+-+-+-+-+-+-+-+-+-+-+-+-+-+
|                                                               |
+                        所有者接口标示符=                        +
|                 修改EUI_64(U/L位 翻转)的接口                    |
+-+-+-+-+-+-+-+-+-+-+-+-+-+-+-+-+-+-+-+-+-+-+-+-+-+-+-+-+-+-+-+-+
|   类型=地址选择   |    长度=1     |    状态=0    |  S=1  |  P=0  |
+-+-+-+-+-+-+-+-+-+-+-+-+-+-+-+-+-+-+-+-+-+-+-+-+-+-+-+-+-+-+-+-+
| 0 | 0 | 0 |___________________|             填充=0            |
+-+-+-+-+-+-+-+-+-+-+-+-+-+-+-+-+-+-+-+-+-+-+-+-+-+-+-+-+-+-+-+-+
|   类型=地址选择   |    长度=1     |    状态=0    |  S=2 |  P=0  |
+-+-+-+-+-+-+-+-+-+-+-+-+-+-+-+-+-+-+-+-+-+-+-+-+-+-+-+-+-+-+-+-+
|   0   |   1   |   0   |________________________|     填充=0    |
+-+-+-+-+-+-+-+-+-+-+-+-+-+-+-+-+-+-+-+-+-+-+-+-+-+-+-+-+-+-+-+-+
      \D_A_R/                                          \P/
```

图 3-7　两个地址选项的节点注册

```
 0                   1                   2                   3
 0 1 2 3 4 5 6 7 8 9 0 1 2 3 4 5 6 7 8 9 0 1 2 3 4 5 6 7 8 9 0 1
+-+-+-+-+-+-+-+-+-+-+-+-+-+-+-+-+-+-+-+-+-+-+-+-+-+-+-+-+-+-+-+-+
|   类型=(NC)    |    代码=0     |            校验和              |
+-+-+-+-+-+-+-+-+-+-+-+-+-+-+-+-+-+-+-+-+-+-+-+-+-+-+-+-+-+-+-+-+
|    TID=0      |    状态=0     |1 |______________________________|
+-+-+-+-+-+-+-+-+-+-+-+-+-+-+-+-+-+-+-+-+-+-+-+-+-+-+-+-+-+-+-+-+
|    最终时间=10      |         |     广告间隔=6     |            |
+-+-+-+-+-+-+-+-+-+-+-+-+-+-+-+-+-+-+-+-+-+-+-+-+-+-+-+-+-+-+-+-+
|                          所有者随机数                          |
+-+-+-+-+-+-+-+-+-+-+-+-+-+-+-+-+-+-+-+-+-+-+-+-+-+-+-+-+-+-+-+-+
|                                                               |
+                        所有者接口标示符=                        +
|                 修改EUI-64(U/L位 翻转)的接口                    |
+-+-+-+-+-+-+-+-+-+-+-+-+-+-+-+-+-+-+-+-+-+-+-+-+-+-+-+-+-+-+-+-+
|  类型=地址选择   |    长度=1     |     状态=0     | S=1 |  P=0  |
+-+-+-+-+-+-+-+-+-+-+-+-+-+-+-+-+-+-+-+-+-+-+-+-+-+-+-+-+-+-+-+-+
|0|0|0|_________________________|            填充=0              |
+-+-+-+-+-+-+-+-+-+-+-+-+-+-+-+-+-+-+-+-+-+-+-+-+-+-+-+-+-+-+-+-+
|  类型=地址选择   |    长度=1     |     状态=0     | S=2 |  P=0  |
+-+-+-+-+-+-+-+-+-+-+-+-+-+-+-+-+-+-+-+-+-+-+-+-+-+-+-+-+-+-+-+-+
|0|1|0|_________________________|          新分配的短地址          |
+-+-+-+-+-+-+-+-+-+-+-+-+-+-+-+-+-+-+-+-+-+-+-+-+-+-+-+-+-+-+-+-+
\D_A_R/                                        \P/
```

图 3-8　示例：有两个地址选项的节点确认

地址，主机就不断更新这个绑定地址，这个A标志位不能再设置。图3-9中显示了在重新登记的NR消息中，第二个地址选项的格式（存在某个试图重新注册的地址选项，其通过不同方式获得16位地址，而该地址选项与此新选项完全相同）。

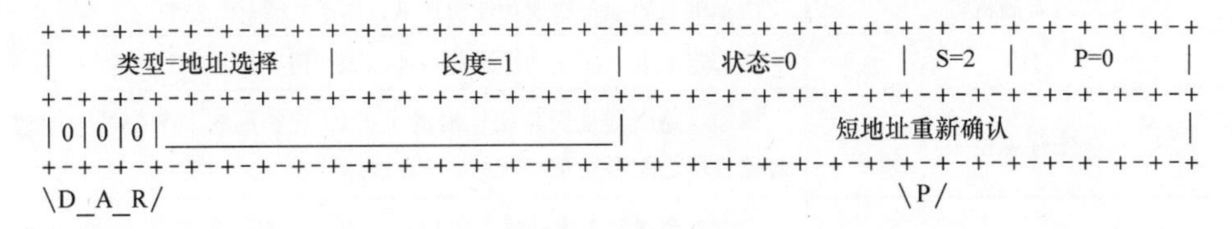

图3-9　示例：在更新NR报文中的第二地址选项

3.2.3　注册冲突

边缘路由器的白板被用作所有注册到边缘路由器中的节点的共享数据库，这样可以保证扩展LoWPAN与整体LoWPAN可以结合。由于LoWPAN是个分布式系统，每个节点都试图在该数据库中创建条目，那么多个节点间可能会产生冲突。在6LoWPAN-ND中有两种冲突检测等级：

（1）地址冲突检测和解析　如果有多个节点同时注册相同的IPv6地址，只有一个能够注册成功。每个注册都由OII和IPv6地址对确定。如果一个节点要注册一个IPv6地址，而这个地址同时已经与一个不同的OII注册过或是在另一台边缘路由器注册过，那么该注册请求将被拒绝，节点需要重新尝试一个新的IP地址。这种机制代替了LoWPAN中的DAD，并且主要是可以保证16位短地址和产生出的IPv6地址的唯一性。

（2）OII冲突检测　地址冲突检测和解析机制是基于OII是全球唯一的假设。原则上，我们认为EUI-64的分配方式是可以保证这一原则的。但是如果分配或者存储EUI-64时发生错误就可能导致两个节点共享一个OII，造成地址冲突检测失败，并导致LoWPAN有出现严重故障的可能性。这种错误在以太网MAC-48标识码中发生过，有时候是因为伪造造成的。所以有必要加入一个错误检测机制。

OII的唯一性假设使得地址冲突检测和解析相对变得简单一些。当一个NR报文进来时，对每一个地址选项中给出的IPv6地址，在白板中搜索它已有的绑定。

1）如果找不到这样的绑定，就要创建一个新的绑定（可能要在检查完其他边缘路由器之后——参见第3.2.7节），并且返回给节点一个节点确认报文表示成功。

2）如果存在和相同OII的绑定，绑定通过检查完TID来检测一个可能的OII冲突后（请看下面），获得一个新的生命期，一个节点确认消息将返回给节点表示成功。

3）如果存在一个和不同OII的绑定，就会发生地址冲突，将会返回一个拒绝节点确认消息。

表3-1总结了一个绑定中由边缘路由器保存的信息。

表 3-1 节点注册绑定的消息内容

IPv6 地址	LoWPAN 节点注册的 IPv6 地址，这是一个任意范围的 IPv6 单播地址
OII	LoWPAN 节点的所有者接口描述符，用于地址的冲突检测
所有者随机数	由该绑定的上一次成功注册提供，用于复制 OII 检测
TID	该绑定的上一次成功注册的事务标识，用于复制 OII 检测
主标志位	该边缘路由器是否是此注册的主 ER？在扩展的 LoWPAN 中的边缘路由器之间影响 6LoWPAN - ND 操作
寿命/生命周期	绑定寿命指示上次交换注册消息是多久以前。当绑定的时间到达注册生命周期时，白板实体会被丢弃

更为困难的且应该避免的情况是网络中的两个节点都认定它们有同样的 EUI - 64，因而也有着同样的 OII。一般看来，其他节点很难区分这两个节点，除非为它们加上一些其他的不同的特性，比如：随机号码（随机数会产生冲突的概率是相当低的）。这就是为什么标准的 ND 把使每个节点找到与自身冲突的其他节点作为它的职责——因为只有每个节点自身才能够可靠地把自己和其他节点区分开来。要想把冲突检测交给白板从而避免多播，需要白板能检测并拒绝拥有相同 OII 的不同节点。6LoWPAN - ND 通过启动时的所有者随机数（owner nonce）来支持这个功能，也就是说，每次当一个节点启动时都会产生一个随机数字。所有者随机数建立一个注册并维护它；使用不同的所有者随机数的注册冲突要么指出了重复的 OII，要么指出了重启并丢失了自身随机数的节点。

除了随机数外，还使用一个被称作事务识别码（TID）的 8 位序列数把从一个节点发出的连贯信息关联起来。TID 包含在每个节点注册信息中被发出，然后由边缘路由器附加在节点确认信息中传回。边缘路由器把这最新的节点注册信息中的 TID 和所有者随机数保存下来，并作为每个绑定的一部分。

TID 并不是一个普通的序列号，普通的序列号会从 0xFF（2^8-1）回归到 0。但是，TID 在 0xFF 之后，会在 0x10（16）处继续。这为我们所称的“新手绑定”留了前 16 个序列数字（0 ~ 0xF），这个绑定是对刚启动的节点的绑定。这种编号方案被称作“棒棒糖”方案，因为它以一个直线序列（0 ~ 0xF）开始，然后沿着一个环继续（0x10 ~ 0xFF 再回到 0x10），正好是个“棒棒糖”的形状（见图 3-10）。

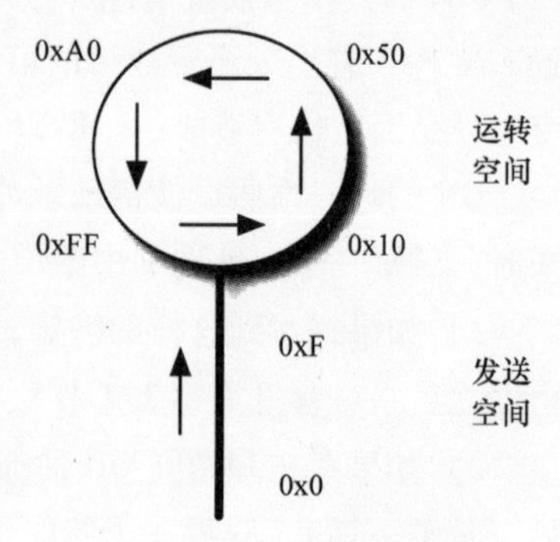

图 3-10 事务 ID（TID）序列号“棒棒糖”

发送完每个节点注册后，节点的 TID 加 1。当节点接收到一个积极的节点确认信息时，如果当前的 TID 是个小于 16 的新值，那么节点把它重新设置为

16，即成熟TID的第一个值。所以，“棒棒糖”的直线部分的TID代表一个刚开始或者重新开始的还未注册过的节点。

对两个不同的TID，i 和 k 会进行如下比较：

1）如果 $i<16$ 或者 $k<16$，即它们当中有一个在“棒棒糖”的直线部分，那么它们直接进行比较，也就是说，一个新值总是比一个成熟值要小。

2）反之亦然，即如果 i 和 k 都在环形部分，那么将采用通常的序列号算法，也就是说，如果 $(i-k) \bmod 2^8 < (k-i) \bmod 2^8$，那么 $i>k$。

只要在1~16个增量操作过程中，两者能够被另一方获取，那么一个TID值被定义为与前一个TID值一致，也就是说，类似于比较规则，计算出的绝对差必须小于或等于16，但不能为零。

如果注册中的TID与绑定中的TID一致，并且所有者随机数匹配，那么节点注册和绑定就是一致的。在一般的初始注册和更新重注册过程中，后者必须与绑定一致。

当到达一个边缘路由器的节点注册信息与一个已有绑定的OII/IPv6地址对相匹配时，会检查它与绑定的一致性：

1）当新消息与绑定一致时，这表示新消息和前一个消息来自同一个源并且不存在OII冲突（倘若与绑定中已有的TID相比，当前的TID小，但是所有者随机数匹配，那么注册消息很明显是一个没有按顺序到达的旧消息。该信息需要被忽略，但是并不能把这种情况看成是冲突）。

2）如果TID下降到一个新手值，这可以被解释为要么是一个新节点要来争夺已有节点的OII，要么是拥有注册信息的节点的重启。6LoWPAN - ND乐观地假定这是一个节点的重启（本身这种可能性就很大）。假如真的存在一个冲突，只要旧节点企图去更新它的注册信息，冲突就会被检测到。

3）如果一个收到的NR既没有一个新手TID值，也不和绑定一致，那么这个NR就被当成是OII冲突而被拒绝（当一个发生冲突的新节点加入到一个正在运行的网络中，受到惩罚的很可能是已经存在的节点而不是新节点，但是至少这个问题会被检测到）。

总之，通过随机数机制，TID可以以极高的概率避免一个极其糟糕的情况出现：当一个有重复OII的节点即将加入网络时，原本处于良好工作状态的LoWPAN突然产生难以诊断的问题。

表3-2总结了对节点注册（NR）信息的消息处理规则。

表3-2 NR信息的处理规则

情况	OII	随机数	TID	地址	作用
初始注册	唯一的	*	*	唯一	接受
新地址或活动	重复	=	<	*	接受
重复的消息	重复	=	≤	*	忽视
节点的重新启动	重复	≠	>	*	接受
OII冲突	重复	≠	≥	*	拒绝

在程序中，一个实际的OII冲突通常被看成是“不会发生”的情况之一。一旦冲

突发生了，这个失败节点不一定需要有好的方法去应对冲突。因为节点可以简单地停止工作并用本地方法通知错误发生，然后等待操作人员来诊断和解决冲突。假如需要更高层的容错且没有一个好的方法来本地唤起对错误条件的注意，节点就会进入紧急模式，通过使用与在 IPv6 中使用的为无状态地址自动配置做的隐私扩展［RFC3041］相类似的机制来为自己产生一个新的 EUI－64。这就需要节点有稳定的存储能力和/或好的随机数源。这允许节点进行通信（如果仅是报告错误细节），而不必要获得节点基于原有 EUI－64 的应用层标识。无论如何，一个 OII 冲突是一个由故障组件引起的错误，应当像网络管理中的任何其他错误一样得到处理。

3.2.4 多跳注册

当一个节点注册到一个非邻近边缘路由器时，注册的过程会变得稍微复杂。节点也可以注册到相隔一跳的 LoWPAN 路由器中，只要该路由器能通过设定它的 RA 中的 M 标志位来显示它处理注册的能力。该路由器可以把 NR 转交给边缘路由器，再然后由其将 NC 转回到节点，该过程参见图 3-11 和图 3-12。

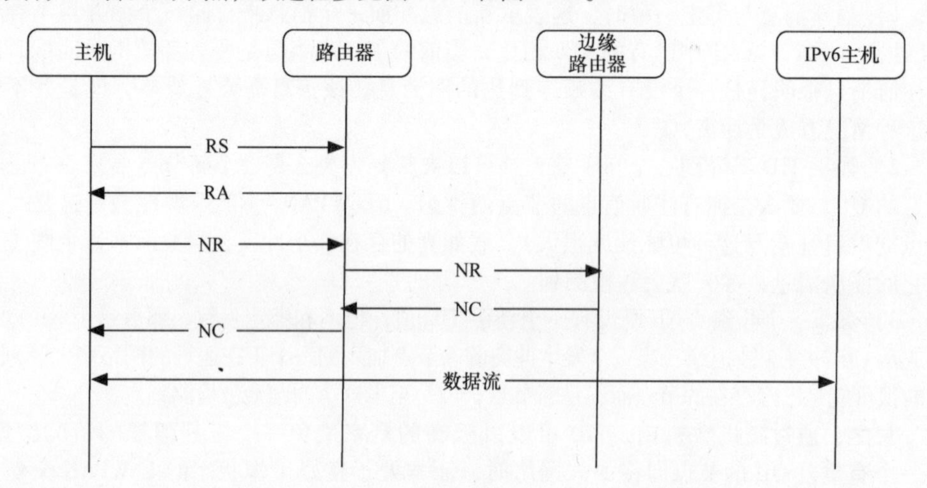

图 3-11 执行 ICMP 的路由器中继 NR/NC 报文

当一个节点发送它的第一个 NR 报文时，它的本地链接地址仍然考虑最好情况。所以该节点把这个带有 IPv6 源地址集的 NR 发送到一个未指定的地址(::)。中继路由器记录下 NR 中的 OII 和源链路层地址（它们偶尔需要直接映射到对方），并根据此状态信息为节点把 NC 响应从 ER 中继给正确的链路层地址。

转发的 NR/NC 报文格式与主机使用的 NR/NC 报文格式的不同仅仅在于，转发路由器和边缘路由器之间使用了值为 1 的可替换码（注意，这种变化需要更新转发路由器中的报文校验和）。NR/NC 中继过程是路由器的一个功能，但它并不是 IP 转发：中继过程中，原始主机的 NR 的跳数限制并未减少。

由于可能存在多个边缘路由器，路由器的中继工作可以简化为给所有边缘路由器分配一个任播地址：每个边缘路由器把众所周知的6LoWPAN_ER任播地址作为一个额外的6LoWPAN_ER的接口（在此接口上路由器作为边缘路由器）。这意味着，一个中继第一跳路由器能够简单地把所有的NR信息都转发到任播地址并由路由器来决定为ER转发中继消息所需经过的其他路由跳。换句话说，如果存在路由的话，它只在第一跳路由器上进行——然后到边缘路由器的路由由标准的中继消息转发机制完成。

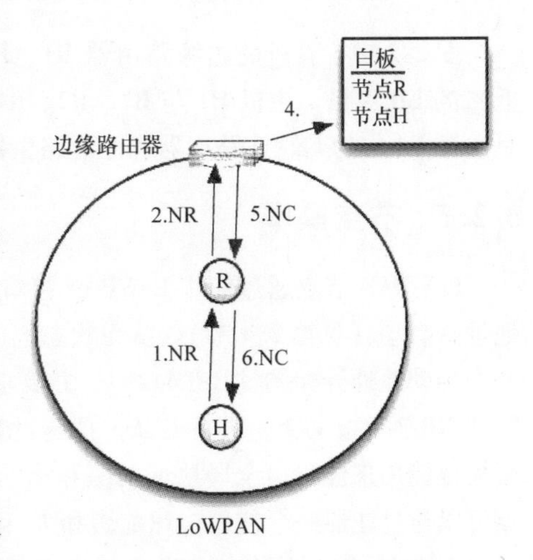

图3-12　注册过程：多跳操作

在IPv4中，通常会有来自链路外的伪造的ICMP报文对该链路进行攻击，比如建立重定向等。为此，在标准的ND中，大部分消息的最大跳数限制为255，并且接收端必须要检查跳数限制并未被一些中间路由器缩减掉而保持跳数限制为255。在ND中边缘路由器有很大不同，它需要接收在从第一跳路由器到边缘路由器过程中，由其他路由器转发的节点注册信息。所以跳数限制值会小于255。为了保证安全不受外部信息攻击，6LoWPAN－ND规范要求边缘路由器检测和丢掉不是来自相关的LoWPAN接口的节点注册信息。

假定在一跳范围内能够进行注册的路由器有多个（如图3-2中最左边的主机），那么哪一个路由器是主机可选的最佳路由器呢？很明显，如果在一跳范围内有一个边缘路由器存在，那就应该选这个边缘路由器。那些没必要隐身的边缘路由器通过在自身RA报文中设定默认路由优先字段（[RFC4191]，图A.9中的优先字段）为高优先级（二进制值为01）来标识自己；而对来自其他LoWPAN路由器中的RA，这个字段被设置成中优先级（二进制值为00）（对于没有任何边缘路由器记录的路由器，这个字段被设置为低优先级，二进制值为11）。

但是，如果一跳范围内的所有路由器都不是边缘路由器呢？这时候，6LoWPAN前缀概括选项中的ER度量就有用了。ER度量是一个16位无符号整型数，它的值由各个路由器设定，用来表明该路由器作为对外网的下一跳路由器的优劣程度，有点像是路由代价度量值。边缘路由器中这个阈值一般被设置为0，因为从定义上讲，它们是离开LoWPAN的最佳路径。边缘路由器度量一般被主机用来选择默认路由器；它们不需要理解实际度量的语义（实际度量可以以某种方式从路由协议得到，比如在距离向量协议中的简单跳计算）。这样就把使用的路由算法的细节留给了主机。为了在路由器间做选择，主机仅需要对ER度量值做定量比较，倾向于选择值小的边缘路由器。ER度量小的路由器不仅是个好的备选默认路由器（假定大部分的数据都是流出LoWPAN的），而且很可能是到能处理节点注册的边缘路由器的最佳路由。所以注册时应该做同样的选择。

图3-2中，首行的边缘路由器R1、R2、R3可能比中间行的R4、R5有更好（更低）的ER度量。主机H1与R1、R2、R4相邻，因此更可能会选择R1或者R2，而不是选择R4作为其默认路由器和注册路由器。

3.2.5 节点操作

LoWPAN节点通过使用LoWPAN接口的全球唯一的EUI-64来自动配置本地链接地址来启动（见第2.4节）。从无状态地址自动配置的角度来看，本地链路地址是作为一个主动地址开始的［RFC4429］，并要求在完全工作之前，通过一个和边缘路由器之间的NR/NC报文交换进行确认。假定此刻LoWPAN的全局前缀已知，相同的NR/NC交换也能用来注册由全局地址前缀和相同的修改过的EUI-64组成的地址。最后，节点可以通过注册一个使用全球前缀和来自PAN ID（通常为0）的IDD以及将被分配的16位短地址的地址到边缘路由器中而从边缘路由器获取链路层16位的短地址。第3.2.2节给出了一个16位短地址的例子。

假如已经收到了节点的确认报文，并且表明成功了，节点将会获取它的新的16位短地址，添加相应的IPv6地址到它的LoWPAN接口，并且改变地址的状态。由于注册过程中在边缘路由器中建立的绑定有确定的生命周期，该节点此时应该趁绑定的周期未结束前及时周期性地给其发送新的节点注册信息以便更新绑定状态（由于它的本地链路地址不再是乐观的（optimistic），该地址可以作为源地址使用）。假如一个节点通过多次尝试不同的第一跳路由都没有收到节点确认，则这些地址注册过程需要重新启动。

LoWPAN节点生成它们自己的IPv6地址的方式，在节点链路层地址和其相应的本地链路地址之间形成了一个一对一的地址映射（16位和64位）（参见第2.4节）。这个同样适用于从全球前缀中生成的地址。其他节点使用这个映射来获取它们想要发送数据报的LoWPAN内的目的地址。因此一个LoWPAN节点不会为了地址解析而发送一个邻居请求，从而提升了效率并降低了复杂度。

但是，节点要如何去知道一个带有LoWPAN地址的节点是一跳的邻居还是需要通过路由器来寻址呢？在一个“Router-Over”LoWPAN中，前缀通常假定不使用在线决定（on-link decision）（在“Router-Over”LoWPAN中，RA中声明的前缀的L位没有被置）。不仅仅是前缀，特定目的地址的所有位对在线决定都很重要。节点可以从先前收到的报文中缓存它的一跳邻居节点的信息。或者它甚至可能乐观地尝试把一个数据报直接发送到一个从IPv6目的地址中得到的链路层地址。当没有任何这种缓存条目时，节点更为常见的行为是通过ER度量指标来确定把数据报发到哪一个默认路由器。

LoWPAN节点不会为邻居检测而发送邻居请求报文。相反的，应该采用6LoWPAN格式规范所推荐的流程：链路层的ACK（确认帧）可能用于检测报文是否到达。如果一定时间内都没有收到确认帧，那么就进行数据重发，节点可能会删除一跳邻居的信息，并且重新发送数据报文给它的默认路由器的链路层地址。

就6LoWPAN－ND规范来说，通过节点实施支持邻居请求/邻居广告报文是完全可选的。这意味着一个LoWPAN节点不能依赖其他的节点，报文确实不是很可靠，并且很有可能只有少量的6LoWPAN实现会在LoWPAN主机或者路由器层次上对其进行支持。

不只是NUD，在LoWPAN将报文发送到它们的目的地的过程中，路由器扮演了一个重要的角色。由LoWPAN路由器或者边缘路由器发送一个ICMPv6目的报文给目的地址是不可能的。节点应该支持对这些报文的处理［RFC4443］。

除了单播地址，节点需要支持所有节点的多播地址（FF02::1），因为它用于从路由器接收RA。通过6LoWPAN－ND，主机对其他广播地址的支持不是必要的。广播地址总是被认为在线（on－link），并且按照6LoWPAN中指定的格式规范进行解析（见第2.8节）。

3.2.6　路由器操作

LoWPAN路由器像其他LoWPAN节点一样开始运行：设置它们的接口和地址，并且通过使用白板进行地址冲突检测，它首先需要发现一个边缘路由器或者边缘路由器路径上的另外一个路由器。

一旦接口建立，路由器将会开始运行被配置的路由协议。一旦运行稳定，它能够通过周期性的路由器广告来广播它的服务给其他节点，并且侦听路由请求。

LoWPAN路由器在路由器广告中发布的网络配置参数是其在自身启动阶段接收到的所有参数的拷贝。因此这些参数都源自边缘路由器。一个6LoWPAN路由器必须持续地关注它接收到的路由器广告，并且只要6LoWPAN前缀选项中的序列号增加它就要更改相应参数。结果是，边缘路由器将新的参数值泛洪给LoWPAN，并且最终广播给在LoWPAN中的所有的路由器和主机。除了具有普通的路由的功能外，一个LoWPAN路由器需要去从邻居节点处获取一个节点注册报文给一个边缘路由器和回复一个节点确认报文给源节点。在收到节点的注册报文中，路由器将会设置编码字段的值为1，以表明报文正在被转播，并设置IPv6的源地址给它的LoWPAN地址，重新计算校验码，设置跳数限制为255。通常，它将会发送产生的报文给6LoWPAN_ER任播地址（不同的地址或者地址集可以被配置）。

在网络启动过程中，节点使用IPv6源地址发送它们初始化的节点注册报文来设置未指定的地址（::）。为了转发节点确认报文，当等待从边缘路由器回复的节点确认报文时，路由器将会保存源节点的OII到链路层地址映射的状态。一旦接收到节点确认报文，代码字段的值将会置回0，设置跳数限制为255，并且（如果NR来自未指定的地址）使用这个状态去得到本地链路IPv6目的地址和链路层目的地址以放入被转发的NC。此时也是个很好的机会在路由器的邻居缓存中保存这个映射。

3.2.7 边缘路由器操作

大部分的LoWPAN节点只有一个接口，且整个通信是通过这个接口完成的。而边缘路由器不同：它还有一个接入更大IPv6网络的接口。如图1-7所示，这个接口可以是为了让LoWPAN变成简单LoWPAN以连接到与LoWPAN无关的基础设施上的简单回程链路；也可以是在相同的扩展LoWPAN中连接至其他边缘路由器的骨干链路。很显然，在后一种情况下，要求边缘路由器之间有很好的协调能力。

我们先从一个单一边缘路由器开始。这是一个LoWPAN路由器，同时肩负额外职责：

1）边缘路由器是通过路由广告发布网络参数的源，它包含LoWPAN前缀和其他基于上下文的报头压缩的上下文条目。一般来说，这种情况下边缘路由器需要一些配置，而普通路由器和主机一旦调试参数设定好了就可以根据路由器广告来启动了。

2）边缘路由器需要运行白板和两个冲突检测算法。

3）边缘路由器可以完成从其他的IPv6网络到LoWPAN网络之间进出的路由操作。要做到这点，它就必须运行自身的其他接口甚至可能要在这些接口上添加一个路由协议。在完成这种转发的过程中，边缘路由器同时有保护的责任。它能过滤掉特定的ICMP报文进而阻止邻居发现攻击；它仅仅为已经在白板中注册了的LoWPAN地址转发数据报，这样可以避免寻找到某个不存在节点的路由，从而减轻LoWPAN路由协议的负担。实现边缘路由器功能的系统当然也要能实现其他的保护功能，比如说防火墙或者其他类型的报文过滤。

对扩展LoWPAN的支持是边缘路由器的可选功能。在一个扩展LoWPAN中，多个边缘路由器和骨干链路相互连通，这种骨干链路通常类似于以太网中具有更高速率且具有完整多播功能的链路。骨干链路和LoWPAN的前缀一致，要求边缘路由器能在LoWPAN接口上的6LoWPAN-ND和骨干网络链路上的标准ND之间双向转换。

扩展LoWPAN中，通过使用标准的ND协议报文即邻居请求和邻居广告，在骨干网路链路上扩展了冲突检测算法。事实上，每个边缘路由器在标准的ND协议中不仅仅代表了自身，也代表了在其上注册的节点地址的集合，非常像一个移动IPv6的本地代理代表着移动节点的本地地址。骨干网络链路上的邻居征询报文由边缘路由器或者骨干网络链路中的其他节点响应，它们绝对不会传至LoWPAN中。这就要求边缘路由器必须把请求节点的多播地址（这些地址包括了LoWPAN网络中节点的所有的注册地址）加入到骨干链路中，并且要用能表明边缘路由器自身在目标链路层地址选项中的骨干链路层地址的邻居广播来回复任何邻居请求。

LoWPAN节点可在LoWPAN的不同部分之间移动（要么是节点的物理位置变化要么是路由器的移动或者是射频特性的改变），并且会发送NR更新到6LoWPAN_ER任播地址。这种LoWPAN节点可能会从一开始自身注册过的边缘路由器中移动到一个新的边缘路由器中。新的边缘路由器仅简单地接管这个注册，这个过程中LoWPAN节点几乎感觉不到这种过渡的影响。先前注册过的边缘路由器把注册信息递交给新的 NR 报文所到的新边缘路由器，如图 3-13 所示。在骨干网络链路上，边缘路由器之间使用标准的 ND 报文，比如邻居请求（NS）和邻居广告（NA）。为了把冲突检测算法中的 OII 和 TID 用到骨干链路中，需要在 NS/NA 报文中加入“所有者接口标识符选项”。这种选项仅仅可在骨干链路中使用而绝不能用在 LoWPAN 中，如图 3-14 所示。

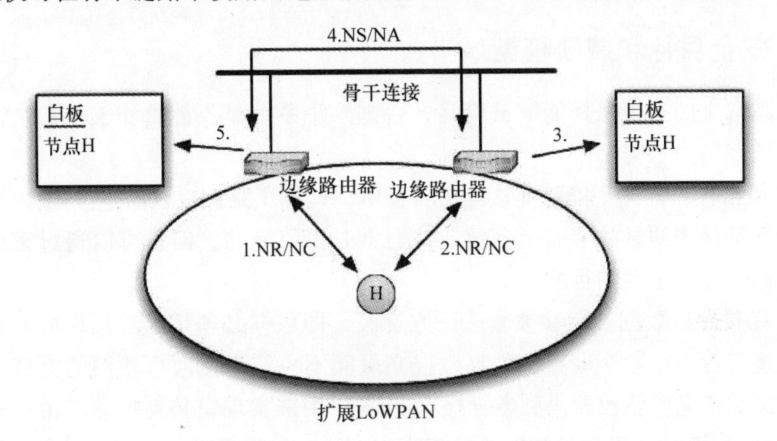

图 3-13　作为一个绑定移动到一个新的边缘路由器的扩展 LoWPAN 操作

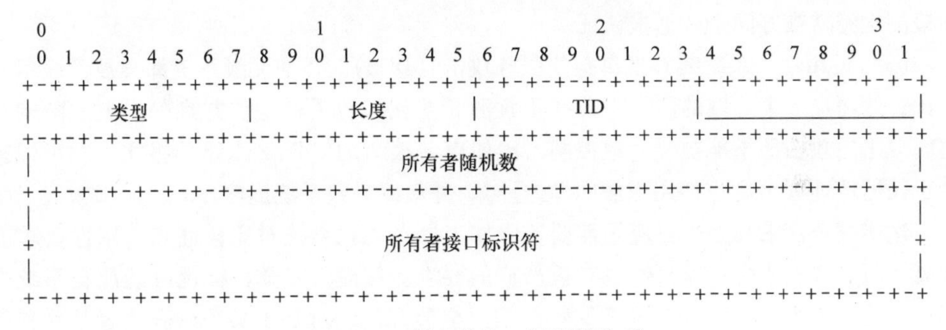

图 3-14　所有者接口标识符选项

3.3　安全

LoWPAN 中网络安全的建立和维护非常重要。由于无线网络本身对于攻击者是开放的，攻击者可能侦听和篡改数据报，使用先进的天线技术从 IEEE 802.15.4 设备正常范围之外发起攻击。

嵌入式无线互联网的优点将不仅仅取决于技术水平。正如 RFID 使用者所体验过的，一些众所周知的安全和隐私事件可能会严重损害新兴技术的未来。

另外一个遭受早期破坏的技术是 IEEE 802.11。一开始，它假设弱安全保护就足够了，并声称拥有和有线网络等同的隐私保护。使用这个缺乏抵抗力的模型以及在实现中的错误产生了灾难性的结果。任何广泛部署的安全机制中存在的问题总是会被有创造力的安全研究者组成的社团（黑客们）迅速地发现。即便是在 IEEE 802.11 的相当安全的版本（也就是 IEEE 802.11i）发布后，公众仍然对 IEEE 802.11 存有“缺乏安全保护机制的协议”的印象，这也成为它在一些领域尤其是在企业范围部署的一个障碍。

3.3.1 安全目标和威胁模型

除非其定义的安全目标能够被满足，否则一个系统是不能称作安全的。这些安全目标通常被归纳为三类：

（1）保密性：数据不能被非法监听者侦听，即除了是被授权的合法的会话参与者，数据一直都是保密的。从字面上理解，这通常是不可能的，但是可以通过密码加密达到保护数据信息安全性的目的。

（2）完整性：数据不能够被非认证方篡改，即数据必须是经过授权的发送者发送到授权的接受者。在数字世界中，篡改报文可能不会留下任何可检测的痕迹，因此通常通过添加加密完整性校验码到数据报（报文）中来实现完整性检测。由于伪发送者（其中的内容被篡改）发送的被篡改的报文与实际源发送者发送的报文效果一样，其中一个相关的安全目标就是认证：确保报文由所声明的数据源发送。所以数据报的完整性检测也经常被等同于数据报认证。

（3）可用性：系统能够抵御拒绝服务攻击（DOS）。任何无线系统都会被无线信号干扰；然而在一个局域的网络中这些干扰源相对比较容易被定位并剔除。更危险的是 DOS 攻击的攻击源不能被轻易地控制，比如声名狼藉的“Ping 炸弹”报文，它可以来自于任何地址（可能也使用虚假的源地址），并最终导致系统崩溃。

这些安全需求都是来自应用需要，比如工厂自动化系统对完整性和实用性要求就极高，而且或多或少对保密性也有极严格的要求。然而，安全目标也可能源自系统内部：即使在一个 LoWPAN 中处理的数据是完全公开的，对基于某个密码或者某些秘密信息的完整性来说是必需的安全要素同时提出了另外一个安全目标：密码的保密性。

一旦安全目标被定义，我们需要去理解威胁模型：攻击者的什么行为可能会违背安全目标？一个重要的子问题就是攻击者攻击安全目标的获益程度。这个可能影响到攻击者愿意使用的资源数量（一家银行的威胁模型是完全不同于一台自动贩卖机，尽管袭击的目标都是为了它们存放的钱）。

无线系统，比如 6LoWPAN 的威胁模型与一般假定为互联网安全协议设计的威胁模型并没有太大不同，即 Dolev - Yao 模型［Dolev81，RFC3552］：攻击者被认为已经几乎完全控制了通信通道。攻击者能够阅读任何报文、删除和篡改当前报文、注入新的报文。同样，如果没有加密支持，就没有办法保护报文不被阅读或者检测到被篡改的报文。

互联网的威胁模型假定终端系统并未妥协，如果此假定不成立，那么很难保证完全的安全性。然而，LoWPAN 节点的体积小和分布广的特性产生了一个重要的威胁：在很多 LoWPAN 节点的部署中，它将会相对容易获得和控制系统中的至少一个网络节点；低开销的要求会限制节点防止被篡改的能力（在任何情况下，一个被篡改的温度节点能够被“黑客”修改温度的值，从而注入假温度读数）。尽管如此，仍然应该采取措施来控制损失。特别地，另外还有一个非常重要的要求：对整个网络的保护并不取决于每一个节点的完整性（和节点内存的保密性）。针对这个难题，非常有必要在潜在的损害与为提供并保持安全性而带来的开销之间寻求平衡。

3.3.2 第二层安全机制

端到端原则［SRC81］认为许多的功能在端到端的基础上就可以很好地实现，比如保证数据的可靠传输，使用密码学来保证机密和信息的完整性。添加一些功能来提高某个特定链接的可靠性，可以提供一些优化但是不能确保端到端的可靠传输。类似的，那些只能够通过保证两个终端节点之间的会话安全的安全目标，最好使用第三层或者更高层上的加密来实现；甚至可能会有安全目标是需要保护数据本身而不是通信通道。

然而，并不是所有的安全目的都能在端到端上满足。特别地，实现很高的可用性，特别是在无线网络中，经常要求其子网能够抵抗攻击者攻击。在第二层添加第一条防线来对抗攻击者，也可以在报文的机密性和完整性上增加对攻击的抵抗（有时，有一种观点认为，在路径的有线部分防止监听和伪造的保护已经“足够好了”。他们建议只要在无线第二层上提供完整性和保密性就足够了。这个观点很诱人，但是很难经得起推敲）。

可能是因为针对早期 IEEE 802.11 中安全灾难的反应，IEEE 802.15.4 要求每个节点都支持极强的加密机制，这种要求已得到绝大多数当今 IEEE 802.15.4 芯片的支持。选择的加密机制基于现代 AES 加密算法［AES］。AES 是国际加密组织从很多强大的加密算法中选出来用于代替过时的 DES 算法。IEEE 802.15.4 使用了 AES 的 CCM（带 CBC-MAC 的计数模式）模式［RFC3610］，提供的不仅仅是加密，还有完整性校验机制。

当加密和认证结合在一起后，一些验证的信息可能是使用明文发送。AES/CCM 使用一个密钥 K 和一个随机数 N，连同（可能是空的）额外的验证数据 a 来加密和验证报文 m。并用一个参数 L 来控制用于计数报文中 AES 块的字节数。m 必须短于 2^{8L}B。对于 IEEE 802.15.4 数据报，$L=2$ 就足够了。随机数 N 的长度为 $15-L$，即在 IEEE 802.15.4 中为 13B。随机数的值不是秘密的，但是必须只能使用一次。假如攻击者使用相同的密钥 K 和 N 的值来加密两个报文，AES/CCM 的安全性能将会丢失。AES/CCM 的结果是一个与加密报文 m 相同长度的加密信息和长度为 M 的验证码，长度 M 的值是 4~16 之间的偶数值［RFC3610］，但在 IEEE 802.15.4 中被限制为 0（无认证）、4、8 和 16B。只有当 K 值已知时，验证值才会被生成，因此它能够在接收方进行

校验以确保 m 和 a 没有被非授权方篡改。

只要使用相同的密钥时不使用相同的随机值 N，那么 AES/CCM 将是一个非常有效和安全的算法。IEEE 802.15.4 根据生成加密帧的设备的 8B 完整地址创建 13 位的随机值，4 位的帧计数器，和一位的 IEEE 802.15.4 中的安全等级字段。附录 B.3 节给出了数据报的子头的格式。

那么，IEEE 802.15.4 如何保证一个随机值不会出现两次呢？源地址和安全等级当然是重复的。因此整个策略的安全性都依赖于 4 位的帧计数器。假定节点拥有稳定的存储空间，即便在节点重置时也能可靠地存储当前的帧计数器，那么就能允许在这些帧所使用的密钥被用尽之前从一个源发送出多达 2^{32} 个加密帧。根据当前最大的 IEEE 802.15.4 的速度和平均报文长度，比如说，32B，这就意味着一个节点能够安全地使用一个单独的密钥独占整个信道大概 2^{22}s 或者 7 周。即使一个模型在连续传输的情况下会导致密钥生命周期的缩短，很明显许多应用也会要求在该部署的系统的声明期内进行密钥重置。

即使情况并非如此，也很难确保每个节点可以可靠地存储它的 EUI-64 中曾经使用的最高序列号。假如这个信息丢失了，那么为了保证安全，密钥 K（或者 EUI-64）不得不被改变。ISA100（见第 7.1 节）遵循的加密方式稍有不同，它使用的是以 2^{-10}s 为单位把当前的 TAI（国际原子时）编码到随机值的 4 个字节中，并把最后一个字节作为序列号使用（这在一个 2^{-10}s 中不会增加很多）。这个编码方式把密钥的生命周期限制为 2^{22}s，意味着新密钥需要大约每月进行更新。另一方面，假如已经达到了可靠并安全的时间同步，这将使节点不需要去保存使用过的最大的帧序列号。

3.3.3 第三层安全机制

在 LoWPAN 网络中，即使是使用最好的链路层安全机制，数据一旦离开了链路，也将不再被保护。这将导致数据在网络层转发时或者在其他只有较低安全性的链路上易遭受攻击。更糟糕的是，一个在网络层上的攻击能够将数据转移到有由攻击者控制的额外转发节点的链路上。

端到端的安全需要保护两个通信节点之间的整个链路，这是任何一个健壮的安全系统所必须具有的一个重要的元素，因此，在开发 IPv6 的过程中，这个要求也成为一个重要的特性。从中得到的安全功能被移植回 IPv4，并和 IP 的版本无关，它们被称为 IPsec [RFC4301]。

IPsec 有两个重要的部分：一是报文格式与为实际数据定义保密性和完整性机制的相关规范；二是称为 IKE 的密钥管理方案（网络密钥交换 [RFC2409]，IKEv2 [RFC4306] 中进行了更新）。由很多复杂协议组成的 IKE 不符合 LoWPAN 的要求，所有我们不在这里讨论，第 3.3.4 节中介绍了一些关于密钥管理的备选方案。

为了对被保护的数据进行加密，IPsec 定义了两种数据报格式：仅提供完整性保护和认证的 IP 验证报文头（AH）[RFC4302]，以及通过加密功能来保证数据机密性的

IP 封装安全载荷（ESP）。

AH 因为在 IPv4 中实现了 IPsec 而得到了一个坏名声，因为它不仅保护载荷还包括了封装在 IP 报文头部的地址。它通过 NAT 来检测和拒绝篡改 IP 地址，这对于 IPv4 网络的运行至关重要。尽管 AH 能够完美地应用在没有 NAT 的 IPv6 环境中，但这个问题仍然导致大多数 IPsec 的实现者更关注 ESP，我们也是如此。

图 3-15 给出了 ESP 的格式。和其他 IPv6 的扩展头仅仅简单地把自己放在载荷之前不同，ESP 对载荷进行了封装，对载荷进行加密，这是符合逻辑的。在格式右边用“C”标识的部分是加密的（用于机密性保护），更大的部分标识为“I”，则是用于完整性保护。

安全参数指数（SPI）给出了明确的安全参数，包含了用于安全会话的密钥材料。对于单播报文，SPI 是一个发给接收者的本地重要性的标识，即它由接收者赋值并帮助其对收到的 ESP 报文进行本地处理。序列号是一个无符号的 32 位数。它在安全关联每发送一个数据报时加 1。它也可以是保存在安全关联中的 64 位序列号的低 32 位。载荷数据与包含填充部分的尾部数据、填充数据长度及下一个头字段都是数据报的加密部分。图 3-15 中显示的是未加密和解密后的数据。

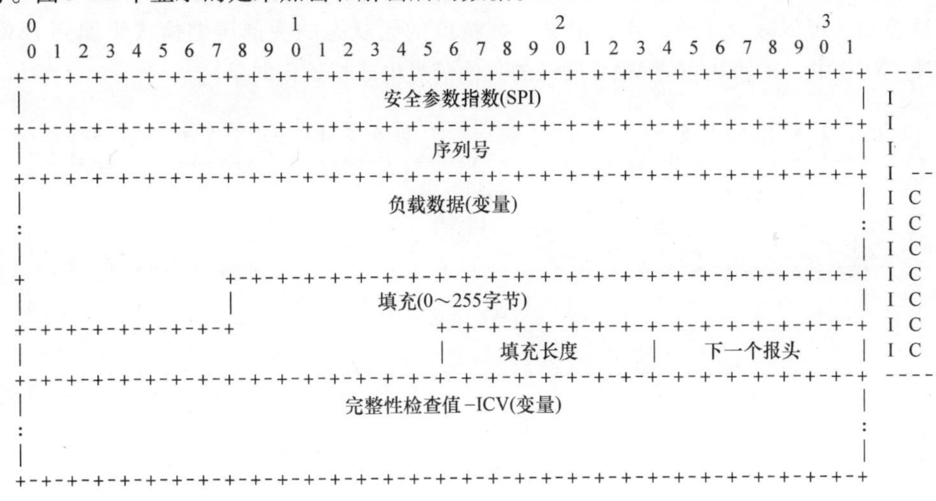

图 3-15 ESP 的格式

下一个头部字段指定了接收者如何去解释被解密的数据。它能够识别载荷是一个 IP 报文（隧道模式）或者某种传输层数据，比如一个 UDP 头部加上一个 UDP 载荷（传输模式）。隧道模式对于安全网关非常有用（“VPN 网关”）；传输模式是实现端到端安全的更紧凑的方法，因为它不需要发送两次 IP 包头。

可以通过增加填充部分（长度由 8 位的填充长度字段给出）来使得载荷和尾标（包括填充长度和下个头部字段）的长度成为 4B 的倍数，这是对完整性校验值（ICV）字段开始的最小的对齐要求（实际上，加密算法可能有更严格的对齐要求，比如

AES－CSC模式［RFC3602］要求16B的完整的AES块；这对于很可能用于LoWPAN中的流模式（例如AES－CCM）而言不是一个问题）。

最后，ICV和ESP头部的其他信息、载荷和尾标一起用于报文的完整性校验。ICV的长度在安全关联中定义。

LoWPAN节点一般具有AES/CCM硬件加密、解密和完整性校验处理。这个硬件通常是可用的，允许链路层以上的软件能够使用它，这使得ESP使用的AES/CCM［RFC4309］成为一个明显的密码套件候选来实现端到端的保密性和完整性/身份验证。图3-16显示了使用AES/CCM加密的ESP载荷。加密后的ESP载荷以8B的初始向量（IV）为起始，然后加上加密载荷并最后附加上ICV。［RFC4309］中为ICV提供了几种大小：8B、16B以及可选的12B。使用哪一个值需要在安全关联中定义。

总之，使用AES/CCM加密的ESP对于一个LoWPAN和它的通信节点之间端到端加密和完整性校验不需要是重量级的。对于绝大多数IEEE 802.15.4芯片，加密开销应该尽可能地小。由于1～4B的填充开销（包括填充长度）以及8B的初始向量（IV），每个包的开销可能会减少一位，但如果可靠的端到端编码保护确实必要的话，那么这么做也不会太坏。（假如真需要更大效率的话，可以定义一个特殊版本的AES/CCM变换，可以减少开销，或者定义一些特殊的无状态的头部压缩格式添加到LoW-PAN_ NHC中，比如从当前MAC层包的其他信息生成初始化向量）。

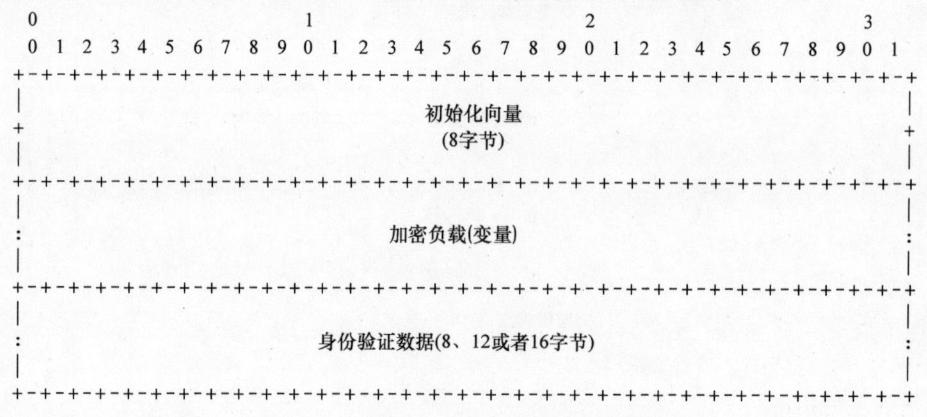

图3-16　使用AES/CCM加密的ESP载荷

3.3.4　密钥管理

在所有的WEP密码安全缺陷全部显露前，我们就已经通过IEEE 802.11WEP灾难得到了一个教训：如果网络中所有设备共享一个单独的密钥，并且不接触这些设备就无法改变密码，那么这种方法无法扩展。更大的无线局域网站点很快地基于第三层安全的考虑（“VPN”）而丢弃WEP或者通过基于802.1X和最终的802.11i的设计来增强第二层的密钥管理。

虽然在802.11i企业级WLAN中使用的基于用户名/密码认证的方案不一定适用于6LoWPAN，研究密钥管理还是很有意义的。在基于EAP的认证结束时，WLAN站点和WLAN接入点共享一个密钥，即成对主密钥（PMK）。然而这不能用于实际的加密传输：两个设备将会从PMK中继续派生出一个成对临时密钥（PTK）。每当设备使用了当前的PTK密钥时，设备就会生成一个新的PTK。

除了WLAN站点和WLAN访问接入点之间的单播传输密钥对，每个WLAN访问接入点会创建一个随机的组临时密钥（GTK）用于发送广播帧给所有关联的WLAN站点。GTK通常会在几个小时内改变，并且通过使用已建立的密钥对来单播给每个站点。

这里使用的这个特殊的密钥管理方案并不容易适应于6LoWPAN网络，因为在WLAN中情况会有很大的不同。WLAN基础设施是由WLAN访问接入点（认为是边缘路由器）通过以太网连接（认为是骨干链路）组成，WLAN基础设施通常在安全考虑之外。WLAN站点直接和WLAN访问接入点发生关联。另外，WLAN节点的处理、存储能力和用户交互能力通常都超过了6LoWPAN设备。

然而，这个例子对于说明密钥管理的关键概念是有帮助的。

（1）长期密钥：比如，PMK不能直接用于加密传输。相反地，它会参与相对不频繁的加密操作，比如生成短期密钥的密钥更新（在802.11i中，PMK不是一个真正的长期密钥，因为它可以被每次新的认证生成，除非WLAN使用预共享密钥（PSK）模式）。

（2）短期密钥：比如，PTK被用于实际的加密传输。一旦它们的加密功能被用尽，它们可以被有效地替代，比如通过申请生成长期密钥和安全的随机数交换。

（3）成对密钥：用于两个实体之间的加密和认证。生成的认证是强大的，因为实体中的一个能够相当确信是另一方发送的数据。

（4）组密钥：用于广播功能。产生的认证相对比较脆弱，因为实体中的任意一个都不能确认数据是否是声称的数据源发送的数据还是组内的其他成员发送的数据，因为它们全部知道这个密钥。

在写本节时，我们只能推测这些概念将来应用到LoWPAN中的方式。在ISA100系统中，一个特殊的、复杂的安全管理器执行所有的密钥管理。新设备在安全管理器中使用加入密钥进行预配置，然后获得短期密钥，比如一个链路层的组密钥和传输层的对密钥。然而在链路层，加入过程的通信只受到众所周知的密钥的保护，开启了整个网络的保护。

让我们简单地重复一下本章的主要内容。通过WEP很明确地表明了，反复地使用一个密钥不是一个好主意，特别是流式密码（比如WEP的RC4或者是IEEE 802.15.4中的AES/CCM）。假如对指定的密钥使用相同的IV（初始化向量）值，那么CCM模式将会完全失去它的安全性［RFC4309，第9节］。因此告诫读者在静态配置的密钥情况下不要使用AES/CCM："在静态密钥的周期内，应该使用特别的措施才能防止计数器的重复使用。为了安全性，在AES/CCM模式下，必须使用更新的密钥"。为了合适地利用IEEE 802.15.4的安全技术的优点，密钥管理方案是必需的。

第 4 章　移动性和路由

本章讨论与 6LoWPAN 相关的 IP 移动性和路由问题。在采用低功耗无线技术的嵌入式系统中，有如下几个原因需要移动性。许多系统需要支持无线设备节点的移动性，这些设备常与移动机器相结合，由人或动物携带，或者贴附在设备和物资上。在其他应用中，边缘路由器本身可以移动，造成其在以太网上接入点的改变，因此需要我们来处理网络移动性。尽管这类边缘路由器和节点的物理移动性很容易理解，但是还存在其他一些原因使得节点事实上没有移动，但网络拓扑结构发生了变化。在无线网络中，射频信道随着衰落效应而持续改变，这种环境的变化会极大地影响节点间的射频连通性。这些射频的变化迫使节点必须利用冗余路由，甚至在没有物理移动情况下改变 LoWPAN。此外，自主嵌入式设备可能耗尽电池，导致掉线或者处于长时间睡眠状态，所有这些的原因都可能导致网络拓扑结构发生变化。这些造成的移动性问题以及 IPv6 和 6LoWPAN 中相关的核心解决方案将在第 4. 1 节中讨论。

虽然 IPv6 和 6LoWPAN 有相应技术来防止 LoWPAN 内的移动性问题对网络运行造成的影响，但是为处理由 LoWPAN 间节点移动而导致的地址改变，以及减轻网络移动性影响，IP 不计算路由。这个工作交给路由协议，该协议在设备内维护一个路由表，该路由表包含该路由器的全部路径，并决定数据报下一跳转发。在第 4. 2 节中我们将讨论在 LoWPAN 中有用的 IP 路由协议，比如，移动自组织网络中的 IP 路由协议，低功耗、有损耗网络（ROLL）路由工作组制定的路由协议，以及在 LoWPAN 和互联网间的边界路由协议。前面的第 2. 5 节介绍了 6LoWPAN 的转发和路由机制的基本内容。

6LoWPAN 仅支持 IPv6，然而绝大部分以太网通信使用 IPv4 地址，因此在实际网络中，与 IPv4 互联互通问题对部署 6LoWPAN 非常重要。虽然当今许多操作系统、路由器和核心网络支持 IPv6，但是大部分互联网服务提供商（ISP）和 Web 服务经营商仍然在计划转变中。在许多企业和工厂应用中，如果边缘路由器和服务器间的通信发生在本地局域网（LAN）（比如以太网），那么 IPv4 的互联性不是一个问题。如果与基于 6LoWPAN 标准的设备的通信发生在互联网上，那么它很有可能要处理 IPv4 互联互通性。幸运的是，IETF 已经设计出一组从 IPv4 到 IPv6 的过渡技术，使它们之间进行互联。用于集成 6LoWPAN 和 IPv4 网络的技术将在第 4. 3 节中讨论。

4.1　移动性

LoWPAN 节点，如在资产管理中，常常是移动的。有时候在体域网中（body area network），甚至网络本身也是移动的。图 4-1 给出了一个典型的工业资产管理场景，铲车在仓库和装配厂之间移动货物。在这个应用中，一个无线嵌入式网络可以用于几个方面，包括跟踪铲车本身、被移动的货物以及工厂中的人员。无线网络的所有这些用途需要我们处理在同一个 LoWPAN 中的边缘路由器间、不同 LoWPAN 间，以及不同网络域之间的节点移动性问题。与此同时，很多数据流可能还在传输中，应用程序服务器可能需要知道如何连接到被跟踪的设备。本节介绍导致不同移动性的原因以及如何处理 IPv6 和 6LoWPAN 的移动性。

图 4-1　一个移动性很常见的工业资产管理应用（该复制经过 SENSEI Consortium 许可）

4.1.1　移动类型

在 IP 网络中的移动性在技术上是一个节点改变其拓扑连接点的行为。Koodli 和 Perkins 定义了以下两种不同的移动性 [Koodli07]。

（1）漫游：移动节点从一个网络移动到另一个网络的过程，通常没有正在传输的数据报流。

（2）切换：移动节点从当前的连接点断开连接，并将自己附加到一个新的连接点的过程。切换可以包括在特定的链路层以及在 IP 层使该移动节点能够再次进行通信的操作。切换过程中移动节点通常会伴随着一个或多个应用数据报流。

移动性也可以用术语描述为微移动性和宏移动性。微移动性是指发生在一个网络域中的移动。在 6LoWPAN 中，我们可以认为微移动性是节点在一个 LoWPAN 中的移动性。而 IPv6 前缀没必要改变，这也是本标准中使用的定义。另一个方面，宏移动性是指网络间的移动。在 6LoWPAN 中，宏移动性指的是在 LoWPAN 间的移动性，在这种情况下 IPv6 前缀会发生改变。先前定义的术语，我们认为微移动性只需要切换，而宏移动性是一个漫游和切换的过程。图 4-2 说明了 6LoWPAN 中移动性的形成。节点 1 在同一扩展 LoWPAN 中从一个边缘路由器移动其接入点到另一个边缘路由器的过程，这是一个典型的微移动性的例子。节点的 IPv6 地址保持不变，对远程服务器来说，没有任何改变。与此相反，当节点 2 从扩展 LoWPAN 移动到另一个不同的 LoWPAN 中，即在不同 IPv6 前缀网络间漫游，因此节点的 IPv6 地址同样要改变。

在寻找处理移动性的解决方案之前，首先理解移动性发生的原因将会很有帮助。在无线网络中，有大量引起网络拓扑结构变化的原因，这些原因可以简单地分为物理移动、射频信道变化、网络性能、睡眠时间调度和节点故障。

（1）物理移动：引起移动性最明显的一个原因是网络中节点的物理位置发生移动，改变了节点之间的无线连接，这将造成节点改变其接入点。

（2）射频信道：环境变化引起无线电传播的改变，即无线电信号衰落。即使不存在物理运动，这些改变也会造成拓扑结构变化，特别在简易射频技术中。

（3）网络性能：无线网络中数据报的丢失和延迟可能由信号强度、碰撞、信道容量超载或节点拥挤等原因造成。高的丢包率可能引起节点改变其接入点。

（4）睡眠时间调度：在无线嵌入式网络中，采用电池供电的节点为了节省电池电量将最大限度地处于睡眠状态。如果节点发现自己接入在一个处在睡眠状态的路由上，并且对于应用没有合适的工作周期，这将导致节点移动到更好的接入点。

（5）节点故障：自主的无线节点很容易产生故障，比如，电池耗尽。路由故障导致采用默认路由的节点发生拓扑结构变化。

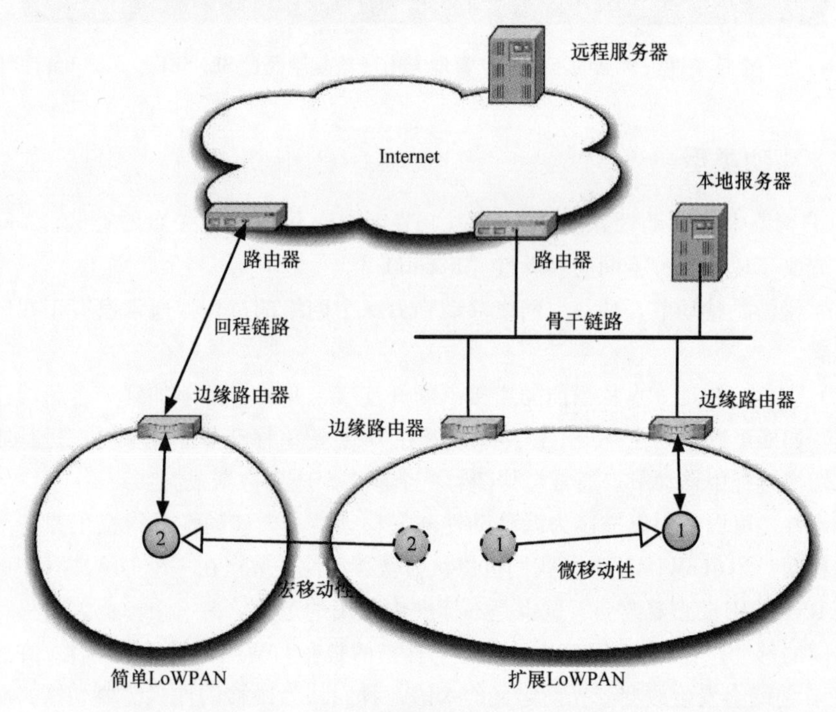

图 4-2 宏移动性与微移动性之间的不同

上述解释的移动性描述了单一节点在其接入点间移动的情况下的节点移动性。另一个类别的移动性是指整个网络的接入点移动，也称为网络移动性。图4-3给出了网络移动性的例子。当考虑6LoWPAN时，网络移动性发生在边缘路由器改变其接入点而LoWPAN中节点仍然连接这个边缘路由器上的情况下。影响6LoWPAN的这种网络移动性很显然是宏移动性，当边缘路由器的IPv6地址改变时，将会影响LoWPAN中的所有节点的地址。下一章节给出处理移动性的解决方案。

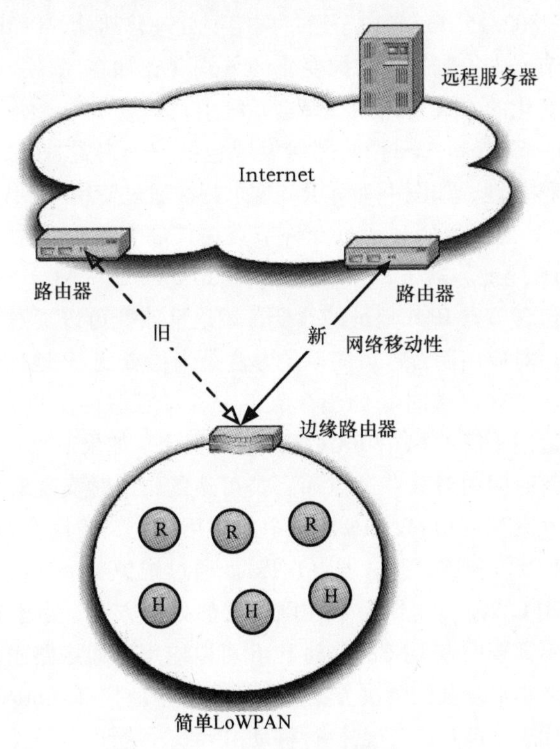

图4-3　网络移动性示例

4.1.2　移动性解决方案

当一个节点改变其接入点，并使用新的接入点来开始参与IP网络和根据移动性类型和漫游、切换的解决方案来重新恢复数据流时，有许多事情需要处理：

1）通过执行调试来建立链路（见第3.1节）。

2）通过启动程序来配置合适的IPv6地址（见第3.2节）。

3）处理安全和防火墙设置（见第3.3节）。

4）用合适的IPv6地址更新相关域名空间（DNS）条目（如果地址改变）。

5）告知应用层和维护任何应用层的标识符或注册（如IPv6地址改变）。

根据发生的移动性类型和采用的漫游、切换的解决方案，某些步骤是不需要的，或者每个步骤所需的工作量会有很大的不同。

当微移动性发生在接入点间，而这些接入点是同一链路的一部分时（如有多 Wi - Fi 接入点的骨干以太网），链路层可以处理移动性，而且对网络层没有任何显著的变化。处理移动性的链路层包括蜂窝系统，如用来维持同样的 IP 地址而执行切换的 GPRS 或 UMTS 和执行以太网桥接的 Wi - Fi。对 6LoWPAN 来说，虽然现在不存在一个普遍采用的技术，但 Mesh - Under 链路层可以处理 LoWPAN 内微移动性。低功耗无线链路技术（如 IEEE 802. 15. 4）倾向于通过网络层处理移动性。以 IEEE 802. 15. 4 为代表的网络采用了以节点来控制拓扑结构变化的方式（比如在 Wi - Fi 中），而不是以网络来控制拓扑结构变化的方式（比如在蜂窝系统中）。

6LoWPAN [ID - 6lowpan - nd] 的邻居发现包括一个内置特征，用来在扩展 LoWPAN 拓扑中处理微移动性，如图 4-2 所示。这个特性通过使用 ND 代理技术和边缘路由器白板（Whiteboard）之间的同步，以允许节点在扩展 LoWPAN 中不需要考虑其接入点而保持同样的 IPv6 地址。第 3. 2 节详细介绍了 6LoWPAN - ND。

宏移动性经常包含节点 IPv6 地址的改变，该地址改变可以通过几个方法来减少对应用层的负面影响。对应用而言，最简单的方法是当检查到 IP 地址改变时简单地进行重启。当节点作为一个客户端时（如当今大部分移动互联网主机），该方法经常被用到，该方法同样也适用于简单 6LoWPAN 客户应用程序。如果节点是一个服务器，并且该节点一定要在任何时间内对某些节点而言是可达的，此时实现宏移动性是一个真正的挑战。一个处理方案是在 6LoWPAN 应用中的应用层上，使用会话发起协议（SIP）、统一资源标识符（URI）和域名服务器（DNS）。通过维护一个移动节点的不变的本地地址，移动 IPv6 [RFC3775] 提供一个在网络层的处理方案，由于这个节点的本地地址没有改变，因此不需要改变 DNS。移动 IPv6 可以应用在边缘路由器中，但是对简单 LoWPAN 节点来说是非常复杂的解决方案。使用代理本地代理（proxy Home Agent）概念，让边缘路由器代表 LoWPAN 节点执行移动 IPv6 是可行的，这个将在第 4. 1. 5 节中进一步讨论。

当一个边缘路由器本身以及其 LoWPAN 中的节点一起改变其接入点时，我们将需要处理网络移动性的问题。边缘路由器的 IPv6 地址发生变化，因此 LoWPAN 的 IPv6 前缀同样跟着变化。LoWPAN 网络移动性可以通过在边缘路由器和 LoWPAN 中所有节点上使用移动 IPv6 来处理（这对 LoWPAN 节点实际上不太现实），或者应用将在第 4. 1. 7 节中描述的网络移动（NEMO）[RFC3963] 解决方案。

虽然可以使用这些移动解决方案处理因漫游而引起的 IPv6 地址变化问题，但是这些解决方案不应该和用于保证 IP 网络节点之间的路径的路由协议相混淆。不过，移动性与路由之间有相互作用。改变接入点通常是由一个路由协议决定的，尽管导致 IP 地址的任何变化将留给移动性解决方案来处理。我们可以考虑处理微移动性的路由协议。第 4. 2 节将讨论路由协议。

4.1.3　使用方法

在许多情况下，需要处理移动性对应用层的影响，这些影响包括由漫游引起的 IP 地址改变和由切换引起的服务质量下降。如果应用使用的 LoWPAN 或 IP 骨干网络在网络层上没有相应的机制来处理移动性，那么应用层必须处理这些影响。此外，在应用层处理移动性可以提供更好的对特定应用程序的优化。在第 5.2 节中将详细讨论在应用层使用 6LoWPAN 有关的设计问题。

当切换发生时，需要考虑的一件事情是传输层协议如何应对一个终端节点的 IP 地址变化或暂时服务中断。6LoWPAN 应用程序通常使用 UDP 传输，由于每个数据报是独立的，所以可以很好地处理 IP 地址的变化。使用 UDP 的应用程序仍然需要处理 IP 地址的变化，并把新的地址关联到相同的端点。TCP 不能够处理 IP 地址的变化，因此，任何端点的 IP 地址改变将会破坏一个 TCP 连接。流控制传输协议（SCTP）有一种机制用于处理多个 IP 地址 [RFC2960]，但它和 TCP 一样，在 6LoWPAN 中使用存在同样的问题，这将在第 5.2 节中讨论。

为了使应用服务器在 IP 地址改变时仍能和移动 6LoWPAN 的节点通信，需要为每个节点使用某种独特的、稳定的标识符。这些例子包括节点接口的 EUI - 64、URI、全局唯一标识符（UUID）[RFC4122] 或使用 DNS 解析的域名。就其本质而言，DNS 中的条目提供从域名到相应的 6LoWPAN 节点的 IPv6 地址的映射。DNS 用于上述用途时需要小心，因为这些更新可能不会及时传播，虽然通过使用客户端发送动态更新 [RFC2136] 和细致的生存时间（TTL）设置对于某些应用程序可能是有用的。除了 IPv6 地址是不相关的应用或有效标识符在应用载荷中携带之外，其他标识符需要以某种方式映射到节点 IPv6 地址上。

某些应用程序协议有内置方法来处理移动性。会话发起协议（SIP）[RFC3261] 包含一个通用的识别用户的方式，称为 SIP URI。此 URI 可用来跟踪 6LoWPAN 的节点，采取如 node10@home.example.com 的形式。此外，SIP 有一些方法来使用一个 Re - INVITE消息，指出在一个活跃会话期间会话终端的变化。不好的是使用基于未加修改的 6LoWPAN，SIP 报头格式会过于冗长，虽然已有相关的技术被提出来处理此问题。SIP 基于 6LoWPAN 的使用会在第 5.4.6 节中进一步讨论。

4.1.4　移动 IPv6

互联网上节点的移动性可以在网络层使用移动 IP（MIP）这个协议处理，此协议最初为 IPv4 [RFC3344] 而设计，后来被更新为由 IPv6 使用，即为移动 IPv6（MIPv6）[RFC3775]。新版本利用 IPv6 机制，并提供路由优化。MIP 的目标是通过允许主机使用一个众所周知的 IP 地址来联系，而不管其在互联网上的位置，通过这种方式来处理漫游时移动性问题。移动 IP 使用一个本地地址的概念，与主机本地网络相联系。当主机离开其本地网络，连接到另一个网络域（称为访问网络），主机配置新的 IP 地址被称为转交地址。与在访问网络中漫游的移动节点通信的节点被称为通信节点。6LoWPAN的概念是支持简易IPv6节点，通过低功耗、低带宽的无线链路参与IPv6网络。在6LoWPAN中，是否可以使用移动IP解决节点移动性和网络移动性的问题呢？本节介绍了MIPv6工作原理，并讨论了其对6LoWPAN移动性问题的可适用性。

在IP网络中，通常是路由器处理转发，该路由器通过路由协议维护其路由表。移动IP使用由主机控制的特殊路由功能，这个概念称为绑定，由被称为本地代理（HA）的实体来实现。为了使用移动IP本地网络，域中必须存在一个本地代理。本地代理负责维持节点的固定本地地址和在访问网络中漫游时临时转交地址之间的绑定。然后，HA扮演着在漫游时来自和去往移动节点的通信转发者。一个很好的比喻是当收件人离开时，邮局临时转发邮件到其新的地址。

图4-4说明了MIPv6的基本功能，当移动节点漫游到一个访问网络，该节点通过其本地地址采用以下方式使用MIPv6来维持全网连接：

（1）当检测出子网已经改变后，那么该节点不再属于其本地网络，节点发送一个MIPv6的绑定更新消息到其HA。如果该节点不知道它的HA或其本地前缀，可以有很多种方法来发现这两个信息。HA通过绑定确认报文来确定绑定的更新，必须通过用如IPsec的方法来确保这些报文的安全。

（2）在HA和移动节点间建立一个双向的IPv6－in－IPv6隧道，用来交换数据报。当在移动节点的本地网络中收到一个从某通信节点到移动节点的本地地址的数据报时，通过HA使用ND代理技术截获。然后，该数据报封装在另一个IPv6报头，并且目的地址设置为该移动节点的转交地址。

（3）接收并解压数据报后，移动节点通过其HA在IPv6－in－IPv6隧道上响应其通信对端，或者移动节点通过转交地址直接响应通信对端。

（4）这是一个三角路由的情况，这里在移动节点与通信对端之间的更优路径是可能的。MIPv6包含路由优化，以避免三角路由。在执行反向可路由测试和在通信对端和移动节点之间安全关联后，它们就可以直接通信了。首先，一个绑定更新被发送到通信对端，然后数据流使用IPv6扩展头来进行交换，以正确指示移动节点的实际本地地址。

（5）现在通信对端和移动节点能够持续地进行直接通信了。

由于6LoWPAN是IPv6的调整，这使得应用MIPv6来处理6LoWPAN的节点的漫游很有意义，同时仍保持固定的IPv6地址。边缘路由器也可以利用MIPv6来处理网络移动性。不幸的是LoWPAN在节点复杂性和功耗上有严格的要求，无线链路带宽和帧大小有限。移动IPv6本身的几个问题限制了其在6LoWPAN中使用。

为了使MIPv6应用6LoWPAN节点的移动性，MIPv6要在LoWPAN节点上实现，在6LoWPAN使用［RFC3775］中定义的MIPv6有以下几个问题：

（1）由于封装的IPv6和传输层报头不能使用现有的压缩方式压缩，在HA和LoWPAN的节点间的IPv6－in－IPv6隧道会造成很大的报头开销。

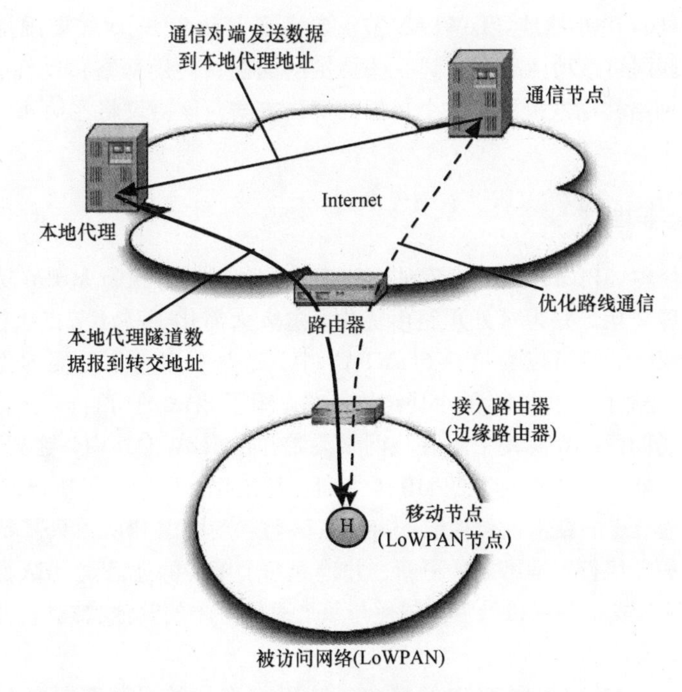

图 4-4　6LoWPAN 使用移动 IPv6 示例

（2）MIPv6 实体间对 IPsec 安全关联的需求可能对 LoWPAN 节点不合理。6LoWPAN 的安全性的详细信息见第 3.3 节。

（3）考虑到代码大小和内存，对在 LoWPAN 节点中实现 MIPv6 而增加的复杂度是不合理的。

（4）在大的 LoWPAN 和有经常移动的节点的域中，由 MIPv6 引起的流量负荷对低带宽的无线链路来说太多了。

（5）路由优化增加了节点更大的负担，因为每个活跃的通信节点必须保持路由的状态。

（6）MIPv6 直接应用在 LoWPAN 节点上，还需要进一步的研究。MIPv6 需要被大幅优化以满足直接运行在节点上的要求。在［ID - 6lowpan - mipv6］中，已经完成了 LoWPAN 适应技术的建议来进行消息压缩和简化。这种技术需要边缘路由器压缩与解压缩所有 MIPv6 消息，并且需要标准化。代理方法可作为一种替代的解决方案，在该方法中，访问网络上的边缘路由器和一些其他实体可以代表 LoWPAN 可执行节点来代理 MIPv6 功能。针对这种情况的一个有趣的解决方案是代理本地代理（PHA）的概念，将在第 4.1.5 节中讨论。基于网络的本地移动性管理协议的代理移动 IPv6（PMIPv6）对 6LoWPAN 的适用性将在第 4.1.6 节中讨论。

MIPv6 也可用于边缘路由器，使得当漫游到访问网络时保持一个稳定的 IP 地址。由于在 HA 中绑定的条目只是针对具体的 IPv6 地址，所以使用［RFC3775］仅仅处理边缘路由器本身的 IPv6 地址。LoWPAN 节点要实现 MIPv6，同时需要维持一个稳定的 IPv6 地址。处理网络移动性还会遇到一些特别的问题，使用网络移动性（NEMO）协议为 LoWPAN 网络移动性提供了一个更好的解决方案，该协议将在第 4.1.7 节中进一步讨论。

4.1.5 代理本地代理

代理本地代理（PHA）是一个实体，代表本地移动节点执行 MIPv6 功能，与节点的实际本地代理交互，并为其处理路由优化。这大大简化了移动节点执行参与 MIPv6 所需的功能。从上一节可以看出在 6LoWPAN 中，这是一个特别重要的优化。［ID - global - haha］描述了关于 PHA 的全局结构，并介绍了 PHA 的功能。

PHA 位于访问网络，移动节点在该网络漫游，在 6LoWPAN 中，逻辑上叫作 LoWPAN 的边缘路由器。PHA 像标准的 MIPv6 主机一样工作，但增加了执行绑定更新、HA 隧道和代表其他节点的路由优化功能。为了使移动节点使用 PHA，只需要根据（可能是更简单的）凭证执行本地绑定的更新，并建立一个单一的通道到 PHA。PHA 结构如图 4-5 所示，这为安全关联以及需要隧道与每个通信对端的其他状态进行的路由优化，极大地提高了效率。

为了在 6LoWPAN 中使用 PHA 的概念，与 PHA 登记的机制需要在 LoWPAN 内定义。逻辑位置上需要做的是为 6LoWPAN - ND 的节点注册信息提供一项选项，此选项需要包含本地代理地址或本地前缀、节点的本地地址和一些凭证（如果 L2 凭证不充分）。由于在 LoWPAN 边缘路由器和 LoWPAN 的节点之间的隧道是本地的，它可以通过一个简单的 IPv6 扩展报头选项来实现，这样的开销非常低。

4.1.6 代理 MIPv6

IETF 的基于网络的本地移动性管理（NETLMM）工作组，从事处理在域内的本地移动性解决方案，而不需要在接入点间移动的 IPv6 节点改变其 IPv6 地址或实现 MIPv6。在 M2M 系统中，在同一域内（如运营商或企业控制），这种接入点间的移动性是很普遍的。作为该问题的一个解决方案，本地移动性管理工作组制定了标准的代理 MIPv6（PMIPv6）。代理 MIPv6（PMIPv6）使用一个本地路由分层结构以代表节点处理移动性。PMIPv6 在［RFC5213］中规定，问题陈述被记录在［RFC4830］中。如在第 4.1.4 节中讨论的，与简易 MIPv6 相比，这种模式更适合 6LoWPAN，它允许 LoWPAN 边缘路由器或其他本地路由器代表附属 LoWPAN 节点代理 MIPv6。

图 4-6 为 PMIPv6 的体系结构，它引入了 PMIPv6 域的概念，由本地移动锚点控制（LMA）。LMA 功能通常是结合了 HA 功能。LMA 在移动接入网关（MAG）的帮助下处理本地移动节点的移动性，MAG 是支持 PMIPv6 的接入点。MAG 代表其附着移动节点发送代理绑定更新到 LMA，使用在每一 MAG 和 LMA 间建立的双向隧道，LMA 可以一直使用静态地址（即移动节点的本地地址）来转发消息到移动节点。在 LMA 内，此地

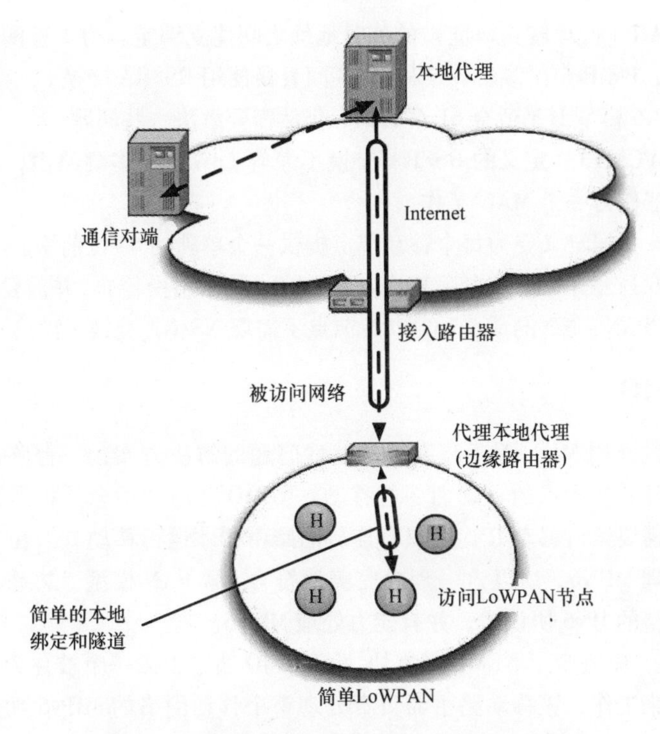

图 4-5　位于边缘路由器的代理本地代理示例

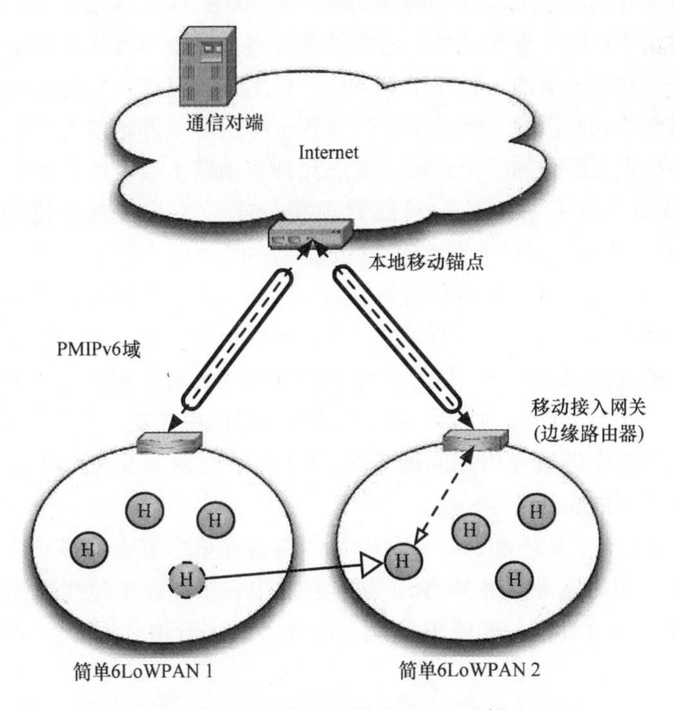

图 4-6　6LoWPAN 的 PMIPv6 示例

址和从访问 MAG（代理转交地址）的临时地址之间建立绑定。为了检测何时移动节点改变其接入点，PMIPv6 在移动节点和 MAG 间直接使用 RS/RA 交换。

虽然 PMIPv6 模型似乎适合 6LoWPAN，仍然需要解决一些问题：

1）在［RFC5213］定义的 RS/RA 交换不兼容 LoWPAN 多跳路由，并且要求每个 LoWPAN 路由器作为一个 MAG 工作。

2）PMIPv6 根据定义要为每个移动节点提供一个单独的 64 位前缀。

3）PMIPv6 只允许一个节点跟其接入点通信（默认路由器），并需要 NS/NA 交换。如果使用 6LoWPAN - ND 的话，LoWPAN 节点不需要 NS/NA 交换。

4.1.7 NEMO

网络移动性（NEMO）是处理网络移动性问题的解决方案，一台路由器和连接到其上的节点会随着接入点的移动而一起移动。NEMO 背后的理念是扩展移动 IP，因此每个节点并不需要运行移动 IP，而只有连接的路由器才运行移动 IP。由于 LoWPAN 节点没有能力处理 MIPv6，所以这一理念完美地符合 LoWPAN 模型。边缘路由器或其他路由器运行完整的 IPv6 协议栈，并有能力处理 MIPv6。

［RFC3963］中规定了 NEMO 基本协议。NEMO 通过引入一个被称为移动路由器的新的逻辑实体来工作，该移动路由器负责处理整个移动网络的 MIPv6 功能。移动网络中的节点被称为移动网络节点（MNN）。可以从图 4-7 中看到这些实体。MIPv6 通常只处理发送到移动节点的本地地址的转发功能。NEMO 扩展了本地代理的功能，从而除了能够处理移动节点的本地地址外，还能处理前缀。一个移动路由器像一个与其本地代理建立了一个双向隧道的正常 MIPv6 主机一样工作，但此外它还通过和本地代理协商得到将要转发给它的前缀。然后本地代理将所有匹配该绑定前缀的数据报转发给移动路由器。在绑定更新中的一个特殊的标志允许移动路由器表明它想要转发前缀，而一个前缀选项则允许它和 HA 一起配置前缀。或者，可以通过使用例如 DHCPv6［RFC3633，ID - nemo - pd］来完成前缀代理。

当 LoWPAN 中的边缘路由器和相关节点一起移动到一个新的连接点，将 NEMO 运用到移动 LoWPAN 的好处是非常明显的。当这种情况发生时，边缘路由器充当 NEMO 移动路由器。通过使用 MIPv6，它绑定被访问网络中的转交地址，以及本地 LoWPAN 前缀。这样的话在 LoWPAN 内因为网络移动而引起的变换将不会被发现，因为 LoWPAN 在其本地网络中继续使用相同的前缀。HA 负责将所有发往 LoWPAN 前缀的通信量通过隧道转发到边缘路由器，反之亦然。

NEMO 的缺点是，它不能代表 LoWPAN 节点处理单个节点的移动性。因此一个移动 LoWPAN 节点仍然还得使用 MIPv6，除非它使用一个代理本地代理或者像前面小节中所讨论的那样在 PMIPv6 区域中移动。此外，当混合有不同种类的节点移动时，NEMO 开始变得复杂。

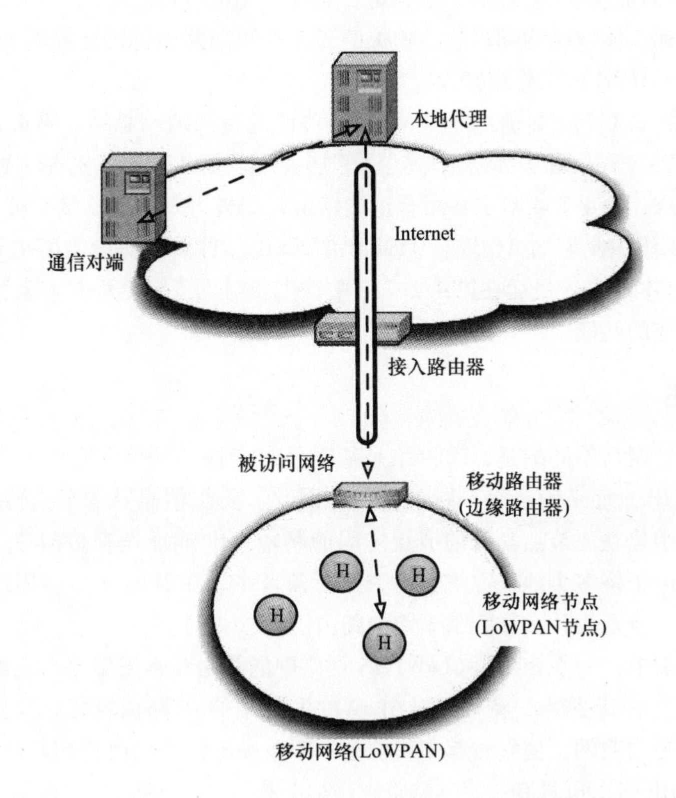

图4-7 6LoWPAN的基本NEMO协议示例

4.2 路由

IP移动性解决方案考虑的是当一个节点从其接入点移动到另一个节点时，以及当节点漫游和执行路由优化时如何转发数据报到一个节点。另一方面，在IP路由器中，通过运用路由策略来维护路由表，而路由表的作用就是通过IP包的目的地址查询路由表，从中获取下一跳的地址。在核心网中，无论是无线网状网络中的自组织动态路由协议还是域内的路径向量路由协议，它们都是通过路由技术来维护路由表的。

在这部分中，我们将结合当今使用或发展中的路由技术，对6LoWPAN网络中的IP路由算法进行研究。其他用于形成IP层下网格拓扑结构的技术，如链路层mesh和LoWPAN Mesh - Under技术已经在第2章中介绍了，所以这里不在阐述。当讨论6LoWPAN的IP路由时，有两种类型的路由需要加以考虑：LoWPAN路由以及在LoW-PAN与IP网络间的路由。低功耗和有损射频链路、电池供电节点、多跳网状拓扑结构和因移动性引起的频繁拓扑结构变化对于6LoWPAN是一个挑战。成功的解决方案必须考虑到特定的应用需求、Internet的拓扑结构和6LoWPAN机制。目前这样的解决方案正在由 IETF 中的低功耗和有损网络路由工作组（ROLL）开发。本节讲述了 ROLL 的需求、路由指标、体系结构和算法。相关的支持机制和路由算法已经由 IETF 中的移动自组织网络（MANET）工作组开发。

首先，第 4.2.1 节对目前 6LoWPAN 路由协议进行归纳和总结。第 4.2.2 节主要考虑如何在 LoWPAN 路由和边界路由中运用邻居发现。第 4.2.3 节主要讲述了嵌入式应用中的路由要求。第 4.2.4 节主要对合适的路由判据进行归纳和总结。第 4.2.5 节主要讨论由 MANET 组织制定的 AODV、DYMO 和 OLSR 三种路由协议。第 4.2.6 节讲述了 ROLL 结构和基本算法。最后在第 4.2.7 节中，主要讨论了 LoWPAN 和其他网络间的边界路由上还存在的问题。

4.2.1 概述

与电路交换网络不同的是，IP 网络是基于分组交换的网络，它的转发策略是根据分组中的目的 IP 地址来确定每一跳的路由。因此，要想消息从源节点传到目的节点，必须在路由表中建立源节点和目的节点之间的路径。IP 地址是有结构的，该结构体使用组地址，以用于将多个地址组织在单个路由条目中。在 IPv6 中，使用地址前缀来到达这个目的，这也是为什么称为基于前缀路由。

在第 2.5 节中，主要介绍了 6LoWPAN 网络中的路由和转发策略。在本节中，我们只考虑网络层上的 IP 路由，特别是对 6LoWPAN 有用的 IP 路由算法。数据链路层网络技术对网络层是透明的，使它看起来就像是一个单一的链路。由于 6LoWPAN 网络的特殊结构，它的 IP 路由也具有一定的特点：

(1) LoWPAN 路由器通常只在一个无线网口上进行数据转发，也就是说它从这个网口接收一个节点传过来的数据，然后再将数据通过这个网口转发给下一跳地址所对应的节点。而一般数据报的转发是在网卡间进行的（也就是链路间），这就是 IP 路由器和其他路由器的不同的地方。之所以这样设计，是因为在 LoWPAN 中并不是所有的节点在单跳传输范围内都是可达的，因此，节点间必须要经过多跳传输才能维护网络的链接性。

(2) 由于 LoWPAN 中的所有节点都共享相同的 IPv6 前缀，所以一个 LoWPAN 有一个“平”的地址空间。这是由 6LoWPAN 自己的压缩方法所设置的，该压缩实现的前提是网络中的所有节点都共享省略或压缩字段的信息。因此，在 LoWPAN 中，6LoWPAN 的路由表只需要有默认路由和目的地址的路由。

(3) LoWPAN 是末梢网络。它不能作为不同子网之间的转接网。这也简化了 LoWPAN 路由器的需求。

在 6LoWPAN 网络中有两类不同的路由协议，第一种是在 LoWPAN 路由器之间的域内 LoWPAN 路由；第二种是边界路由，主要由 LoWPAN 边缘的 LoWPAN 边缘路由器或者一个骨干链路上的 IPv6 路由器来作为 LoWPAN 的扩展。图 4-8 和图 4-9 解释了这些路由域以及相关的网络层转发。边界路由将在第 4.2.7 节中讨论。

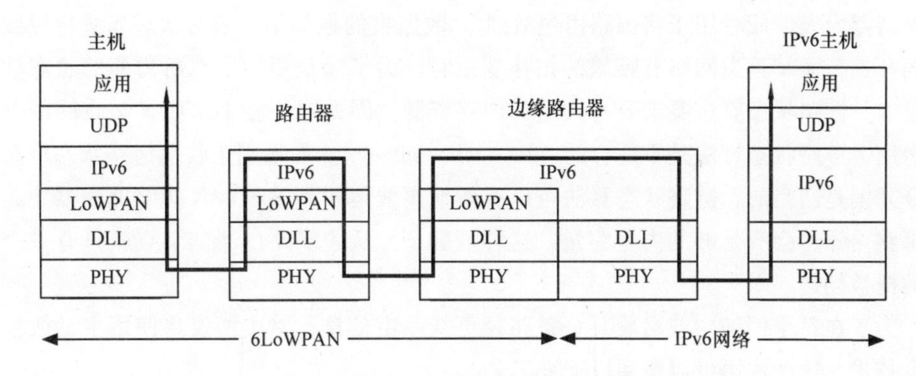

图4-8　LoWPAN和边缘路由器内部转发协议层次视图

除了上述6LoWPAN体系结构的特点，路由协议还需要满足大量的应用、节点和无线链路相关的需求。这些需求包含节省能量，支持节点周期休眠，保证QoS服务，支持不同的地址类型（单播、多播、任播），这些功能要求在节点移动的时候能够一一实现，并且要尽量减少内存和带宽的开销。目前这些路由协议仍然存在挑战，这些挑战就是这些需求是相互冲突的，因此需要在这些需求之间寻求一种折中的办法。第4.2.3节将阐述ROLL工作组对不同商品应用领域提出的要求。

目前在6LoPWPAN中主要有两类路由协议：距离向量路由和链路状态路由。在［ID－roll－survey］中，对距离向量路由和链路状态路由算法以及它们在无线网络中的实际应用进行了分析。

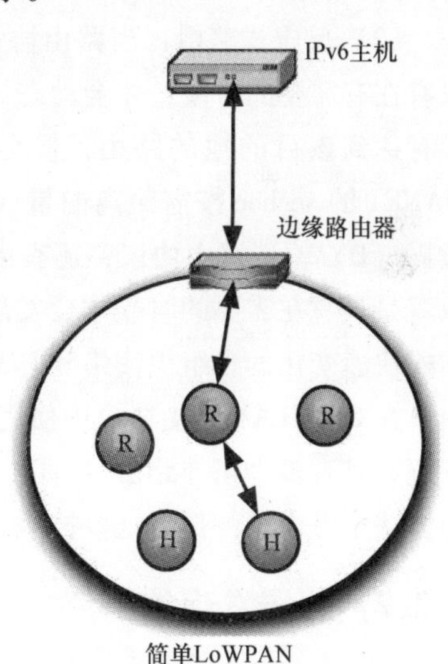

图4-9　LoWPAN和边缘路由器转发的拓扑结构图

（1）距离向量路由：这些路由算法都是Bellman－Ford算法的衍生版本。使用这种方法，每个链路（也有可能是节点）根据合适的路由判据来分配一个路由开销。当节点A发送数据给节点B的时候，需要选择一条开销最小的路由。每个路由器的路由表会根据到达目的节点的路径开销来动态维护路由。路由信息会根据实际的路由算法主动或被动地更新。由于这些路由算法的简洁性、低开销和本地适应性的性质，距离向量路由被广泛地应用于6LoWPAN中。

（2）链路状态路由：在这些方法中，每个节点都获得关于整个网络的完整信息，称为图。为了做到这点，每个节点都在网络中将关于其链路的信息发送到附近的目的地。当从足够多的节点收到链路状态报告后，每个节点通过使用例如Dijkstra算法来计算一个树，该树拥有从它本身到它目的地最短的路径（最低开销）。该树被用于为逐跳转发在每个节点中保持路由表，或者用于将源路由包括到IP数据报的报头中。链路状态算法将导致很大的开销，尤其是当网络有频繁的拓扑变化时。为了满足每个节点所需要的状态数量的要求，链路状态算法要求要有大量的内存资源。因此对于在LoWPAN节点间的分布式运用，链路状态算法是不适合的［ID - roll - survey］。如果用于收集链路状态信息的信令开销是适当的，链路状态算法可以有效地离线运用到LoWPAN边缘路由器中，该边缘路由器将会有足够的内存容量。这种情况下，从边缘路由器到节点就只有一个单一的树被创建。

为了在整个网络中或沿着某一条路径更新路由信息，路由协议将使用主动或被动信令技术。这些术语可以按照以下来定义：

（1）先应式路由：先应式路由协议在各个节点需要进行路由之前，先获取路由信息建好路由表。因此它们能事先为数据流准备好到达所有可能目的地的路由表。由于网络拓扑结构比较稳定，所以在域内和域间使用的绝大部分IP路由协议都是采用先应式方法建立路由表。在MANET中有许多先应式路由算法，例如优化链路状态路由（OLSR）［RFC3626］和基于反向路径转发的拓扑分发（TBRPF）［RFC3684］。这种路由方法的优点就是能够迅速地获得可用的路由，但是它的缺点就是随着网络拓扑的频繁变化和路由器状态的变化，会增加信令开销。

（2）反应式路由：当路由协议自动配置之后，反应式路由协议不会有路由信息。只有在有需要的时候，才会动态寻路。当路由器收到一个包的时候，如果在路由表中没有达到该目的地的路由，便会执行路由发现算法。反应式路由算法的例子包括：MANET的ad hoc按需距离向量（AODV）路由协议［RFC3561］和MANET中动态的按需（DYMO）路由协议，还有由AODV衍生而来的ZigBee路由协议。这个方法的优点就是只有在需要的时候才会发出控制信号和更新路由状态。这个非常适合用于拓扑结构快速变化的自组织网络和P2P通信中。

在6LoWPAN路由协议中使用的高级技术包括综合路由判据的约束路由、本地路由恢复、具有多个拓扑路由（MTR）的流标签，多经路由转发和流量工程。在ROLL路由算法中考虑了一部分这些技术。

4.2.2　邻居发现的角色

由于IPv6使用邻居发现（ND）协议在邻居间进行交互，所以这是IPv6网络的主要组成部分。那么IPv6路由协议和路由发现协议是如何交互的呢？首先，IPv6［RFC4861］和6LoWPAN邻居发现协议处理下一跳的选择，还有邻居缓存，目的缓存和路由器缓存的信息维护。ND用于网络自举，并维护邻居节点间的信息。此外，ND在检测不可到达的邻居节点和让发送者知道可能的下一跳路由器上起着关键的作用。所有的IPv6路由协议除了路由协议本身的控制消息之外，都需要使用ND的信息。我们可以把ND当作为单跳协议，而路由协议负责多跳的信息。第3.2节对邻居发现协议进行了详细的介绍。

ND可以被作为链路间的代理服务来使用［RFC 4861，RFC 4389］。在这种情况下，ND是一个动态的单跳路由协议，共享两个网卡之间的节点信息。在6LoWPAN-ND中，在6LoWPAN无线接口和骨干链路的接口之间，边缘路由器的功能和扩展LoWPAN拓扑中的功能是相似的。LoWPAN无线接口和边缘路由器的骨干链路接口之间需要根据边缘路由器的白板中的ND信息来决定如何进行转发。由于白板有LoWPAN中所有的节点的IPv6地址，所以它只接收和转发网络中节点的数据。尽管ND在LoWPAN中可以通过边缘路由器转发数据，但是在扩展LoWPAN和本地的路由协议中，ND在域内LoWPAN路由或者边界路由上起不了作用。

4.2.3　路由要求

在考虑6LoWPAN网络使用的路由协议时，把大量嵌入式系统的应用需求考虑在内是十分重要的。典型的网络应用在PC和网页服务器中采用的是客户端-服务器（C-S）方法进行通信，这样就使对需求的分析变得更加容易。如之前的讨论，无线嵌入式应用在需求上有着冲突。结合6LoWPAN网络的结构，无线链路的技术和节点的限制，这些需求很难被满足，ROLL工作组在分析四种主要应用领域内的路由需求上做了大量的工作。

（1）城域网：将来的城市环境将到处分布着无线嵌入式网络，用于环境检测、远程抄表、智能电网。在［RFC5548］中总结了城市应用中的路由需求。为了在这些应用场景中使用路由协议，这个路由协议必须是高能效的、稳定的和自主式的，同时还要考虑节点有限的容量。

（2）工业网络：在工业设施中布置低成本的无线现场设备将会增加安全性和生产效率。在［ID-roll-indus］介绍了工业应用中的路由协议的需求，这些需求受ISA100标准的影响。尽管现有的ISA100使用专有的集中式路由方法，但是在将来需要一个标准的IETF路由解决方法。在无线嵌入式网络应用的领域中三个主要的需求就是低功耗、高可靠性、简易的安装和维护。

（3）建筑网络：在无线嵌入式网络中，商业楼宇自动化是一个重要的应用领域，例如第1.1.5节中介绍的设备管理的例子。这个应用领域中的路由协议需求在［ID-roll-building］中进行了分析。在楼宇中使用有线技术来安装自动化技术上有着悠久的传统。最近，更多的现代应用协议标准被使用，例如建筑自动化和控制网络（BACnet）和开放式建筑信息交互（oBIX），这些在第5.4.7节中进行了介绍。在这个领域中低能耗的无线技术取得了重大的突破，并对端对端IP解决方案有很大兴趣。在这个领域中一个成功的协议需求包含自动配置能力和管理能力、可扩展性、用于电池设备的低能耗。

（4）本地网络：在家庭中很多应用使用了大量低功耗网络设备，包括家庭医疗保健、自动控制、安全、能量监控和娱乐。在［ID - roll - home］中分析了路由协议在这个环境中的需求。和ROLL中分析的其他应用不同，这里是以用户为中心的，使得需求的重点有所区别。设备对成本很敏感，同时要求设备体积小并且电池寿命长。还有一些重要的需求如P2P通信，无须配置和对链路改变的自适应性。

在表4-1中列出了在ROLL文档中的一些强制性需求。这些需求按照它们常规的类型进行分类，能够清晰地看出哪些应用有公共的需求。除了这些必须的需求，在文档中还列出了一些建议性的需求。注意在这个表中我们使用了IETF风格的关键字（MUST、SHOULD）。它们在设计ROLL路由协议的时候提供了很多参考，对理解这些应用和考虑在6LoWPAN中使用其他路由协议上十分有用。

需要注意的是ROLL主要是为了解决IP网络和6LoWPAN中的路由问题。即使有很多已应用到6LoWPAN中，但并非所有的需求都要应用到6LoWPAN中。在［ID - 6lowpan - rr］中，6LoWPAN工作组对与6LoWPAN网络相关的路由需求进行了分析。在这个文档中，设备、链路和网络特性都随着安全性一起进行了考虑。

表4-1 ROLL给出的非完备需求总结

类型	区域	需求
编址	U、I、B、H	协议必须支持单播、任播和多播地址
编址	B、H	设备必须能够与网络中其他设备点对点通信
综合	B	协议必须支持为休眠节点担当代理能力，代理为休眠节点存储数据报和在下一唤醒周期递交数据报
数据流量	U、I	为了可靠性和负载平衡，协议必须支持多条路径到达目的地
配置	U、I、B、H	在无人干预情况下，必须支持路由算法自动配置
配置	B	在不需要其他额外调试设备的情况下，必须能够调试设备
配置	U、I、B、H	基于网络层和链路层抽象，协议必须能够动态适应改变
配置	I	协议必须支持从中央管理控制器配置分布式信息
管理	H	协议必须支持隔离异常节点能力
可扩展性	U	在区域内，协议必须支持大规模节点，包含10^2 ~ 10^4个同类节点
可扩展性	U	在不退化已选性能参数情况下，协议必须要有扩展性，并且可增长节点数量
可扩展性	B	协议必须支持最少2000个网络节点，每一子网在255节点以上
可扩展性	H	协议必须支持网络规模在250个设备以上
性能	I	关于路由发现的成功或失败必须在几分钟内报告，最好在十几秒内报告

（续）

类型	区域	需求
性能	H	协议必须在0.5s内没有移动性收敛，如果发送方已经移动，必须在0.5s内响应拓扑结构变化，如果接收方已经移动，必须在2s内响应
性能	H	路由算法必须考虑休眠节点
指标	U、I、B、H	在基于约束的路由中，协议必须支持不同链路和节点的指标
安全	U、I、B	协议必须支持认证和完整性措施，应该支持机密措施
安全	U	在自动配置或路由参与之前，协议必须在节点和网络间建立信任关联
安全	H	在有限安全需求情况下，协议必须考虑到设备的低功耗和低成本
安全	H	协议必须在邻居网络间防止无意包含

注：U为城市，I为工业，B为建筑，H为家庭。

4.2.4　路由指标

在路由协议对路径的选择中，路由判据主要是用来选择最好的路径。一般用于IP网络的判据主要有跳数、带宽、时延、MTU、可靠性和载荷。根据前几节的路由需求，与传统的有线或者甚至是移动的自组织网络相比，6LoWPAN网络有特定的需求。6LoWPAN路由中使用的路由判据和之前应用中使用的相比是特别的。在［ID - roll - metrics］中明确指出ROLL工作组使用的路由判据。

在绝大多数6LoWPAN网络中，就拿ROLL中的应用来说，不同类型的判据可以分为以下几类：

1）链路对节点的判据。

2）定性对定量的判据。

3）动态对静态的判据。

链路判据的例子包含吞吐量，时延和链路可靠性。节点判据包含内存，处理载荷和剩余的能量。表4-2总结了这些判据。

表4-2　ROLL给出的路由指标

指标	类型	描述
节点内存	QT、ST	用于存储节点路由信息的内存
节点CPU	QT、ST	计算能力，在许多ROLL应用中并不重要
节点能量	QT、DY	靠电池供电的节点残余能量，对于优化网络寿命很重要

（续）

指标	类型	描述
节点负载	QT、DY	对于一个节点的网络负载（如队列大小）的简单指示
链路吞吐量	QT、DY	链路的当前和总共的可用吞吐量
链路延迟	QT、DY	链路的当前延迟和允许的延迟范围
链路可靠性	QT、DY	链路可靠性，比如平均的数据报错误率，是一个重要的路由指标
链路染色	QL、ST	该静态属性用于为特殊流量类型选择或避免特殊链路

注：QT为定量，QL为定性，ST为静态，DY为动态。

绝大多数这些判据都是用于建立和维护路由拓扑，其他的用于转发策略（我们将在第4.2.6节中讨论），然而还有一些用于基于约束的路由中。例如，ROLL路由协议使用非常细粒度的深度判据（加权跳数）来建立基本的拓扑。此外，特定应用的判据常用于拓扑中的路由。

由于动态路由判据会导致路由不稳定，所以动态路由判据的研究是一个挑战。此外，报告的频率需要被最小化，在动态判据中要应用阈值技术来减小信令开销。最后，由于判据要被用于路径计算，所以，在同样的路由领域内判据计算的一致性显得尤为重要。

4.2.5 MANET路由协议

IETF在1997年成立了移动自组织网络工作组。目的是为了了解需求和为基于IP的无线自组织网络应用提供解决方法。这个工作组制定了大量的路由协议，这些路由协议可以根据路由更新的方式分为先应式路由和反应式路由；或者还可以根据路由技术分为距离向量或者链路状态。在第4.2.1小节中定义了这些条目。移动自组织网络工作组制定的协议主要是用于使用WLAN技术的自组织网络中，这个网络中的绝大多数流是对等的。主要包含移动计算、应付突发事件、网络营救和军事应用，在这节主要介绍了三种常用的路由协议：自组织按需距离向量（AODV）协议，动态移动自组网按需（DYMO）协议和优化的链路状态路由（OLSR）协议。

除了提出以上路由协议之外，移动自组织工作组还做了大量有价值的工作，建立基本的机制使这些环境能够支持这些路由协议。[RFC5444] 定义了所有MANET路由协议的报文格式。除此之外，在[RFC5497]中定义了标准的时间表示形式。最后，两跳邻居发现协议目前正在开发，并采用一种标准的方式收集路由信息[ID-manet-nhdp]。

MANET网络中的协议和机制可以运用到6LoWPAN中。对于与典型MANET应用需求相似的应用，这些协议和机制特别有用。将MANET中的算法运用到6LoWPAN中所面临的最大的挑战就是要减少控制报文的开销和简化算法。常用的MANET协议格式和两跳 ND 能够被运用到 6LoWPAN 的协议之中。需要注意的是，这并不是对所有的嵌入式系统应用有用，比如在 ROLL 中提到的协议（在第 4.2.3 节中有介绍）。这些系统要与大量的边缘路由器和节点之间的流量的网络互连[ID - roll - survey]，因此有必要增加多经路由和流量管理。

1. AODV

即使是在网络拓扑快速改变的情况下，AODV 路由协议也能够使自组织多跳网络中的移动节点快速地建立和维护节点之间的路由。当节点之间进行数据传输的时候，AODV 能够创建一条到目的地的路由，同时动态地维护正在使用的路由。它包括一些本地维护的方法，还包括一个目的序列号以确保无路由循环操作。AODV 是一个纯路由表管理协议，在路由被建立后，这些路由被简单地通过 IP 用于转发数据报。

通过 AODV 和类似的协议，一个小的消息集被用于发现和维护路由。为了找到到达目的地的路径，路由请求被广播到整个网络。该响应通过中间路由器或目的地发送一个路由回复得到响应。图 4-10 显示了一个在自组织网络中被动路由发现和转发的例子。路由错误消息用于通知某一条路径上的失效链路。这些消息通过 UDP 逐跳在运行在自组织路由器上的 AODV 进程之间被发送。AODV 的详细规定在［RFC3561］中给出。

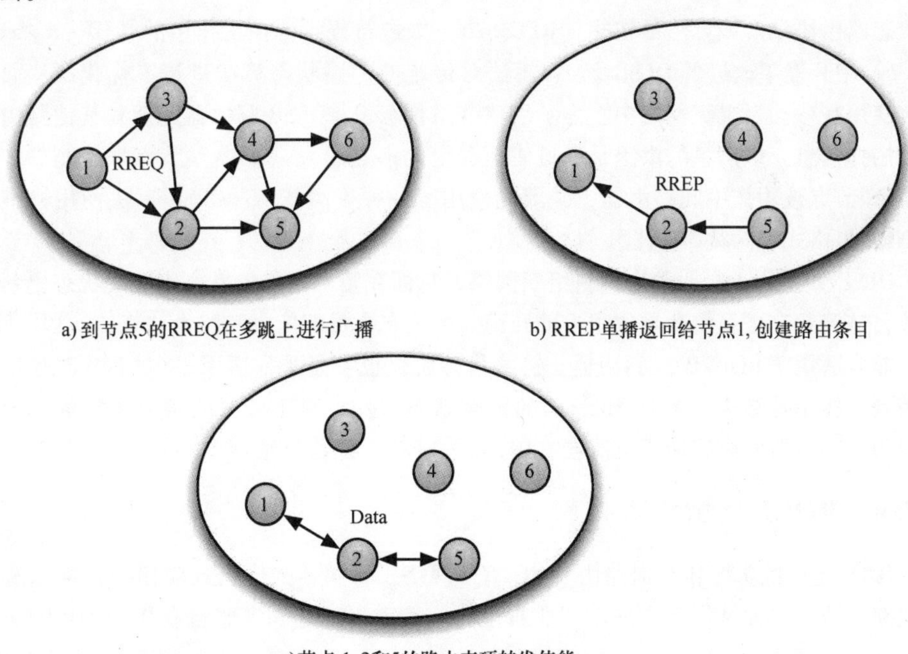

a) 到节点5的RREQ在多跳上进行广播

b) RREP单播返回给节点1，创建路由条目

c) 节点 1、2和5的路由表项转发使能

图 4-10　被动距离向量路由的例子

由于 AODV 是第一个 IETF 标准化的被动距离向量路由算法，因此它曾被许多其他的路由算法作为模型。例如，在 ZigBee 网络层设计中所用的路由算法就是以 AODV 为

模型的，并做了一些修改以最小化开销以及使其工作在 MAC 地址而不是 IP 地址。

2. DYMO

一个新的被称为动态移动自组网按需（DYMO）路由协议的被动距离向量路由协议已经由 MANET 工作组［ID - manet - dymo］在开发，该协议在以前的协议（比如 AODV 和动态源路由）的基础上进行了改进［RFC4728］。该协议使用与 AODV 相同类型的路由发现和维护消息。相比于以前的工作，最主要的改进包括：

1）在动态拓扑中改进了收敛。

2）使用通用的 MANET 包格式［RFC5444］。

3）支持大范围的通信流。

4）考虑了互联网的互联性。

5）考虑了主机和路由器。

6LoWPAN 工作组已经提议将 DYMO 进行适当修改，从而可以作为 LoWPAN RFC4944 网状路由算法来使用。然而这样的链路层算法的标准化现在并不在 IETF 的工作日程之内。相反，经过优化，MANET 协议的 IP 路由选择可以直接应用于 6LoWPAN。

3. OLSR

MANET 工作组也设计了一种被称为优化的链路状态路由（OLSR）算法的主动链路状态路由协议。该算法最初在［RFC3626］中进行规定，在工作组的［ID - manet - olsrv2］中开发了改进的 OLSRv2。该算法对传统的链路状态算法进行了优化，从而可以被使用在移动自组织网络中。为了创建链路状态表，OLSR 路由器定期和其他路由器交换拓扑信息。该信息的洪泛是通过使用选定的多点转发（MPR）节点来控制的。这些 MPR 节点被用作中间路由器，并因此使用了一种聚类技术。OLSR 算法使用标准的 MANET 包格式和两跳 ND 技术。

OLSR 最适用于相对静态的自组织网络，从而在整个网络内最小化链路状态更新的次数，链路状态更新将会导致很大的开销。由于有大量的信令和路由状态，所以 OLSR 不是非常适用于 6LoWPAN 路由器。链路状态协议也不是非常适用于在 6LoWPAN 应用中用到的树拓扑结构。像 OLSR 这样的链路状态方法，对于较大的路由拓扑的部分优化或边界路由器的离线使用可能会有用，例如 ROLL 路由算法。

4.2.6 ROLL 路由协议

IETF 建立低功耗和有损路由（ROLL）网络工作组，为嵌入式应用分析需求和标准化路由协议，如城市泛在网、工业自动化、楼宇自动化和家庭自动化［ROLL］。低功耗和有损网络（LLN）通常由处理能力、内存和能量均有限的嵌入式设备组成。ROLL 工作组关注的广泛的链路层技术包括低功耗 Wi - Fi、蓝牙、IEEE 802.15.4 以及有线低功耗有损技术和电力线载波通信（PLC）技术。工作组致力于一般的 IPv6 和 6LoWPAN 路由，支持 IPv4 不在此范围之内。由于这个原因，在 ROLL 中所使用的术语不同于 6LoWPAN 的术语，如 LLN 代替 LoWPAN，以及 LLN 边界路由器代替 LoWPAN

边缘路由器。

ROLL 考虑的应用程序和链路层有几个特殊的性质：

1）流量模式不仅是点对点单播流，而更多的是一点对多点或多点对一点流，大多数 LLN 应用是与 Internet 相连的。

2）LLN 中的路由器只能保持非常少的状态（内存有限）。

3）大多数 LLN 必须优化能耗。

4）在大多数情况下，LLN 将部署在帧大小有限的链路上。

5）由于 LLN 具有典型的自主性，所以安全性和可管理性是非常重要的。

6）ROLL 考虑的应用是异构的。每个应用可能需要不同的路由功能和指标来满足其要求。

ROLL 工作组首先开始对其主要的应用领域进行需求分析，其结果如第 4.2.3 节所述。基于这些需求，对现有的 IETF 路由协议做出了一项调查，结论是，不进行重大修改［ID - roll - survey］的话，没有一个路由协议可以直接用在 ROLL 上。该工作组现正专注于为路由协议制定出实际的规范，在本书写作的时候，ROLL 已经为其工作项目制定了初稿。需要注意的是这些文件仍然是初步制定，最新的信息请参见 IETF ROLL 网页［ROLL］。ROLL 工作活动如下：

（1）指标：用于路径计算的路由指标最初是在［ID - roll - metrics］中制定的，这些指标在第 4.2.4 节讲述。在实践中，仍然需要为每一个特殊应用评估适当的指标。

（2）体系机构：ROLL 基本体系结构需求可以在需求文档中获得，［ID - roll - terminology］给出了 ROLL 中使用的术语。

（3）安全性：工作组正在开发一个安全框架。需求概述和 ROLL 的一些安全技术在［ID - roll - security］中给出，关于信任管理的一些注意事项收录于［ID - roll - trust］。

（4）协议：工作组的目标是设计出一种路由协议可以成功地应用到实现 ROLL 定义的四个应用领域的路由需求，很多为实现这一目标的早期贡献在撰写初始 ROLL 协议时就已经做出了。

基于对当前标准化工作的贡献，本节的其余部分简要介绍了 ROLL 术语、体系结构和基本的路由概念。这个基本 ROLL 协议和高级选项的概述是基于 LLN 路由的基本建议［ID - roll - fundamentals］，其目的是给出这些概念的一般概述。

1. ROLL 架构

LLN 架构与 MANET 协议或无线传感器网络研究的架构有很大的不同。事实上，它与传统域内 IP 路由方法有更多的共同点。该 ROLL 协议可以分类为主动的距离向量算法，带有高级选项的基于约束的路由、多拓扑路由和流量工程。LLN 影响路由体系架构的关键要求和假设是：

1）LLN 是与互联网连接的末梢网络，支持多个接入点（多个其他 IP 网络的边界路由器）。

2）使用单播，点对多点或多点对单点的大部分的流量从边界路由器流出流入。节点到节点的通信是不常见的，但可能在特殊约束条件下需要。

3）需要支持动态拓扑结构和移动性。

4）支持多路径路由，多次转发选项。

5）需要支持多个节点、路由的指标和基于约束条件和多拓扑结构路由的应用，指标的演变和支持多场景是很重要的。

6）一般假定一个粗粒度的深度指标，该指标不依赖于特殊场景。没有假定该指标能绝对地避免环路。

7）LLN 中路由器内存资源有限。

8）大多数应用需要企业级的安全性。

ROLL 体系架构如图 4-11 所示，广义的路由架构与 6LoWPAN 定义的扩展 LoWPAN 类似。与 LLN 和另一个 IP 链路有接口的路由器被称为 LLN 边界路由器（LBR）。可能有几个 LBR 使 LLN 连接到回程或骨干链路。LBR 功能一般和 LoWPAN 边缘路由器的功能实现在同一设备上。在 LLN 内，网络是由 LLN 路由器和 LLN 主机组成的。主机不参与 LLN 路由算法，相反简单地选择默认 LLN 路由器。LLN 的寻址要么是基于 IPv6 前缀使用一般的 IPv6，要么是基于 6LoWPAN 使用目的地址。ROLL 路由协议工作在 LLN 域中，并终止于 LBR。我们将在第 4.2.7 节讨论 LBR 间的边界路由解决方案。

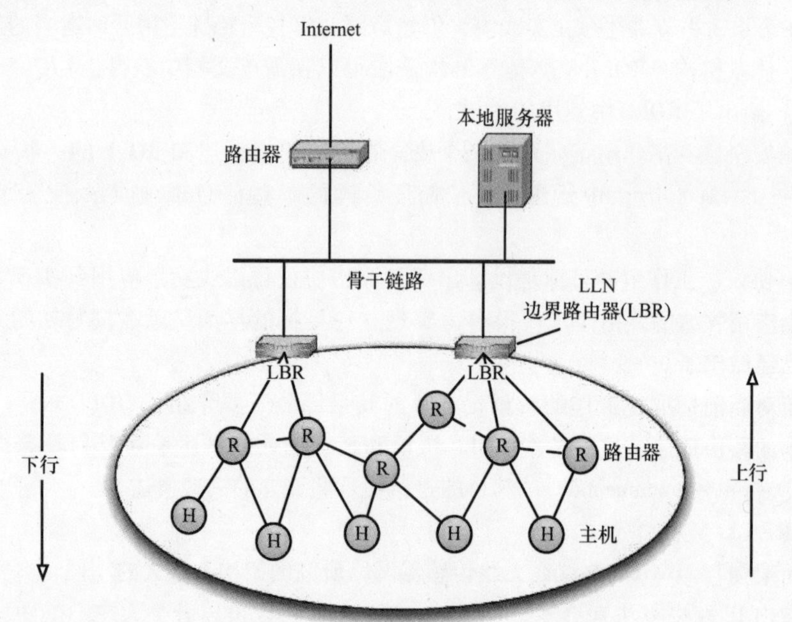

图 4-11　ROLL 体系架构

路由协议的基础是在节点和 LBR 之间使用图结构，如图 4-11 所示。这个基本拓扑需要使用最小的控制信息来发现和维持。在基本拓扑结构构造之后，路由协议维持上行（从节点到LBR）和下行（从LBR到节点）路径，并使用IPv6转发机制沿着这些路径转发。约束路由、多拓扑路由和流量工程的协调，通常需要在网络中的一个集中的地方执行，LBR相对而言是最好的地方。其他选项可以采用分布式的方式进行，如节点到节点优化路由。

两个概论对理解ROLL协议操作很重要：

（1）度量粒度：ROLL使用的一个非常精细的（16~32个值）路由度量称为深度。基本ROLL协议机制使用这一度量来建立图、使用兄弟节点和避免环路。所有路由器和节点的深度的评估很简单，并独立于应用场景。此外，细粒度的度量集合（第4.2.4节中讲述）和评估算法以一个应用特定的方式，在基本图结构上实现路由。

（2）路由时间尺度：ROLL根据两个不同的时间尺度，即路由的建立时间和数据报的转发时间，做出路由判定。路由协议在路由的建立时间内，使用静态或缓慢变化的度量指标来维持基本图的拓扑结构和路由表，这是一个连续的过程。此外，在数据报对数据报的基础上，ROLL使用动态度量指标做出数据报转发时间的决策，例如下一跳路由一旦出现故障，则立刻使用冗余路由。

2. 建立和维护拓扑结构

节点完成调试后，LLN的第一个任务是要建立一个基本的路由拓扑。这通过形成一个指向网络出口点（LBR）的图，来获得一个有节点和LBR之间的数据流的拓扑。IPv6网络中的节点已经以邻居发现消息的形式发送控制信息，使用一些规则把这些信息建立成一个图。在实践中，图信息包括深度、路径成本、序列号和生命周期等，并且LBR可以周期性地向网络的最远节点发送。使用特定的规则，通过选择指向LBR的一组默认的下一跳路由器（父母或兄弟节点），可以把路由器连接到图中。这种拓扑结构自动地从节点到LBR间建立多个距离向量路径，可以用于节点到LBR数据报的转发。这种拓扑结构允许节点在拓扑结构中改变其位置，合并拓扑结构，以及未连接到基础设施（自组织）的拓扑结构的操作。ROLL拓扑通过LBR周期性地向节点发送的广播帧来维护（如使用ND路由器广播），然后由每个路由器传播。通过使用现有ND信令，该协议可避免与路由拓扑维护相关的开销。

为了使路由协议维护下游路由信息，节点需要向上游LBR传播路径的成本信息。可以认为这是绘制图的拓扑结构，该路由信息在下游已经建立起来。节点可以使用ND消息，数据捎带或专门的信令传播。传播的路由信息可以用来保持中间路由器距离向量信息或者记录反向路由。通过使用这两种技术，在路由中的距离向量状态是有限的。最后，对LBR来说，使用多拓扑路由和流量工程来建立有关LLN的全局信息，对节点路由的传播非常重要。

3. 转发流量

ROLL维护的基本拓扑结构使LLN的节点与LBR（上游）之间可以实现转发，第二个把节点路由向LBR转发的机制，使得在图上沿着基本的节点到节点路由，从LBR向LLN节点进行转发成为可能。在数据报转发时，通过选择多个默认路由器来为节点提供多种路由路径，可以改善可靠性。上行与下行的转发如图 4-12 所示。

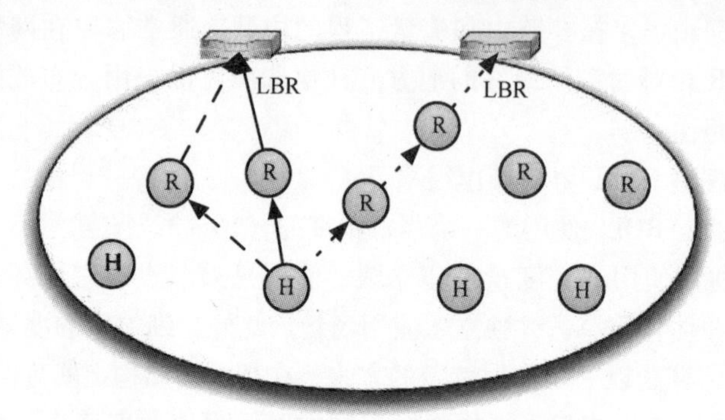

上行路由，三个默认路由器

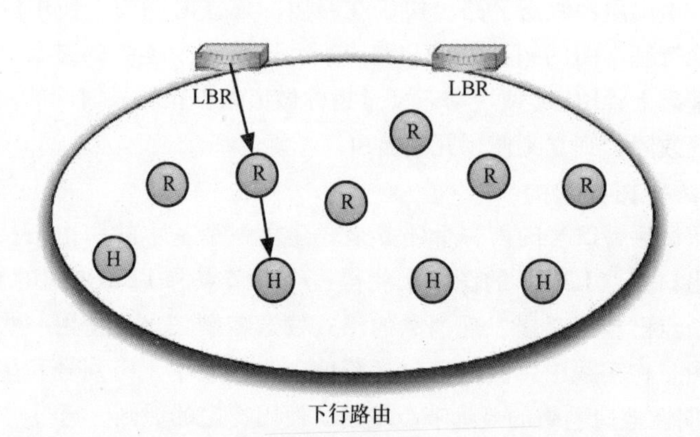

下行路由

图 4-12　通过 ROLL 的上行和下行路由案例

当一个节点要发送数据报到一个未知路径的目标节点时，首先发送到最好的下一跳默认路由，如果默认路由转发失败，在没有向应用进程指示失败情况下，将尝试第二默认路由（注，这和正常 IP 下一跳确定不同）。对默认路由的排名是在路由建立时作为拓扑发现和维护的一部分工作来进行的。系统在数据报转发时选定下一跳的路由器，其是通过使用合适的度量和可能转发限制来决定的。

下游转发时，可使用逐跳的距离向量状态、源路由或者两者的组合（松散源路由）。这取决于路由器的可用路由和 LBR 采用的可选功能。由于节点传播，逐跳的距离向量状态是自动可用的，这使得距离向量下游转发是一项基本默认。源路由的实现要么通过使用无状态的源路由，这里路由用带有 IPv6 路由头部的 LBR 说明，要么使用每个节点和流量号来指示路径。

4. 优化

ROLL 路由协议是基于上面给出的基本 ROLL 拓扑和节点路由传播。这些简单但强健的技术，使多路径的上游的转发和下游的转发采用多种技术。要实现 ROLL 中指定的多项要求，可能需要附加功能。正在考虑的 ROLL 解决方案包括：

（1）流量工程：为满足有特定服务质量要求的应用，可能需要离线流量工程，例如在工业自动化。这需要 LBR 有足够的资源来收集有关 LLN 的信息进行工程优化。这可以通过分配标签和使用多拓扑路由，或者通过指定源路由到特定节点来实现。

（2）节点到节点流：节点到节点的转发和 ROLL 基本功能，通过使用目标节点距离向量状态和交叉路由器，最坏情况使用 LBR 来实现。对于节点到节点流的应用，最佳优化可以通过在同样深度情况下，在路由间使用最宽路径获得，或者利用一个反应距离向量功能。

（3）移动性支持：支持在 MIPv6［RFC3775］中的节点移动性，NEMO［RFC3963］中的网络移动性或者组合移动自组织网络移动性（MANEMO），除了 ROLL 算法外，在许多应用中有用。与 ROLL 集成的移动解决方案是要考虑的一个重要的优化。第 4.1 节中讨论了 6LoWPAN 的移动解决方案。

4.2.7　边界路由

在 LoWPAN 内进行的简单路由对大部分的无线嵌入式互联网应用都不是很有效，因为这些应用里的大多数传输流量要么是从网络传向 LoWPAN 的一个或多个节点，要么就是由 LoWPAN 节点传给网络。因此，我们就明确规定 ROLL 协议来使得通过 LLN 边界路由器（在 6LoWPAN 中也称为边缘路由器）的这些类型的流量更加有效。那么边界路由器要如何维护它从属于两个不同路由域的各个接口之间的路由条目？如果这些接口依据于不同的路由协议，那它们之间的信息共享又如何实现？本节回答了这些问题，介绍了边界路由并提出了它对 LoWPAN 的解决方案。

在存在内外域的路由协议交叉的网络里，两个 IP 路由域之间的边界路由问题是很常见的。它通常在网络的边缘时却不常见，因为像 Wi - Fi 和以太网这类的本地接入技术都是利用桥式技术将设备连接到网络上的。例如上一节提到的，随着无线末梢网络 IP 路由的出现，并使用 mesh 路由协议，边界路由也成为了越来越值得关注的问题。在 6LoWPAN 中，我们要考虑三个边界路由问题：

1）简单 LoWPAN。

2）扩展 LoWPAN。

3）路由重新分配。

在简单 LoWPAN 中只存在一个简单的边缘路由器，并且它的 LoWPAN 接口的子网前缀也不同于其 IPv6 接口。因为简单 LoWPAN 和 IPv6 链路是在不同子网上的，这就需要在两个前缀之间使用基于前缀的路由条目。另外，［ID - 6lowpan - nd］里规定边缘路由器必须过滤掉任何输出或者输入到非白板上地址的流量。因此边缘路由器的 IPv6 接口不必运行路由协议。路由协议会被用在一些接入网中，或者说，特殊的部署方案可能产生大量的、在相同前缀条件（例如通过 GPRS）下带有回程链接的简单 LoWPAN。图 4-13 就给出了在简单 LoWPAN 情况下一个边界路由的实例，它在 LoWPAN 里用到的是 ROLL 路由，而在回程链接中用到了 OSPF（Open Shortest Path First，开放最

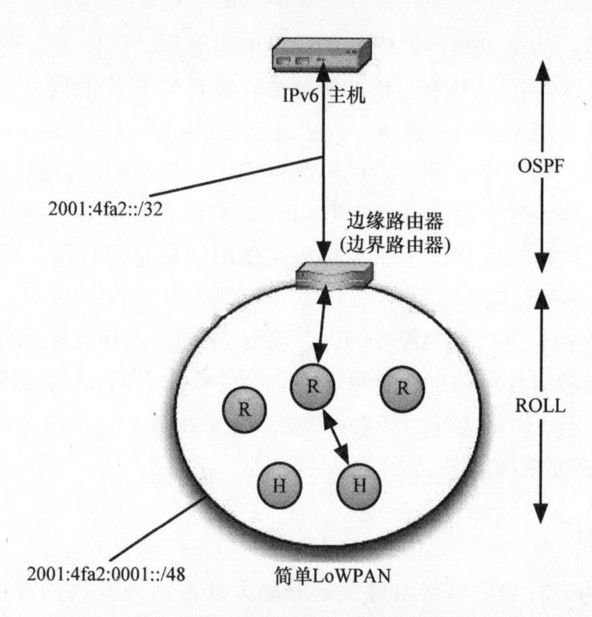

图 4-13　边界路由案例

短路径优先）路由。这个到 2001:4fa2:0001::/48 的路由将会被重新分配给 OSPF。

扩展 LoWPAN 和 IP 网络之间的边界路由可以在两个不同的地方执行。由于在扩展 LoWPAN 中，边缘路由器的 LoWPAN 和 IPv6 接口是在同一个子网中的，所以它们之间的路由必须用（准确匹配的）目的路由条目来实现。最简单的实现方法是使用边缘路由器白板中的条目来维护这些路由表条目。路由协议可以用在骨干链接上使一部分的扩展 LoWPAN 能够在骨干上路由。边界路由也可以在骨干链接和另一个 IP 网络之间的路由器上实现。就像在简单 LoWPAN 中的情况一样，这里的路由也能够利用基于前缀的路由条目来完成。

如果边界路由牵涉到它的两个接口的路由算法，它可能就需要在那些接口中进行路由的重分配。在路由的重分配中，路由器公布那些由一个接口到另一个接口的某个算法所维持的路由。因为 LoWPAN 属于末梢网络，因而它的这种路由重分配发生在从 LoWPAN 路由协议到一个 IP 接口的路由上。候选路由协议与边界路由器结合 ROLL 算法非常有用，包括 OLSR 和 OSPF［RFC2328］协议。

4.3　IPv4 互联性

尽管网络中对 IPv6 的支持越来越流行，但是 IPv4 仍然被用于绝大多数的网络数据传输中，而且在很多年内只转发 IPv4 数据报的网络中将依旧被使用。6LoWPAN 本质上就是 IPv6，它的所有 LoWPAN 节点和边缘路由器都可以看作是一个纯 IPv6 网络中的 IPv6 主机或路由器。因此，关于 IPv6 的大规模的部署，需要重点考虑的就是在 IPv4 上的6LoWPAN互连问题。这节研究了什么时候需要进行IPv4互连，同时也介绍了如何将6LoWPAN网络集成到全局化的IPv4网络中去，并且给出了常见的IPv6-in-IPv4隧道技术的概述。

4.3.1 IPv6过渡

由于6LoWPAN网络纯粹使用IPv6以及基于6LoWPAN的嵌入式应用都很专属化，所以它们不太能直接地与IPv4因特网集成。以下是在包含了PC、网络服务供应商(ISP)、服务器在内的网络上，涉及IPv4-IPv6转换的大部分应该解决的问题：

1）IPv4节点与IPv6节点进行通信。

2）IPv6节点与IPv4节点进行通信。

3）IPv6各节点之间在IPv4网络上进行通信。

4）IPv4各节点之间在IPv6网络上进行通信。

5）双协议栈的节点之间在IPv4或IPv6网络上进行通信。

不同IPv4/IPv6互连的大量组合，减缓了向IPv6的转换进程，尤其对于网络服务供应商而言。在6LoWPAN中我们不必考虑双协议栈或是IPv4主机，这样一来就把问题简化为LoWPAN节点和IPv4网络上的纯IPv4或是其他纯IPv6节点之间的通信问题。

经典的应用实例包括，和专属服务器进行通信的6LoWPAN节点的应用，这些服务器不是位于同一个网络中就是在远程网络中的。如果是位于同一个骨干互连（像以太网）或者IPv6网络中，那么IPv6就直接用于LoWPAN和IPv6节点之间。通常在工业自动化、楼宇自动化和资产管理应用中都会采用这种系统布局。

M2M通信中的应用、远程监控或是智能计量，这些应用也许会要求LoWPAN节点跟远程服务器进行通信。在大多数情况下，这些服务器能够容易地加上IPv6支持，这就将简化6LoWPAN IPv4互连性与IPv4网络上LoWPAN节点和IPv6节点的通信问题。这样系统为终端用户和其他系统提供了一个网页或者在服务器上的网络服务接口，这样它就是与IP版本独立。IETF制定了一系列的IPv6转换机制，这些机制随后被缩减成几项技术，在过去的几十年的实际中被证明是很有作用的。下面的技术都是当今在IPv4基础设施上进行IPv6通信经常要用到的：

（1）双协议栈：这项技术是为主机和路由器的网络协议提供完整支持的，在[RFC4213]中有定义。因为6LoWPAN节点就是纯IPv6节点，所以这个技术并不适用。边缘路由器也许可以很好地被配置为双协议栈主机，但是对于整个LoWPAN中的IPv4互连却没有作用。

（2）配置隧道：IPv6-in-IPv4隧道被用来创建IPv4网络上的点对点隧道，在[RFC4213]中有说明。主机或路由器用配置隧道来获取一个全局的IPv6前缀。这项技术通常用在管理网络中，也用于为一个简单LoWPAN或扩展LoWPAN或者远程主机提供IPv6。

（3）自动隧道：自动隧道（也称为“6to4”）使用IPv6-in-IPv4隧道技术，能够自动地利用IPv4 地址192.88.99.1 来找到终端点。这个技术在［RFC3056］中有使用说明，而且必须用到已知的“6to4”路由器。这项技术和配置隧道在用途上是一样。

接下来我们将深入了解自动和配置 IPv6 - in - IPv4 隧道技术的更多细节。

4.3.2 IPv6 - in - IPv4 隧道

在 IPv4 基础设施中，隧道是提供 IPv6 互连的常用技术。这样一个 IPv6 - in - IPv4 隧道通过将 IPv6 数据报封装到 IPv4 来实现，因此是把 IPv4 作为 IPv6 的链路层来使用的。这些被封装的 IPv6 数据报的 IP 协议号为 41。也还有别的 IPv6 隧道封装方案，例如 UDP 封装可以用于穿越限制了协议 41 流量的 NAT。当数据报到达了隧道的另一个终端的时候，IPv6 数据报就会被解封装和处理了。一个隧道的 MTU 是很重要的，因为 IPv4 报头占用了 20 个字节的开销，MTU 被特地设定为 1280 ~ 1480B。动态的 MTU 判定也可以被用在 IPv4 路径 MTU 发现［RFC1191］中。

隧道的终端可以是主机或路由器。在自动隧道技术中，一个终端通常就是一个已知的路由器，而另一个终端是一个主机或者一个路由器。在配置隧道技术中，尽管主机也都可以作为终端，但依据隧道的配置和维护要求，两个终端最好都是路由器。当在 6LoWPAN 中应用隧道技术时，我们比较关心的是用在 LoWPAN 边缘路由器或者本地区域中 IPv6 路由器上的路由器 - 路由器隧道技术。

自动隧道技术［RFC3056］也已经在互联网上得到了广泛应用，并且被大多数操作系统所支持。在 IPv4 的基础设施中，已经配置了众所周知的 6to4 隧道终端用于 IPv6 节点间的互连。最近的 6to4 隧道终端使用的是 IPv4 地址 192.88.99.1。我们可以通过这一地址的路由来检测到最近的那个。自动隧道技术存在的一些问题包括有：NAT 分块 IP 协议 41、调试自动隧道终端有困难、不能够控制和认证这些终端。近来自动隧道技术又有了一些研究进展，包括内网自动隧道寻址协议（ISATAP）［RFC5214］和 6to4“快速部署”［ID - despres - 6rd］。

配置型隧道相比 6to4 的优势表现在它的终端能够被充分调配，使用了隧道代理，可供选择另一封装技术也更容易实现。图 4-14 就给出了一个 6LoWPAN 网络和配置型终端的实例。使用配置型隧道的一个常规方法就是用到隧道代理，它可以是一个公共服务，如 http：//www.freenet6.net，也可以是私人维护和认证的代理，如企业应用。图 4-14 就展示了隧道的几个用途：

（1）简单 LoWPAN：这里 LoWPAN 边缘路由器将一个隧道配置给一个已知的隧道代理。它可以从这个隧道接收到一个全局的 IPv6 前缀。它可以用这个前缀自动配置它的回程接口，并且为它的 6LoWPAN 接口分配一个前缀。

（2）扩展 6LoWPAN：在骨干连接的情况下，本地域的一个 IPv6 路由器会把隧道配置给一个已知的隧道代理。这个路由器从这个隧道中接收一个 IPv6 前缀，用于配置它的网络接口，进而再分配一个前缀给它的骨干接口。随后这个骨干接口就用在了骨干连接上的边缘路由器上，这些路由器也会给它们的 6LoWPAN 接口分配相同的前缀。

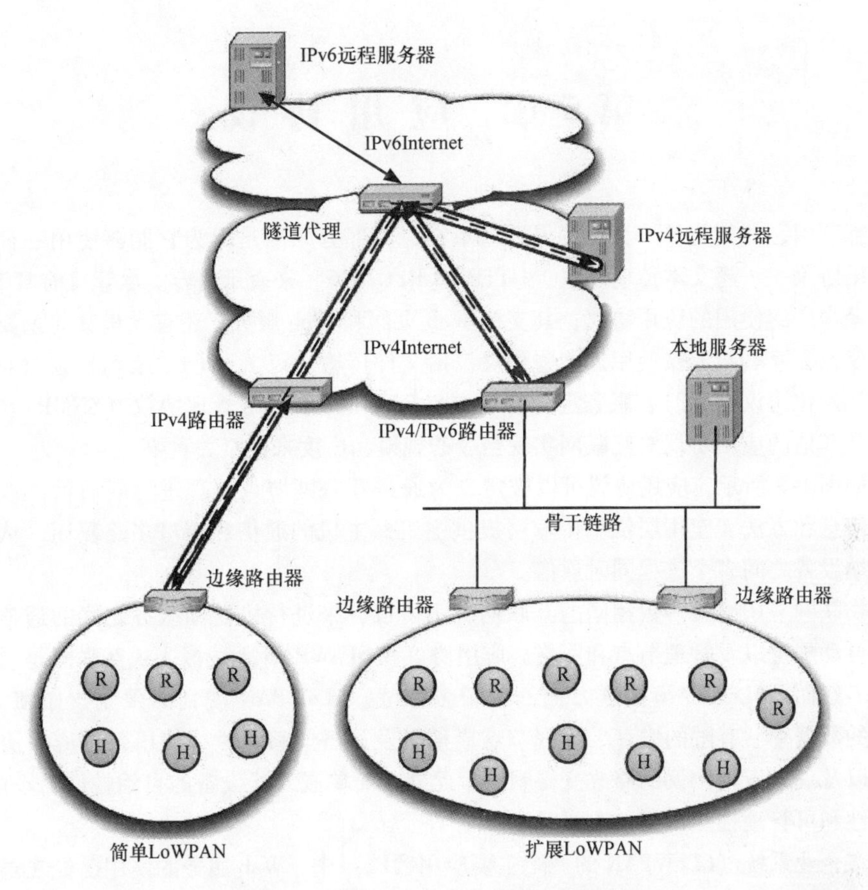

图 4-14　IPv6 - in - IPv4 隧道配置案例

（3）IPv4 远程服务器：只用到 IPv4 网络接入的主机也能够用一个隧道来使能 IPv6 网络。这种情况下，一个 IPv4 远程服务器可以用一个隧道来接收 IPv6 访问，这可以用来实现它与任何 6LoWPAN 网络中节点间的通信。

需要注意的是，这些隧道不需要使用相同的隧道终端，因为 IPv6 数据报的路由通常都是贯穿在 IPv6 网络的。因而不论是“6to4”自动型或是“6in4”配置型的隧道技术，在各种各样的 6LoWPAN 网络中都是非常有用的。

第5章　应用协议

互联网，尤其是Web，已变得无处不在，其部分原因是因为它能够使用一种通用的应用协议——超文本传输协议（HTTP）[RFC2616]来表示内容。尽管目前HTTP已成为最为广泛使用的应用协议，其支持Web页面和Web服务，还有大量其他重要的应用协议也在互联网上被使用。这些协议包括文件传输协议（FTP）、实时协议（RTP），会话初始化协议（SIP）、服务定位协议（SLP）和简单网络管理协议（SNMP）。这些协议和其他的应用协议对互联网实现当今的规模和广度来说至关重要。

如图1-8所示，应用协议可以被定义为通过互联网协议处理进程间通信所涉及的所有信息和方法。应用层依靠传输层提供主机到主机的通信和端口多路复用，从而允许终端设备之间多个进程同时通信。

物联网采用绝大多数相同的互联网应用协议，来进行机器和服务之间的通信，以实现自动配置以及管理节点和网络。应用协议和6LoWPAN无线嵌入式互联网是同等重要的。然而，6LoWPAN在这方面面临很多挑战。6LoWPAN受到的限制，如帧大小、有限的数据率、有限的内存、休眠节点周期以及设备的移动性，使得新的应用协议的设计以及现有应用协议的修改变得困难。此外，简单嵌入式设备的自治性使自动配置、安全性和可管理性变得更加重要。

在企业系统（6LoWPAN的一个主要应用领域）中，Web服务的使用已经在过去十年变得普遍存在。Web服务允许在进程之间的通信通过使用根据简单对象访问协议（SOAP）来明确定义的消息序列或使用根据具象状态传输（REST）设计方式的无状态资源。这使得分布式应用程序中的业务逻辑可以交换数据，从而机器能够报告测量值以及实现设备的远程管理。为了与现在运行在Web服务上的企业系统集成，在6LoWPAN设备和服务之间以及在6LoWPAN设备之间使用Web服务相关的协议，已经变得尤为迫切。

本章介绍与6LoWPAN相关的应用设计问题和相关协议。第5.2节介绍关于6LoWPAN、压缩和安全的设计问题。常见的协议范例，如实时、端到端、Web服务以及它们在6LoWPAN的适用性在第5.3节介绍。最后，可以用于6LoWPAN的一个有趣协议的子集将在第5.4节介绍。所涵盖的协议包括Web服务协议、MQTT、ZigBee CAP、服务发现协议、SNMP、RTP和SIP。此外，特定于行业的协议将在第5.4.7节中介绍。

5.1　简介

无线嵌入式互联网系统通常被设计用于特定的目的，例如第1.1.5节中所描述的设施管理网络，或者一个简单的家庭自动化系统。这两个例子碰巧有非常不同的应用协议要求。目前，大型楼宇自动化系统被预配置以在该环境下能够运行，这需要如SNMP的管理，而且往往使用特定于行业的协议，如BACnet。另一方面，一个家庭自动化系统需要服务发现协议（如SLP），也可以利用Web服务方式或用于数据和管理的专有协议。让6LoWPAN不同于垂直的通信解决方案的是：根据网络模型，相同的网络可以被各种运行了不同应用程序的设备来使用。所有上面提到的协议都可以同时运行在同一IP网络基础设施上。IP通常使用一个被称为水平网络的方法。

虽然互联网协议在网络中的异构链路上提供基本的数据报交换，但其实是UDP和TCP通过在应用进程之间提供最大努力的多路复用通信（UDP）［RFC0768］和可靠的面向连接的多路复用通信（TCP）［RFC0793］，才允许了大范围的应用协议的使用。IP协议使用基于套接字的方法，其中进程端点是通过16位的源端口标识符和目的端口标识符来识别的［RFC1122］。它们通常被称为互联网套接字或网络套接字。这个概念在图5-1中有说明。每个传输中的任何两个端点之间的通信是由本地和远程套接字地址组成的四元组来唯一标识：

{源IP地址、源端口、目的IP地址、目的端口}

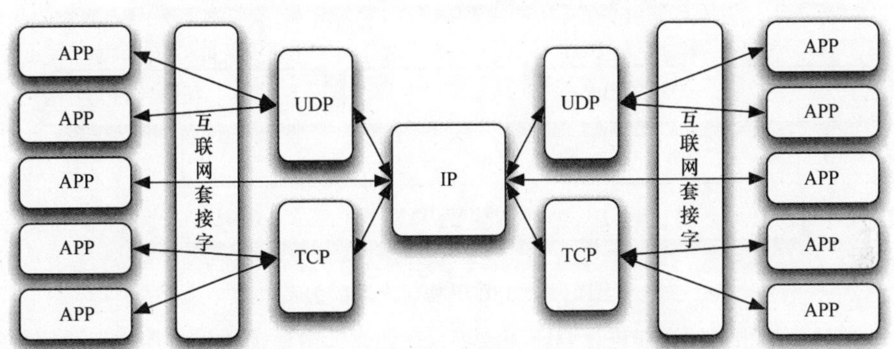

图5-1 通过互联网套接字发生的应用进程通信

应用协议在一个协议栈中使用套接字API来访问数据报套接字（UDP）和流套接字（TCP）传输服务以及原始套接字（IP）服务。不同类型的套接字之间是完全独立的（比如可以同时使用UDP端口80和TCP端口80）。6LoWPAN支持将UDP端口压缩到16个［RFC4944］，这是非常有用的，因为一个LoWPAN通常只有有限个应用程序。6LoWPAN堆栈的套接字API编程将在第6.3节介绍。网络套接字编程的完整参考请参见［Stevens03］。

TCP不容易被压缩，并且由于其自身的拥塞避免设计，因此不适合有损无线网状网络。基于这些原因，主要将UDP与6LoWPAN一起使用，因为它很简单、可压缩、适合大多数应用协议的需要。

图5-2给出了在本章中所讨论的所有协议的层次图。因为有成百上千的基于IP的协议，所以该图并不是详尽的。然而，适合与6LoWPAN一起使用的协议数量是有限

的。在本图中，用粗体标出的协议表示它们是为 6LoWPAN 设计的或很容易适应 6LoWPAN。MQ 遥测传输（MQTT）是由 IBM 为大型企业遥测系统而开发的，也适用于带有 MQTT - S 的传感器网络。ZigBee 紧凑应用协议（CAP）允许任何 ZigBee 配置文件用于 UDP，这样使 ZigBee 和 IP 更紧密地结合在一起。特定于行业的协议，如用于楼宇自动化的 BACnet 和 oBIX 也被包含在内。简单定位协议（SLP）允许服务发现，而简单网络管理协议（SNMP）被广泛用于管理。最后，实时协议允许通过 UDP 来传输实时媒体流，这对于音频、视频和传感器数据流来说，是一个重要的功能。在第 5.4 节中对这些协议和其他相关协议进行了详细的讨论。

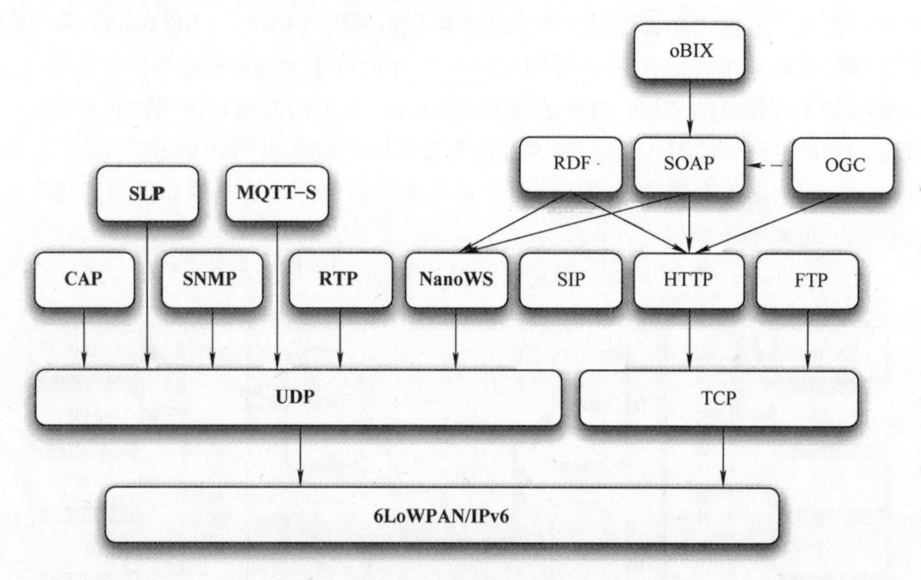

图 5-2　常用 IP 协议之间的关系

尽管还有做很多的工作进行调整和改善，在图 5-2 中还描述了其他被广泛使用的协议，如 TCP、HTTP、FTP、SIP 和 SOAP，因为它们在互联网上的重要性，使它们成为和 6LoWPAN 一起使用的有趣的候选协议。这样的例子包括嵌入式 Web 服务和 TinySIP。

当设计与 6LoWPAN 一起使用的应用协议时，需要满足大量的要求。这主要是由于低功率、无线网格技术的损耗特性以及有限的帧大小、节点有限的内存、低数据率和网络的简化。此外，嵌入式应用和电池供电的设备的特点对应用协议提出了新的要求。下一节将详细讨论 6LoWPAN 应用协议设计的问题。

5.2　设计问题

6LoWPAN 使用的应用协议需要考虑大量的需求，这些通常不是一般 IP 网络的问题。这些问题包括：

（1）链路层：链路层问题包括有损不对称链路、70 ~ 100B 的载荷大小、有限的带宽和非直接的多播支持。

（2）网络：网络相关问题包括 UDP 的使用、有限的 UDP 端口压缩空间和关于分片使用的性能问题。

（3）主机问题：不同于典型的互联网主机，6LoWPAN 主机和网络在操作期间通常是移动的。此外，电池供电的节点使用占空比在 1% ~5% 之间的睡眠周期。一个节点可以用许多方法来标识，如利用其 EUI - 64、IPv6 地址或域名，这些应该都要考虑到。

（4）压缩：较小的载荷大小通常需要被压缩供现有协议使用。需要考虑的问题包括包头和有效载荷压缩，以及压缩是否在端到端进行或由中间代理执行。

（5）安全：6LoWPAN 在一跳内利用链路层加密进行保护。中间节点容易受到攻击，要求敏感的应用采用端到端应用级别的安全。为了控制流进和流出 LoWPAN 的应用协议流，边缘路由器需要实现防火墙。

图 5-3 说明了在 LoWPAN 中通常发生的这些问题的地点。移动性、节点标识和睡眠周期是由节点设计和网络性能引起的。中间 6LoWPAN 路由器有安全风险，这激励了端到端应用安全。无线链路层引入了带宽和帧大小的限制。最后，对于边缘路由器，我们需要处理压缩、防火墙和 UDP 端口空间。

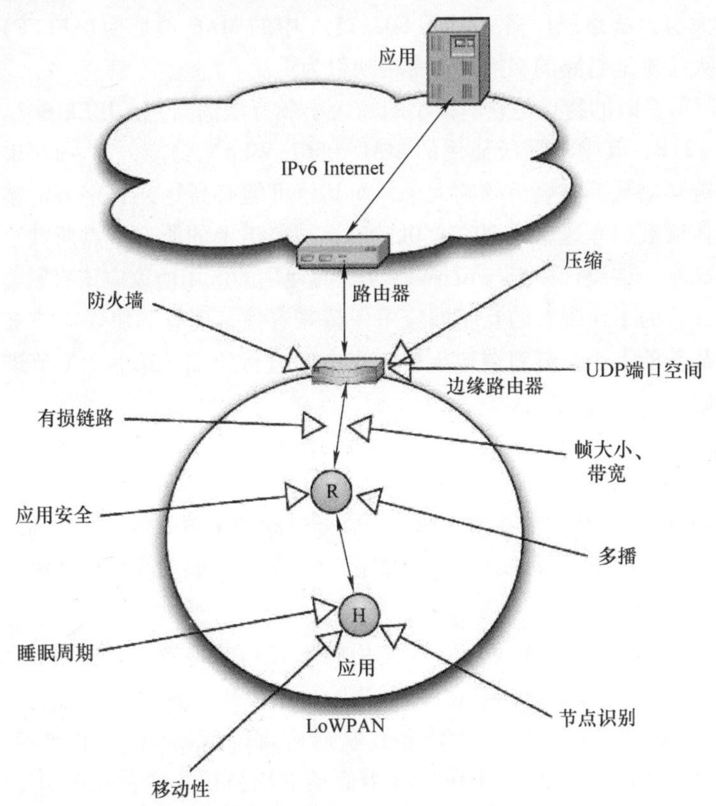

图 5-3　需要考虑的应用设计问题和这些问题在 LoWPAN 中出现的地方

5.2.1 链路层

6LoWPAN 允许使用低功率无线电技术，如 IEEE 802.15.4 和其他的 ISM 无线电波段。这些无线技术在特性上是不同于 IEEE 802.11 WLAN（Wi-Fi）、蓝牙或蜂窝式移动电话的，这些无线技术支持使用标准的 IP 协议和应用。6LoWPAN 链路层交互在第 2.2 节有介绍。

如 IEEE 802.15.4 中的介质访问控制是通过使用载波监听多路访问（CSMA）来实现的，该方法通过对链路层单播帧进行有限次的重发来实现［IEEE 802.15.4］。在存在无线电干扰或数据报冲突的情况下，可能会有很高的丢包率。此外无线传播的特性、异构传输放大和接收端灵敏度会造成不对称的链路，即数据报在一个方向上传输是成功的，而在反方向的传输是失败的。此外，无线电衰减和移动将会导致在对称范围中的邻居子集因数据报的不同而不同。这在应用层也必须被考虑到，同时应用层关于链路的稳定性不应该有太多的假设。链路的有损特性和 UDP 的使用将激励端到端应用可靠性特性的使用。

简单的 ISM 波段无线技术，例如 IEEE 802.15.4 很少直接支持多播。相反，它们提供简单的最大努力链路层广播（IEEE 802.15.4 中的 MAC 地址为 0xFFFF）。在多跳网络中，范围大于本地链路的多播，通常被映射为洪泛。

ISM 波段最受限的特点是它们很小的帧大小和有限的带宽。IEEE 802.15.4 物理层载荷大小为 127B，其中根据所使用的 MAC 和 6LoWPAN 功能，72～116B 为可用 UDP 载荷。一些链路层甚至有更小的帧大小，而其他可能有高达几百字节的帧大小。这些无线技术的传输数据率通常是 20～250kbit/s，被信道上的所有节点所共享，并在经过多跳后迅速减小。被设计用于与 6LoWPAN 一起使用的应用协议应该有紧凑的二进制报头和载荷格式。为了与现有的互联网应用保持兼容性，现有的协议应该被优化以减少数据报有效载荷的大小、端到端地压缩或在中间进行压缩。第 5.3.1 节进一步讨论了端到端的问题。

5.2.2 网络

虽然 6LoWPAN 支持和简化了在要求很高的链路层上 IPv6 的使用，但 6LoWPAN 网络的一些特性对应用协议设计有特殊的要求。网络问题包括 UDP 的使用、UDP 端口压缩和 6LoWPAN 分片。

如上所述，UDP 有在 6LoWPAN 中使用的最有利的特性，并被协议栈普遍支持。虽然 TCP 有一些合理的使用，但它在 6LoWPAN 中要想被普遍使用的话，需要一个新的可靠的传输或修改的 TCP。今天许多互联网协议都依靠 TCP，以便有一个可靠的面向连接的字节流。相反的，6LoWPAN 兼容的应用协议主要使用 UDP，这意味着如果需要的话应用需要解决可靠性、无序的分组和数据报，而不是流。如果 UDP 源或目标端口被压缩（按［RFC4944］或［ID-6LoWPAN-hc］中所指定]），那么端口空间可以被限制到16个端口（端口61616~61631）。为了处理从LoWPAN外部进来的更大的有效载荷，于是6LoWPAN支持分片，然而大量有效载荷的分片也增加了延迟、数据报丢失概率和拥塞。推荐合理使用应用层载荷长度，以避免6LoWPAN在任何可能的情况下进行分片。第2.7节详细介绍了6LoWPAN分片，包括对性能影响的讨论。

5.2.3 热点问题

在嵌入式应用中，例如在对用于维护的机器的监控中，设备的识别尤为重要。通常一个设备可以被应用通过使用一些唯一的标识符，如节点的EUI-64、序列号、IPv6地址或由其域名来识别。不推荐使用IPv6地址来识别6LoWPAN设备，除非使用第4.1节中讨论的其中一种节点或网络移动解决方案，因为每次LoWPAN节点或整个LoWPAN改变它的连接点，IPv6地址也会改变。

一个唯一的序列号，如设备的EUI-64地址，是一个可靠的标识符，但是应用仍然必须将该地址解析为设备的IPv6地址以便进行通信。最好的方法是使用一个域名来识别设备，每次设备移动时，通过使用适当的DNS技术，该域名与当前的IPv6地址一起被更新。第4.1.3节讨论了处理移动性问题的应用方法。

LoWPAN节点和网络的移动性将会引起进一步的问题，因为在连接点之间的交接期间，节点常常无法持续可用。电池供电的节点在实现时经常被置于睡眠状态，从而延长电池寿命。甚至一个节点活跃的时间不到1%都是正常的。由于移动性和睡眠时间调度，在应用设计过程中需要考虑间歇性节点可用性。例如，服务器对LoWPAN节点的同步轮询应该被避免。相反，如果可能的话，通信应该通过节点启动并异步进行。

5.2.4 压缩

正如上面所讨论的，结合可用最小载荷和分片性能问题，需要应用协议使用非常紧凑的格式。大多数现有的协议被按照其他需求来设计，比如人类可读性和可扩展性，而没有考虑载荷大小的问题。一些应用协议直接与6LoWPAN一起使用，如RTP。其他现有的协议在与6LoWPAN一起使用时，可以或已经被轻微地调整以使它们有效；这协议包括MQTT、SNMP、SLP和BACnet。

为Web设计的应用协议，通常是基于HTTP/TCP的，并不适合在6LoWPAN中使用。HTTP使用一种基于文本的人类可读的格式，该格式将占有很大空间并难以在简单的嵌入式设备上进行解析。XML被普遍地用于在HTTP中携带机器到机器的内容，比如SOAP。尽管XML是一种在互联网上非常有用的、可扩展的标记，然而与6LoWPAN一起使用还是太稀疏并且太复杂难以解析。用来压缩XML的技术，如二进制XML（BXML）和高效的XML交换（EXI）以及嵌入式Web服务范式，将在第5.4.1节中进行讨论。当为Web服务应用压缩时，一个重要的设计考虑是：是否使用端到端的压缩或用代理来实现，例如 LoWPAN 边缘路由器。端到端方面的问题在第 5.3.1 节中有更多讨论。

5.2.5　安全

6LoWPAN 依靠链路层加密来保护 LoWPAN 链路。IEEE 802.15.4 包括一个内置的 128 位 AES 加密功能，该功能确保了路径上每个链路的安全。然而，链路层加密在中间跳的时候容易被攻击，并且使用相同加密密钥的所有节点都知道该加密算法。因此链路层加密对保护应用级的信息是没用的，因为该信息在中间节点处以及在信息被路由到 LoWPAN 外的其他的 IP 网络中，会受到攻击。安全问题在第 3.3 节中有详细讨论。

如果一个应用正在用敏感数据进行工作，那么它应该使用端到端应用层安全机制。这里，应用本身在数据报的发送方对有效载荷进行加密，并在预期的接收方进行解密。许多嵌入式企业系统也可能处理敏感的患者或客户信息。作为一个额外的防御，在嵌入式设备上的应用协议应该避免发送个人识别信息以及数据，从而来保护隐私。这种匹配在后端系统中被执行。

与个人电脑不同，在个人电脑上人们为网络安全做出大量努力来维持复杂的防火墙，嵌入式 6LoWPAN 设备不具备维护复杂的防火墙的能力，而且其是自管理的。从互联网进入 LoWPAN 的不受限制的数据，容易造成无线网络过载，从而造成拒绝服务。特别需要注意 LoWPAN 边缘路由器上的防火墙技术，从而防止不必要的应用协议进入和退出 LoWPAN，同时还避免拒绝服务情况的发生。

5.3　协议范式

大多数互联网应用协议都遵循一组基本范式。其中包括端到端范式、流、会话、发布/订阅和 Web 服务。在本节中，我们将更加详细地研究这些范式以及它们在无线嵌入式网络中的适用性，它们在协议中的使用将在下一节中介绍。

5.3.1　端到端

互联网套接字模型基于底层传输层的使用，在应用进程之间提供一种透明的数据报或字节流服务，或所谓的应用终端。当考虑应用层的话，这可以被称为一个端到端的范式，在这里只有终端节点参与应用协议交换。一些应用协议还包括中间节点检查、缓存或修改应用协议的可能性。在这里我们称之为代理。一个例子就是执行网页缓存的 HTTP 代理。图 5-4 显示一个端到端的应用协议交换和一个代理之间的区别。

在 6LoWPAN 上下文中，端到端范式对协议压缩的实现具有重要的意义，并且在某些情况下对于处理移动或电池供电的 LoWPAN 节点的间歇可用性也具有重要意义。现

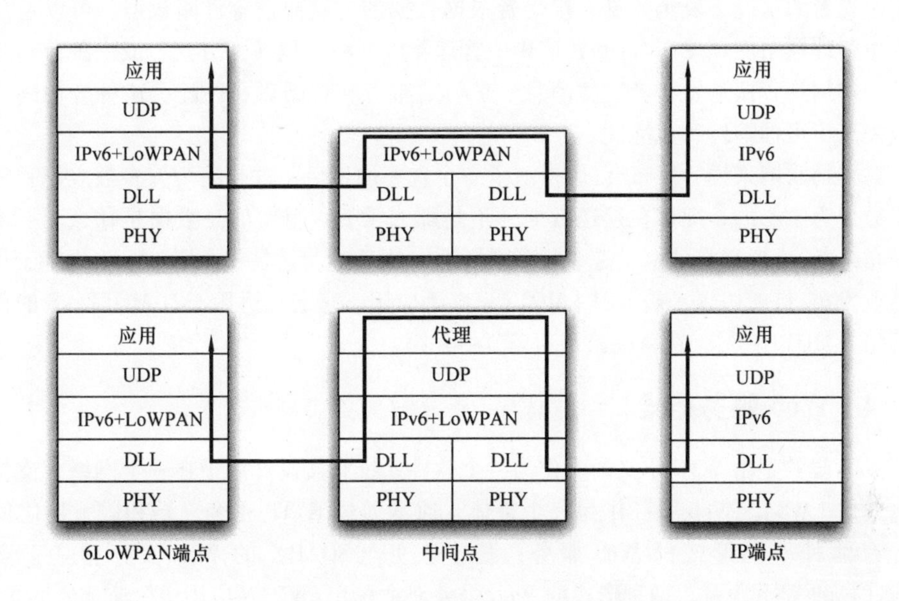

图5-4 端到端（上）和代理（下）应用协议范例

有的协议压缩有两种方法，可以通过在本地 IP 应用终端上支持压缩的格式来实现，这是一个端到端的方法，或通过一个中间代理来执行透明的压缩，这样 IP 应用就不需要进行修改。放置这样一个代理的地方通常是在一个 LoWPAN 的边缘路由器上或某个本地代理服务器上。

5.3.2 实时流和会话

许多嵌入式网络应用处理实时数据流，比如传感器数据、音频或视频。互联网协议以一种最大努力的方法工作，其没有服务质量（QoS）保证。数据报可能会无序到达或有明显抖动。执行实时流的 6LoWPAN 应用需要考虑到这一点。通常 UDP 用于实时应用，因为一个像 TCP 这样的可靠传输可能使抖动更严重。通常相比于延迟实时流，丢弃数据报效果更好。由一个执行流的应用协议所执行的操作包括会话设置（谁参与流）、流编码、有效载荷传输和流控制。

互联网协议在处理实时流方面已经提供了一个很好的框架，该框架也可以被 6LoWPAN 应用使用。实时传输协议（RTP）[RFC3550] 用适当的时间戳和序列信息封装流，而 RTP 控制协议（RTCP）用于控制流。如果流的发送方和接收方之间的关系需要被自动设置和配置，可以使用会话初始化协议（SIP）[RFC3261]。这些协议将在第 5.4.6 节中进一步介绍。

5.3.3 发布/订阅

发布/订阅（也称为 pub/sub）是一个异步消息传递范式，在该范式下发布者在不知道接受者的情况下发送数据，接受者根据数据的主题或内容订阅数据。可以通过使用集中管理器来实现发布/订阅，该集中管理器以一种存储转发方式，或一种分布式方式——即用户直接从发布者过滤消息，来与发布者和订阅者相匹配。这种应用终端的解耦提高了可伸缩性和灵活性。

对于物联网来说，发布/订阅扮演了一个重要的角色，这是因为大多数应用程序都是以数据为中心的，即谁在发送数据并不是那么重要，重要的是数据是什么。一个关于发布/订阅协议很好的例子是 MQ 遥测传输（MQTT），这是一个用于遥测的基于代理的企业发布/订阅协议，被 IBM [MQTT] 广泛应用。它已经适用于有 MQTT - S 的传感器网络 [MQTT - S]，这将在第 5.4.2 节中介绍。

5.3.4 Web 服务范式

Web 服务是由 W3C 定义的，作为一个软件系统它被设计用于在一个网络中支持广域网通信 [WS]。Web 服务作为一个整体，通常通过 HTTP 在客户端和服务器之间工作。有两种不同形式的 Web 服务：基于服务（SOAP）的 Web 服务和基于资源（REST）的 Web 服务。两种形式的 Web 服务都将在 6LoWPAN 应用中扮演重要的角色，这些将在下一节中讨论。

基于服务的 Web 服务使用 XML，遵循 SOAP 格式以在客户端和服务器之间 [SOAP] 提供远程过程调用（RPC）[SOAP]。可以使用 Web 服务描述语言（WSDL）[WSDL] 来描述这些 SOAP 消息和序列。这种范式被广泛用于企业机器对机器系统。一个 SOAP 接口通常都设计有一个 URL，它实现了多个 RPC 调用方法，如下面的例子所示：

```
http://sensor10.example.com/soap

Methods:
getSensorState(SensorID)
getSensorValue(SensorID)
setConfig(Parameter, Value)
getConfig(Parameter)
```

具象状态传输（REST）范式代替模型对象作为 HTTP 资源，它们都有一个可以使用标准的 HTTP 方法来访问的 URL [REST]。可以使用 Web 应用描述语言（WADL）来描述这些接口。随着 WSDL 2.0 的发布，基于 REST 的接口也可以按一种与 SOAP 接口类似的方式来定义。这种 REST 范式被广泛使用于互联网网站。尽管 XML 在机器中的应用是很常见的，但 REST HTTP 消息的内容可以是任何 MIME 内容。下面有一个 REST 设计的例子，在这个例子中对象可以通过使用标准的 HTTP、GET、POST、PUT 和 DELETE 方法来得到。在这个例子中 GET 将被用于在所有的资源上来请求值，POST 将被用于对一个参数设置一个新值：

```
http://sensor10.example.com/sensors/temp
http://sensor10.example.com/sensors/light
http://sensor10.example.com/sensors/acc-x
http://sensor10.example.com/sensors/acc-y
http://sensor10.example.com/sensors/acc-z
http://sensor10.example.com/config/sleeptime
http://sensor10.example.com/config/waketime
http://sensor10.example.com/config/enabled
http://sensor10.example.com/config/samplerate
```

5.4 通用协议

本节介绍了在6LoWPAN中普遍使用的或对6LoWPAN来说具有很好的使用潜力的协议。这些协议包括Web服务协议、MQTT-S、ZigBee CAP、服务发现协议、SNMP、RTP/RTCP、SIP和特定于行业的协议。

5.4.1 Web服务协议

Web服务概念在互联网上，特别是在企业机到机互联网系统中，是非常成功的。因为许多来自LoWPAN设备的信息中的后端系统已经在使用现有的Web服务原则和协议，可以预计6LoWPAN将被集成到Web服务体系结构中。XML、HTTP、TCP的使用使LoWPAN节点和网络对Web服务的适应提出了挑战。在这一节中，我们详细介绍了可以和6LoWPAN一起使用的Web服务协议和技术。

图5-5显示了Web服务内容的典型结构，该结构始终是建立在如今互联网上所使用的HTTP和TCP的基础上。Web服务在一个HTTP服务器上通过URL提供服务，在其背后有可达的服务或资源。在SOAP模型中，一个URL标识一个服务，例如图中的传感器服务。这个服务可以支持任意数量的方法（如GetSensor)，这些方法有WSDL文档所描述的相应的响应。SOAP（应用/ SOAP + xml）是一种xml格式，由消息头和消息体组成，消息体携带任意数量的消息。

也可以通过使用REST设计来实现基于资源的Web服务。图5-5还显示了直接在HTTP上使用的文本/xml内容。在这个模型中，没有使用正规消息序列，相反每个资源都由一个URL来标识。通过在URL上使用不同的HTTP方法，可以访问到资源。例如为/sensors/temp发送一个HTTP GET请求可能会返回一个text/xml带有传感器温度的消息体。REST设计利用著名的XML或其他格式来给消息内容赋予各方都可以理解的意义。

所有供6LoWPAN使用的Web服务都有相同的基本问题。通常XML对于在用于标记内容的可用载荷空间来说太大了，HTTP头有更高开销并难以解析，最后TCP也有自身的限制。对于上面的例子，一个简化的HTTP报头和application/soap + xml的内容可以是：

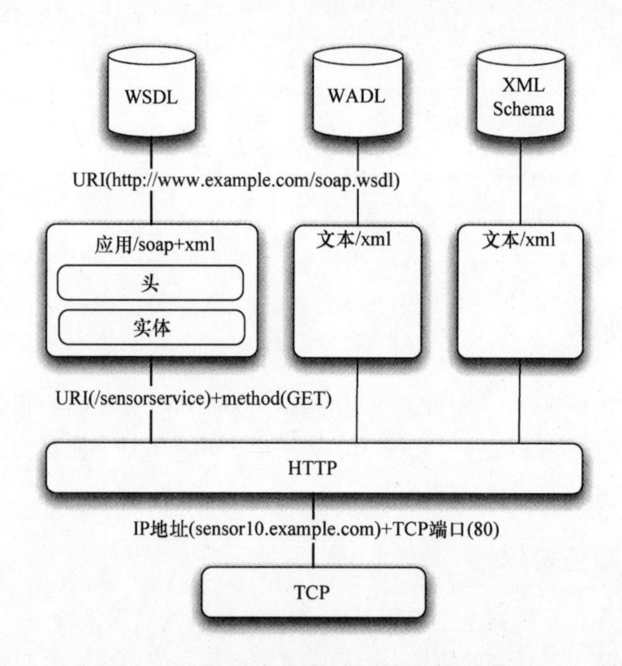

图 5-5 HTTP/TCP 上 Web 服务内容的典型结构

```
POST /sensorservice HTTP/1.1
Host: sensor10.example.com
Content-Type: application/soap+xml; charset=utf-8
Content-Length: nnn

<?xml version="1.0"?>
<soap:Envelope
xmlns:soap="http://www.w3.org/2001/12/soap-envelope"
soap:encodingStyle="http://www.w3.org/2001/12/soap-encoding">

<soap:Body xmlns:m="http://www.example.com/soap.wsdl">
  <m:GetSensor>
    <m:SensorID>0x1a</m:SensorID>
  </m:GetSensor>
</soap:Body>

</soap:Envelope>
```

这个简单的例子有 424B 长，在 6LoWPAN 网络中这可能需要高达 6 个分片来传输它。接下来我们看看允许 Web 服务与 6LoWPAN 一起使用的不同的技术。有两种基本方法把 6LoWPAN 集成到一个 Web 服务架构：使用网关方法或压缩方法。

1. 网关方法

在网关方法中，Web 服务网关在 LoWPAN 的边缘实现，通常实现在本地服务器或边缘路由器上。在 LoWPAN 中专有协议用于请求数据、执行配置等。然后网关通过一个 Web 服务接口使设备的内容和控制变为可用。在这种方法中 Web 服务实际上在网关结束。这种技术被广泛用于非 IP 无线嵌入式网络，如 ZigBee 和特定于供应商的解决方案。这种方法的一个缺点就是在节点和网关之间需要有一个专有的或特定于 6LoWPAN 的协议。此外，网关依赖于应用协议的内容。这引起了可伸缩性和可发展性的问题，即每添加一种 LoWPAN 的新用途或应用格式被修改，所有的网关都需要被升级。

2. 压缩方法

在压缩方法中，Web 服务格式和协议会被压缩到适合在 6LoWPAN 中使用的大小。这可以通过使用标准来实现，并且有两种形式：端到端和代理。在端到端方法中，两个应用端点都支持压缩格式。在代理方法中，由一个中间节点来执行透明的压缩，这样网络端点就可以使用标准的 Web 服务。

现在有几种技术来执行 XML 压缩。WAP 二进制 XML（WBXML）格式是被开发用于手机浏览器［WBXML］。由开放地理空间联盟（OGC）开发的二进制 XML（BXML）旨在压缩大量的地理空间数据，其目前仍在提议草案阶段［BXML］。一般的压缩方案，比如 Fast Infoset（ISO／IEC24824－1），其工作方式像 zip 之于 XML［FI］。最后，W3C 目前正在完成高效 XML 交换（EXI）格式的标准化，其执行紧凑的 XML 二进制编码［EXI］。一个适合用于 6LoWPAN 的技术是被提议的 EXI 标准，因为它支持带外（out－of－band）模式知识（schema knowledge）。LoWPAN 节点实际上不执行压缩；相反，它们直接利用内容的二进制编码，这将会使节点复杂度降低。

XML 压缩只解决了一部分问题。HTTP 和 TCP 仍不适合在 6LoWPAN 中使用。一个来自 Sensinode 的称为纳米 Web 服务（NanoWS）的商业协议解决方案，它在 UDP 上一个有效的二进制传输协议中应用 XML 压缩，并且它被专门设计为 6LoWPAN 使用［Sensinode］。SENSEI 项目也在研究基于互联网的传感器网络中的嵌入式 Web 服务的使用情况［SENSEI］。理想的长期解决方案是绑定 XML 二进制编码组到一个合适的基于 UDP 的协议并进行标准化。

用于 6LoWPAN 设备的名空间和模式也必须精心设计。标准模式，如来自 OGC［SensorML］的 SensorML 往往太大和过于复杂，以致即使被压缩也很难在 6LoWPAN 中高效地使用。通过使用一个简单的模式或一个专门用于嵌入式设备的模式可以得到最有效的结果。

5.4.2 用于传感网络的 MQ 遥测传输

MQ 遥测传输（MQTT）是一种轻量级的发布/订阅协议，它用于企业应用的低波段广域网（WAN）链路，如 ISDN 或 GSM［MQTT］。该协议是由 IBM 设计的，并被用于商业产品，如 Websphere 和 Lotus，该协议也广泛使用在 M2M 应用内。MQTT 使用一个基于代理的发布/订阅体系结构，在该体系下客户端基于匹配的主题名称来发布数据。订阅者然后根据主题名称从代理处请求数据。尽管 MQTT 被设计为轻量级的，但它仍然需要使用 TCP，而且该格式在 6LoWPAN 网络中是低效的。

为了使 MQTT 也可以应用于传感器网络，开发了用于传感器网络的 MQ 遥测传输（MQTT-S）[MQTT-S]。这种优化的协议提供一个双向的数据报服务，可以用于 ZigBee、UDP / 6LoWPAN 或任何其他简单的网络。MQTT-S 被优化用于帧大小很小的低带宽无线网络和简单的设备。它仍然与 MQTT 兼容，并可以通过使用所谓的 MQTT-S 网关与 MQTT 代理实现无缝集成。

MQTT-S 体系架构如图 5-6 所示。它是由四个不同的元素组成的：MQTT 代理、MQTT-S 网关、MQTT-S 转发器和 MQTT-S 客户端。客户端通过网关并使用 MQTT-S 协议，可以将自己连接到代理。网关可以定位在如 LoWPAN 边缘路由器上，或者可能被集成到代理中，在这种情况下，MQTT-S 消息只是通过 UDP 在端到端进行传输。网关在 MQTT-S 和 MQTT 之间转换。如果网关不是直接可用的，转发器被用来在客户端和代理之间转发（未修改的）消息。6LoWPAN 可以不需要用转发器，因为 UDP 数据报可以直接被发送到网关。

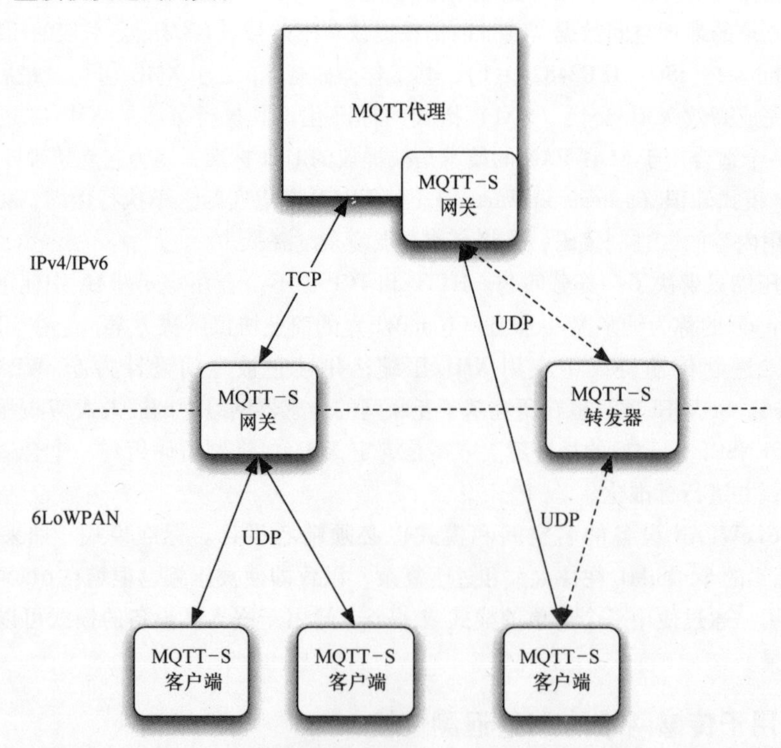

图 5-6　使用于 6LoWPAN 的 MQTT-S 体系结构

图 5-7 显示了 MQTT-S 的消息结构，包括一个长度字段、一个消息类型字段和一个可变长度的消息部分。接下来我们将简短地描述 MQTT-S 的基本功能。读者可以查询 MQTT-S 规范以了解完整的协议细节 [MQTT-S]。

1. 协议操作

MQTT-S 包括一个网关发现过程，但它并不存在于 MQTT 中。可以给客户端预配

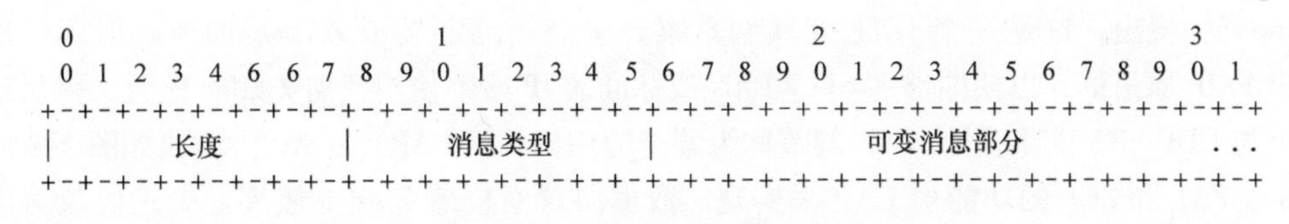

图5-7 MQTT-S的消息结构

置网关的位置以避免发现开销。网关定期发送ADVERTISE消息，并且客户端会发送SEARCHGW消息。GWINFO消息作为SEARCHGW的响应被发送到客户端，并携带有网关的基本信息。

客户端连接到网关，并以ACK消息作为响应。DISCONNECT消息是用来结束一个连接或表示一个睡眠周期的。客户端可以连接到多个网关（即代理），这些网关能够执行负载平衡。网关可以工作在透明模式，即每个客户端都保持到代理的连接，或者工作在聚合模式，即网关将来自所有客户端的消息聚合成一个单一的代理连接。聚合模式可以很大地提高可扩展性。

MQTT-S利用2B的主题ID和短主题名称来优化通常用于MQTT的长主题名称字符串。MQTT-S包括注册消息REGISTER，其明确指出了客户端正在发布的主题。这相比于主题和数据都发布在相同消息中的MQTT减少了带宽。客户端可以发送一个包含主题名字的REGISTER消息，它通过指示所分配的主题ID的REGACK来确认。在某些情况下，也可以预配置主题名称和ID来避免注册。然后客户端发布带有PUBLISH消息的数据，该PUBLISH消息包括主题ID和可能的QoS信息。

客户端通过发送包括主题名称的SUBSCRIBE消息到网关，并通过包括分配的主题ID的SUBACK消息来确认。UNSUB-SCRIBE消息用于从网关中删除订阅。

5.4.3 ZigBee紧凑应用协议

ZigBee应用层（ZAL）［ZigBee］和ZigBee簇库（ZCL）［ZigBeeCL］指定了一个应用协议，从而可以在ZigBee设备之间的应用层内进行互操作。ZigBee联盟对于IEEE 802.15.4嵌入式设备之间的自组织网络制定了一系列规范。ZigBee的典型应用包括家庭自动化、能源应用和类似的局域无线控制应用。ZigBee在ZAL和ZCL中利用垂直配置文件方法，其对于不同的工业应用有不同的配置文件，如ZigBee家庭自动化配置文件［ZigBeeHA］或ZigBee智能能源配置文件［ZigBeeSE］。ZAL和ZCL提供用于ZigBee的关键应用协议，以允许交换命令和数据、服务发现、绑定和安全以及配置文件支持。为了可以装在小的IEEE 802.15.4帧中，这些协议都使用紧凑的二进制格式。

ZigBee应用协议解决方案使用标准UDP/IP通信，尤其是6LoWPAN中有很多好处，因为ZigBee应用协议在设计上有类似的要求。这使得ZigBee有更广泛使用。然而在最初设计ZAL时只考虑了ZigBee网络层原语和IEEE 802.15.4。

一种在UDP/IP上使用ZigBee应用协议和配置文件的解决方案已经在［ID-tolle-cap］中提出，这是一个 IETF 互联网草案。这个规范定义了 ZAL 是如何映射到标准 UDP/IP 原语的，以使能够在 6LoWPAN 或标准的 IP 栈上使用任何 ZigBee 配置文件。这个与 UDP/IP 一起使用的 ZAL 调整称为紧凑应用协议（CAP）。CAP 协议栈如图 5-8 所示。ZAL 和 ZCL 的功能由 CAP 来实现。数据协议对应着 ZigBee 簇库。管理协议对应 ZigBee 的处理绑定和发现的设备配置文件。最后，安全协议保证了 ZigBee 应用子层（APS）的安全。任何 ZigBee 公共或私有应用配置文件都可以使用本地 ZigBee ZAL/ZCL 相同的方法通过 CAP 来实现。这使得 ZigBee 应用配置文件可以直接被应用到 IP 网络。

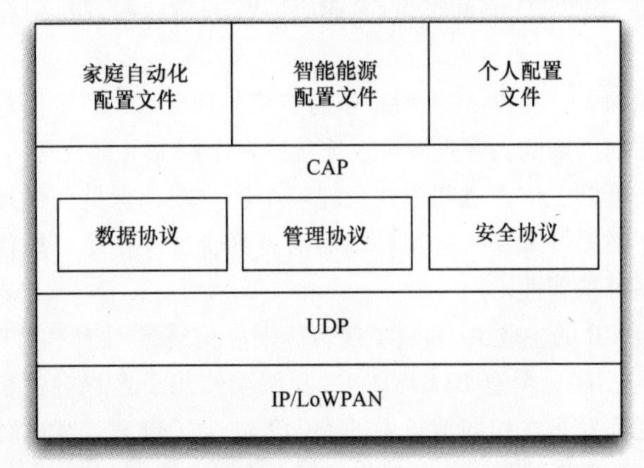

图 5-8 CAP 协议栈

对 ZAL 主要的修改是使用 IP 主机和 IP 地址，而不是 IEEE 802.15.4 主机和 IEEE 802.15.4 地址。通过使用 CAP 数据协议而不是 ZigBee 网络层框架，ZigBee 应用层消息被放置在 UDP 数据报中。为了接收主动通知，CAP 监听一个已知的 UDP 端口。ZAL 通过 64 位或 16 位 IEEE 802.15.4 MAC 地址来识别节点。在 CAP 中是通过 CAP 地址记录来识别节点的，该地址记录包含一个 IPv4 地址加上 UDP 端口、IPv6 地址加上一个 UDP 端口或者完全符合规范的域名加上 UDP 端口。

假定在自举过程中为 CAP 配置了缓存发现、信任中心、绑定协调器和绑定缓存。这些可以通过使用 DHCP、特殊 DNS 条目或使用 CAP 服务器发现消息来手动配置。

CAP 协议只是简单地放置在 UDP 中的 ZigBee 应用层 APS 帧，并具有所有的标准选项和扩展。APS 交付模式被映射为 IP 单播和广播交付，并且多播被简化为广播。CAP 支持安全传输和 APS 确认的使用，其提供有限的应用协议可靠性。CAP 数据协议包含在 APS 载荷中，其包含了支持所有 ZCL 命令类型的 ZCL 命令帧。在与 CAP 一起使用时，不需要修改 ZCL 命令。CAP 管理协议修改 ZigBee 设备配置文件命令帧，从而来删除 IEEE 802.15.4 特定帧或在可能的地方修改地址。ZigBee 的安全和密钥管理功能是由 CAP 安全协议实现的。在［ID - tolle - cap］中详细考虑了安全问题。

这个在 UDP/IP 上用于 ZigBee 应用配置、服务发现、绑定和应用层安全的提议［ID - tolle - cap］，对于 ZigBee 和无线嵌入式互联网的融合来说是重要的一步。相比

ZigBee 网络，IP 提供了丰富的优势，包括无缝网络集成、更好的可伸缩性、链路层独立性和适用于更广的应用范围。同时，ZigBee 应用层和公共配置文件提供了目前用于6LoWPAN 的应用协议所缺乏的重要功能。然而，CAP 只是一个对于物联网应用的子集所合适的解决方案，如家庭自动化。

它补充了企业遥测协议，如 MQTT - S、一般用途的嵌入式 Web 服务。由于6LoWPAN 的 IP 设计和套接字概念，所有这些协议都可以一起在 UDP/6LoWPAN 网络中使用。CAP 是一个概念，需要进行标准化以便广泛使用，潜在做这项标准化工作的机构包括 IETF 和 ZigBee 联盟。即将到来的 ZigBee/IP 智能能源 2.0 概要文件将不会基于CAP 的方法。相反，开放的 IETF、W3C 和 IEC 标准被选择来作为应用协议和数据格式，以实现互联网上端到端的使用。

5.4.4 服务发现

服务发现在无线嵌入式互联网应用中是一个重要的问题，在这些应用中的设备是自主的，而且其应用也必须是自动配置的。服务发现用于发现提供哪些服务、它们使用哪些应用协议设置以及它们位于哪个 IP 地址。嵌入式设备中用于服务发现的典型协议包括服务定位协议（SLP）、通用即插即用（UPnP）和用于 Web 服务的设备配置文件（DPWS）。一些应用协议，如 ZigBee CAP 或 MQTT - S，都有自己的内置发现功能。如 OGC 或 SENSEI 这样的框架也有内置的服务发现和描述机制。

服务定位协议是用于 IP 网络中一般的服务发现［RFC2608］。因为典型消息的大小，为了有效地应用于6LoWPAN，SLP 需要被优化。一个关于简单服务定位协议（SS-LP）的提议［ID - 6LoWPAN - sslp］，为6LoWPAN 网络提供一个简单的、轻量级的服务发现协议。通过位于一个边缘路由器上的 SSLP 转换代理，这个协议可以很容易地与运行在 IP 网络上的 SLP 相互关联——这样就可以在 LoWPAN 之外发现6LoWPAN 服务，并且反之亦然。SSLP 支持 SLP 的大多数特性，包括目录代理的可选使用。SSLP 的报头格式包含一个4B 的基本头部，随后是特定消息字段。在 SLP 中，服务类型、范围和URL 是以字符串进行携带的。像 SSLP 这样方案所使用的字符串应该越短越好。

UPnP 协议旨在按［UPnP］中规定，使家庭设备可以被自动识别并且可控制。UP-nP 使用三个协议：发现设备的简单服务发现协议（SSDP）、事件通知的通用事件通知架构（GENA）和控制设备的 SOAP。设备描述被存储为 XML，而且在使用 SSDP 进行初始化发现后用 HTTP 进行检索。UPnP 并不直接用于6LoWPAN 设备，因为 UPnP 依赖于广播以及 XML 和基于 HTTP 的描述和协议。因为 SSDP 和 SSLP 相似，可以直接适用于6LoWPAN。也可能在6LoWPAN 上使用 UPnP 或它的一个子集，它将 Web 服务压缩和绑定应用到 UPnP 描述和协议。然而，这将要求一个 UPnP 的特殊版本，以用于6LoWPAN 和类似的网络。

Web 服务的设备配置文件（DPWS）描述了一组基本的功能，以使嵌入式 IP 设备实现基于 Web 服务的发现、设备描述、消息和事件［DPWS］。DPWS 的目标类似于

UPnP，但DPWS使用纯粹的Web服务方法。DPWS最近一直在由OASIS进行标准化。由于DPWS使用XML进行描述并且所有消息都基于XML / HTTP / TCP，为了在6LoWPAN中使用，需要Web服务压缩和绑定以及简化。DPWS已经越来越流行于企业和工业系统，这是因为基于Web服务，使用DPWS的设备可以自动被集成到后端系统。

5.4.5 简单网络管理协议

网络管理是任何网络部署的一个重要特征，并且一定程度的管理对自治无线嵌入式设备甚至是必要的。有几种方法对IP网络进行管理，如简单网络管理协议(SNMP)、Web服务或专有协议。对于IP网络中的网络基础设施和设备的管理来说，SNMP是一个标准。它包括一个应用协议、一个数据库模式和数据对象。当前版本是在[RFC3411] - [RFC3418]中指定的SNMPv3。SNMP公开变量给一个管理系统，该系统可以得到或在某些情况下设置该变量，从而配置或控制一个设备。SNMP所公开的变量是有层次结构的，称为管理信息库（MIB）。

SNMP（GET消息）使用的轮询方法是其最大缺点。轮询方法对使用电池供电和睡眠机制的LoWPAN节点无效，盲目地轮询统计（可能没有改变）会引起不必要的开销。为了适用于6LoWPAN，一个基于事件的方法需要被添加到SNMP管理中。

[ID - snmp - optimizations]中也分析了将SNMPv3用于6LoWPAN的合适性，发现需要优化来减小数据报大小和减少内存开销。另外在[ID - 6LoWPAN - mib]中为6LoWPAN指定了一个MIB。这些草案已为SNMPv3确定了以下这些优化：

1）目前SNMPv3需要处理载荷大小多达484B，这对管理大型的6LoWPAN来说，带来了太多的开销。

2）SNMPv3报头大小是可变的，也需要被优化。只需要支持功能的最小子集，而且应该限制报头的大小。

3）载荷的二进制编码规则（BER）使用可变长度字段。对于6LoWPAN，固定长度的字段或更紧凑的编码可能是必要的。

4）6LoWPAN可能需要有效载荷压缩和聚合。

5）为减少内存需求，应该限制SNMP消息的最大长度。此外，应该精心挑选MIB支持。

5.4.6 实时传输和会话

实时传输协议（RTP）[RFC3550]用于实时数据的端到端传输。RTP是被设计用于IP技术，并且是独立于传输的，可以用于UDP和TCP。基本RTP头部提供了端到端传输的基本功能：载荷类型识别、序列号和时间戳。RTP头部格式如图5-9所示。RTP本身不提供任何类型的QoS，但它能够帮助处理无序的数据报，并分别随着序列号和时间戳字段而抖动。实时传输控制协议（RTCP）用于RTP会话期间对RTP数据传输的QoS提供反馈，从而识别RTP资源、调整RTCP报告间隔和携带会话控制信息。RTP

使用了配置文件的概念，为特定类别的应用定义了可能的附加头、特性和载荷格式。RTP的音频视频配置文件（AVP）[RFC3551] 为常见的音频和视频应用指定了配置文件。

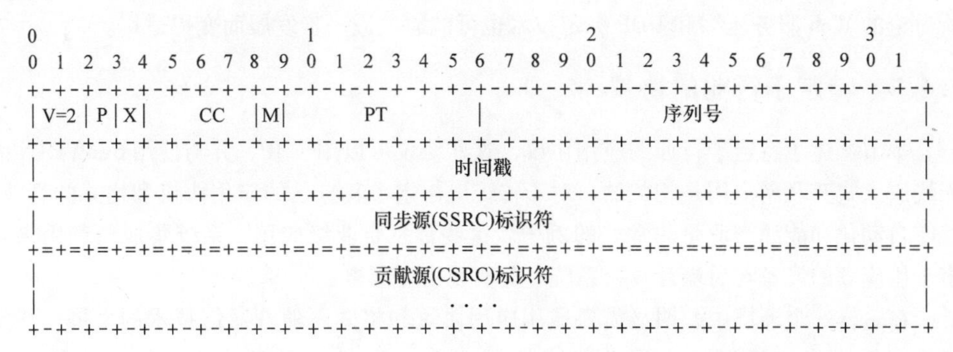

图5-9 RTP头部格式

RTP也适用于6LoWPAN传输实时数据。因为RTP使用UDP，是独立于IP版本的并有相当紧凑的头部格式，因此它可以直接使用而无须修改。现有的配置文件（如AVP），对于使用最高效的编解码器的低速音频和视频流是有用的，并可以为比如传感器数据流的传输创建自定义配置文件。

尽管RTP可用于传输和监控实时数据流，但它要求发送方和接收方能以某种方式了解和找到彼此。虽然这在6LoWPAN中RTP的专门嵌入式应用中是可能的，但实时会话的自动谈判或其他消息的传递可能是非常有用的。会话发起协议（SIP）[RFC3261] 用于建立、修改和终止多媒体会话。SIP广泛用于Voice - over - IP（VoIP）应用，并形成了IP多媒体系统（IMS）的骨干，未来的蜂窝电话服务将建立在该系统中。SIP设计类似于HTTP的SIP设计，它使用一个人类可读的头部格式。SIP可以用在UDP或TCP上，可以由中间代理处理，并提供标识符来处理移动性。SIP交换通常在SIP用户代理（如嵌入式设备）和服务器之间进行。典型的方法包括REGISTER（注册）、INVITE（邀请）、ACK和BYE（再见）。SIP使用一个单独的会话描述协议（SDP）[RFC2327] 来协商媒体类型。如下所示，是一个来自（RFC3261）的INVITE（邀请）的SIP头部示例：

```
INVITE sip:bob@biloxi.com SIP/2.0
Via: SIP/2.0/UDP pc33.atlanta.com;branch=z9hG4bKnashds8
Max-Forwards: 70
To: Bob <sip:bob@biloxi.com>
From: Alice <sip:alice@atlanta.com>;tag=1928301774
Call-ID: a84b4c76e66710
CSeq: 314159 INVITE
Contact: <sip:alice@pc33.atlanta.com>
Content-Type: application/sdp
Content-Length: 142
```

SIP头部和正文格式通常太大而不能在6LoWPAN中得到有效利用。但因为SIP可以应用于会话设置、警报、事件和IMS集成，所以其价值被用于低功耗嵌入式网络中。将SIP用于传感器网络的一个解决方案是TinySIP，它定义了用于TinyOS网络的替代消息，然后通过网关应用［TinySIP］映射到SIP。因为SIP类似于HTTP，在第5.4.1节所讨论的Web服务压缩和UDP绑定技术也可能通过进一步发展而变得适用。

5.4.7　特定于行业的协议

本节概述了特定于行业的应用协议，这些协议可以用于IP，并与使用6LoWPAN的无线嵌入式互联网应用是相关的。对于传统上指定了其自己的应用协议和格式的行业，楼宇自动化和能源产业是非常好的例子。这些都是企业级应用，系统集成商利用来自多个供应商的设备与后端计算机系统一起实现大型部署。

在这样一个环境中，明显需要通用应用协议和格式。随着通信技术的发展，特定于行业的协议已经逐步发展并稳定地用于IP。许多特定于行业的协议也能用于6LoWPAN，但其他的协议可能需要额外的压缩，例如IPv6支持或UDP支持。接下来我们看一些常见的楼宇自动化和能源行业的应用协议标准。

1. BACnet

楼宇自动化和控制网络（BACnet）标准是由美国供暖、制冷和空调工程师协会（ASHRAE）在1995年创建的，该标准将互操作性带到了HVAC楼宇自动化。BACnet是作为ANSI标准135［BACnet］和ISO 16484－5发布的。自从最初的版本发布以来，它已经发展成为一个有超过350个供应商在广泛使用的楼宇自动化标准。最新的版本是在2008年公开发布的。

BACnet是一种网络和应用协议格式，支持各种通信技术，包括以太网、RS－232、RS－485和LonTalk。BACnet支持用于UDP／IP中，称为BACnet／IP。标准的BACnet网络和应用协议帧通过封装在BACnet虚拟链路层（BVLL）由UDP携带。这将BACnet绑定到一个底层通信技术。目前只定义了一种BVLL用于IPv4，但它的扩展是可以直接用于IPv6的。BACnet IP工作组目前正在设计IPv6支持。BACnet使用单播、广播和选择性多播IP通信，并且是基于面向对象来设计的。BACnet对象的属性受协议服务使用的影响。这些协议服务包括用于设备的Who－Is、I－Am、Who－Has和I－Have，和对象发现以及用于数据访问的读属性和写属性。

因为BACnet被设计用于大量的低带宽链路，并且对IPv4有内置支持，它将是用于楼宇自动化应用的6LoWPAN中一个有用的协议。BACnet/IP用于6LoWPAN需要IPv6支持，而且考虑它在无线多跳网状网络中的开销应小心使用多播。因为BACnet目前假设为有线链路，所以也应该研究BACnet服务协议在低功耗无线网状网络传输的性能和可能的优化。

2. KNX

Konnex（KNX）是一个开放的协议，用于欧洲（CENELEC EN 50090）和中国（GB/Z 20965）的家庭和楼宇自动化国际标准（ISO／IEC 14543－3）［KNX］。它也作

为ANSI标准135发布。KNX基于在家庭和楼宇自动化领域的三个前欧洲标准的融合。它被超过100个不同的制造商所支持，而且由Konnex协会所推进。据估计，在欧洲销售的超过80%的家庭自动化设备使用KNX。

KNX协议支持多种不同的传播介质：双绞线、电力线、射频（RF）和IP。双绞线是最常见的KNX介质，通常在建筑物或房子建造的时候安装。电力线和射频常常在改造现有建筑物的时候使用。KNX网络理论上可以支持多达64000个设备使用双绞线、电力线或射频通信。

KNX部分支持IP，也被称为KNXnet / IP。KNX IP支持是被称为ANubis（支持统一楼宇集成和服务的先进网络）的框架的一部分，而且提供了一种方法来在IP中封装KNX帧。这样的目的是使用IP网络来互连KNX网络，从而能够远程监控和与其他系统进行互联，如BACnet。这个IP封装技术能有效地应用在低功耗IP和6LoWPAN网络中的KNX设备本身。这将需要大量的开发和标准化工作。

3. oBIX

开放式建筑信息交换（oBIX）是一个基于Web服务的标准，用于访问建筑控制信息［oBIX］。通过在后端系统和建筑控制网络之间使用一个开放的、通用的格式，这个标准被用于提供高级访问，并进行建筑控制网络互联。oBIX由结构化信息标准促进组织（OASIS）推行标准化，并在2006年发布了v1.0。

oBIX提供了一个Web服务接口，它可以用来与任何楼宇自动化网络进行交互，这些网络包括BACnet、KNX、Modbus、Lontalk或使用oBIX XML格式的专用网络。格式提供楼宇自动化协议中常见的规范化表示结构：点（标量值、状态）、警报和历史信息。它有一个可扩展的元数据格式，可以用来描述任何系统。oBIX提供低级对象模型用于处理这些结构。通常这些都是通过使用通用的oBIX结构来访问的，例如通过一个企业开发人员。

oBIX是可以以REST方式用于SOAP和直接用于HTTP。它用URL表示对象，用XML表示对象状态。由于有了6LoWPAN，oBIX也可以直接适用于楼宇自动化网络。相比于运行一个控制网络特定的建筑自动化协议，如6LoWPAN中的BACnet/IP或KNX、oBIX以及压缩和UDP / IP绑定可能是一个解决方案。精心设计oBIX对象和所使用元素对保持合理的数据报尺寸尤为重要。

4. ANSIC12.19

因为节约能源的需求和对能源的需求，智能仪表、智能电网和自动化计量基础设施（AMI）正在非常迅速地发展。美国国家标准协会（ANSI）C12标准成员为公用事业行业定义格式、接口和协议，并且被广泛应用于北美［ANSI］。ANSI C12的一套标准特别地为实用终端设备（通常是电表、气表和水表）之间的通信和与后端系统之间的通信指定了通信原则。这些标准通过点到点和IP网络能对这些设备进行远程配置、编程和监控。

ANSI C12.18标准定义了一个点对点的光学接口以及用于电能计量的协议规范

(PSEM)。ANSI C12. 19 标准定义了公共事业行业终端设备数据表，并且可使用 PSEM 访问该表。ANSI C12. 21 在调制解调器线的基础上规定了一个通信协议。最后，新的标准 ANSI 12. 22 指定设备到任何数据通信网络的接口，这些网络包括互联网协议。另外还指定了用于先进计量的扩展协议规范（EPSEM)。

ANSI C12 PSEM 协议和设备数据格式（表）在设计时考虑了简单嵌入式电力仪表和低带宽点对点链路。因此 PSEM 为所有协议和数据字段使用了紧凑的二进制编码。在 ANSI C12. 22 规范中，点对点链路的预期的典型帧大小是 64B。ANSI C12. 22 规范因此是适用于 6LoWPAN 使用的。规范中包含一个使用有 TCP / IPv4 通信堆栈的应用层的简单例子。标准也可以与 UDP / IPv6 协议栈一起使用，因为该协议包括用于可靠性以及应用层分片和重组的确认功能。应用层的安全特性是建立在协议元素上的。

5. DLMS/COSEM

设备语言信息规范（DLMS）是一个欧洲通信交换模式，用于和终端设备交互进行仪表读数、费率表和负荷控制。它使用能源计量附带规范（COSEM）作为数据交换格式和协议。它们一起由 IEC 根据 62056 系列 [IEC62056] 进行标准化。DLMS 协会 [DLMS] 积极促进标准的维护和使用。

IEC 62056 在功能上类似于 ANSI C12。它利用本地光学或电流回路来进行计量，利用点对点串行调制解调器或 IP 网络来进行通信。COSEM 协议在 IEC 62056 - 53 中定义了应用层。与 ANSI C12 一样，正如在 IEC 62056 - 61 中所定义的，对象模型被用于访问信息。在 IEC 62056 - 47 中详细描述了用于 IPv4 的 COSEM。这个规范描述了使用 UDP 和 TCP 进行的传输，也支持在 6LoWPAN 中使用。尽管规范描述了 IPv4 的使用，在 IPv6 上只需少量更改。目前还不清楚是否需要对标准做改变以允许 IPv6 的使用。尽管数据表示格式并不如 ANSI C12 的数据格式紧凑，但它仍然满足 6LoWPAN 对帧大小和带宽的限制。

第6章　6LoWPAN的应用

本章概述了将6LoWPAN集成到无线嵌入式设备和路由器上时，可能会遇到的问题。将通信协议集成到嵌入式系统中要比集成到个人计算机上复杂，因为个人计算机通常自带标准IP协议栈、网络接口和驱动。嵌入式设备可利用的硬件软件资源有限，通常没有个人计算机中完整的硬件抽象和通用接口。对于大部分无线嵌入式互联网应用，我们期望设备是低成本、低功耗而且紧凑的。片上系统射频技术将发射器、微控制器、协议栈和应用全部集成到一片尺寸小、价格低的芯片上，该技术的使用将嵌入式集成发挥到最大化。

基于嵌入式设备的6LoWPAN应用（见图6-1），像其他嵌入式通信一样，需要一些特殊的设计考虑。本章中，我们研究6LoWPAN芯片、协议栈集成、无线节点应用开发以及边缘路由器等问题。本章还概述了6LoWPAN和ISA100的通用开放源代码和商业化协议栈。

图6-1　采用双芯片（MSP430 + CC2420）模块设计的嵌入式设备的实例

一些配套的相关课程资料和练习可以通过网站http://6lowpan.net获得，从而能够很好地配合理解本章。IPv6协议栈相关课程资料练习和例子基于Contiki的uIPv6协议栈，这将在本章和随后的练习中给以讲解。建议读者实际安装Contiki系统（可以从http://www.sics.se/contiki网站上下载）及其中的练习，亲自实践6LoWPAN应用实例的开发。Contiki安装包是了解6LoWPAN的一个快速途径，其可以在任何操作系统的一个虚拟机上运行。

6.1　芯片解决方案

因为6LoWPAN是一种网络技术，并且被用于嵌入式设备中，所以6LoWPAN协议栈被集成到嵌入式设备的微控制器中。集成这种无线协议通常有三种不同的模式：单芯片解决方案、双芯片解决方案以及网络处理器解决方案。本小节研究这些不同方案各自的优势和使用范围。单芯片解决方案使用片上系统射频技术，有内置微控制器；而双芯片方式中微控制器与射频芯片是分离的。网络处理器解决方案使用的射频芯片包含有协议栈，而协议栈又可被独立的应用处理器使用。

6.1.1 单芯片解决方案

如果对设备成本和尺寸有严格的限制，而嵌入式应用本身的复杂程度较低，那么此时单芯片方案是不错的选择。单芯片方案中使用片上系统射频技术，射频前端、发射器和微控制器与闪存、内存及其他外设集成到一起。为实现独立无线节点，除片上系统外，还需要一个简短的材料清单，通常包括射频匹配组件、天线、晶振及电源，可能还包含传感器和执行器。图6-2给出了单芯片架构框图。软件在片上系统的微控制器中运行，存储在闪存中。软件包括硬件驱动程序、可能含有嵌入式操作系统、6LoWPAN协议栈以及设备应用程序。片上系统硬件可选用TI公司CC2530、CC1110或Jennic公司的JN5139芯片。大部分6LoWPAN协议栈可以集成到单芯片中。

图6-2 单芯片解决方案架构

这种实现方案的缺点是将协议栈集成到微处理器中，增加了系统的复杂性和开发时间。片上系统采用小型专用微处理器，没有内存保护。实现应用与协议栈、底层驱动和操作系统的集成，需要更多的工作，因为每项配置都要有大量的测试。同时，由于采用专用的编译器和协议栈，单芯片方案限制了片上系统应用的重用性。

6.1.2 双芯片方案

如果设备中微控制器架构已经选定，或者应用复杂度及性能要求较高，此时可选择使用双芯片方案。图6-3为双芯片架构框图。在双芯片方案中，应用处理器和射频芯片是分开的。该处理方式的一种变换方式，是将协议栈部分也放到射频芯片中，组成的新模块称为网络处理器，在后面的章节中将详细讨论。应用处理器通过通用异步接收/发射器（UART）或者串行外设接口（SPI）与射频芯片通信。6LoWPAN协议栈与嵌入式应用、驱动以及操作系统一起集成到应用微处理器中。这样一来，开发人员可以完全自由选择应用微处理器，如可以选择专用的嵌入式控制方式、信号处理器或者应用性能指标。采用双芯片解决方案，只要微处理器具有合适大小的闪存和内存，就可以使用。通常使用的射频芯片包括TI公司的CC2520和Atmel的AT86RF231。

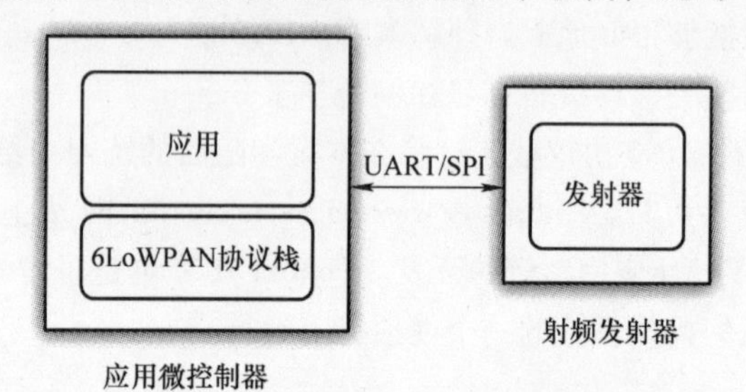

图6-3 双芯片解决方案架构

该解决方案的缺点在于，6LoWPAN 协议栈和嵌入式应用要集成到同一块微控制器中。与单芯片解决方案类似，集成过程需要大量工程和测试工作。此外，许多协议栈捆绑到特定微控制或射频芯片上，使微控制器之间的移动变得更加困难。

6.1.3　网络处理器解决方案

对于设计方案已确定或者应用软件已编写完成的项目，或者是为了最小化新设备工程开发过程中的工作，通常采用双芯片设计。与上文中提到的双芯片解决方案一样，网络处理器芯片是一块单独的芯片。其架构如图 6-4 所示。网络处理器通常采用带网络处理器固件的 SoC 射频芯片来实现。与单芯片处理方式相比，该方案中需要的 SoC 通常较小，因为 SoC 中并不需要运行其他应用。在整个通信工业体系中，术语网络处理器指的是用于专门处理网络通信的专用 CPU（例如 IP 路由器中）。在低功耗无线领域中，该术语通常用于描述带集成射频的 SOC 网络处理器方案。

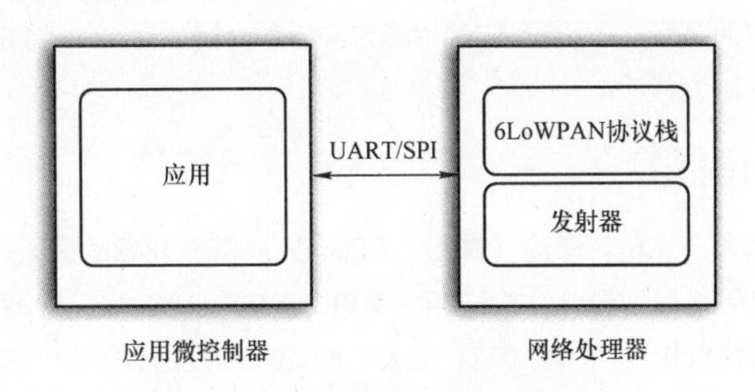

图 6-4　网络处理器解决方案架构

通常使用 UART 或 SPI 接口实现与网络处理器的通信。通信过程使用类似于套接字的通信协议实现。按照这种模式，使用 6LoWPAN 网络时，不再需要与应用微控制器集成，只需要在本地接口上使用协议通信。网络处理器也常常应用在边缘路由器上，易于与操作系统，例如与 Linux 操作系统集成。有关边缘路由器集成的介绍详见第 6.4 节。

该方案的缺点在于，由于要使用两块芯片，因此不适合对成本有严格要求的设备应用。此外，与发射器相比，网络处理器由于包含微控制器、闪存和内存，其价格略高。

6.2　协议栈

实现 6LoWPAN 无线嵌入式设备最简单的方法是集成现有协议栈，可以将其集成到网络处理器中，添加到操作系统中，或者将其集成到嵌入式软件工程中。本小节中，我们将研究上文提到的，所有芯片模型中使用到的通用开源代码和商用协议栈。

典型 6LoWPAN 协议栈通常最少包含以下几个部分：

1）射频驱动。

2）介质访问控制（例如 IEEE 802.15.4）。

3）基于 6LoWPAN［ID－6lowpan－hc，RFC4944］的 IPv6［RFC2460］协议。

4）UDP。

5）ICMPv6［RFC4443］。

6）邻居发现协议［ID－6lowpan－nd］。

7）类似套接字的 API。

根据具体情况的不同，协议栈可能包含多个路由协议、TCP 或多种内部应用协议。6LoWPAN 协议栈通过库类调用或者总线接口的方式，为网络处理器提供类似于套接字的 API。第 6.3 节将介绍针对 6LoWPAN 的应用编程。嵌入式 6LoWPAN 协议栈十分紧凑，通常只占 15～20KB 存储空间。有关 6LoWPAN 协议栈及其大小的白皮书可从 IPSO 联盟［IPSO－Stacks］获得。本小节随后的内容中，给出了针对不同嵌入式操作系统的两种开源协议栈：应用于 Contiki 系统的 uIPv6 协议和应用于 TinyOS 系统的 BLIP 协议。此外还有三个商用协议栈：Sensinode 的 NanoStack 协议栈、Jennies 的 6LoWPAN 协议栈和 Nivis 的 ISA100 协议栈。

6.2.1 Contiki 与 uIPv6

Contiki 是由瑞典计算机科学院（SICS）［Contiki］领导开发的嵌入式开源操作系统，针对小型微控制器体系架构设计，广泛用于 AVR、8051 和 MSP430 等控制器。Contiki 包含小型 IP 实现，称为 uIP［Dunkels03］，以及有 6LoWPAN 支持的 IPv6 实现，称为 uIPv6。Contiki 操作系统和 uIP 协议栈被广泛应用于世界上各种公司项目中。Contiki 体系结构支持低功耗射频 IP 网络，以及其他网络接口。操作系统由 C 语言编写，可在大多数平台上编译运行。支持多种现有的微处理器和设备平台，且拥有多个实例和可重用的应用程序。

Contiki 和 uIPv6 的体系架构如图 6-5 所示。出于移动性考虑，将包含硬件驱动

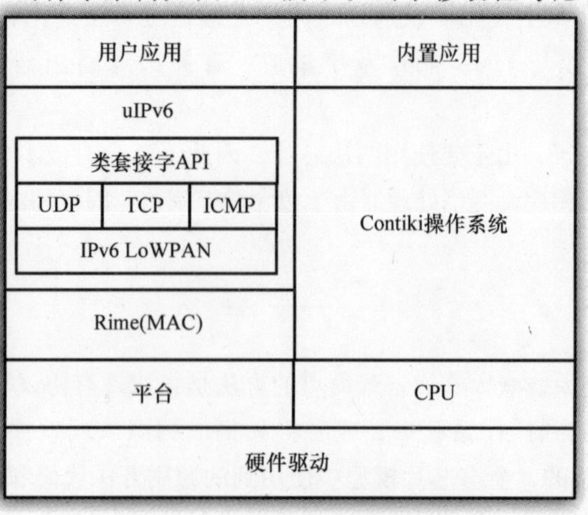

用户应用
内置应用
uIPv6
类套接字API
UDP
TCP
ICMP
IPv6 LoWPAN
Contiki操作系统
Rime(MAC)
平台
CPU
硬件驱动

图 6-5 Contiki 体系架构

的硬件抽象底层划分到平台和CPU上。Contiki操作系统提供基本的线程和计时器。Rime系统包含弹性介质访问控制和网络协议库，网络协议库中包含许多底层通信范例。uIPv6协议使用Rime，提供类似套接字的接口API函数，称为“原型套接字”，供应用调用。内嵌应用和用户应用都可以使用轻量级线程模型运行Contiki操作系统，该线程称为“原型线程”。本书中习题可使用Contiki操作系统运行。有关Contiki系统应用开发的更多信息请参照第6.3节中的材料以及Contiki文档[Contiki]。

6.2.2　TinyOS与BLIP

TinyOS是一个开源操作系统，在无线嵌入式传感网络研究中应用广泛。它获得了学术界的广泛支持，包含了许多实验性的通信协议和算法实现。TinyOS针对低功耗嵌入式设备，这类设备通常具有较小的内存和闪存。操作系统基于组件开发，采用事件驱动执行模型。使用基于C语言的全新编程语言NesC，实现某些面向对象特性。在一定程度上也限制了操作系统的移动性。

由加州大学伯克利分校开发的6LoWPAN实现，称为BLIP，即伯克利IP实现[BLIP]。BLIP项目基于IPv6的协议栈，包含6LoWPAN头部压缩、邻居发现和路由，支持网络编程。实现了UDP、TCP以及其他许多应用协议。该项目支持在Linux操作系统上进行开发，使用TinyOS开发的6LoWPAN节点可以连接到其他IP网络上。

6.2.3　Sensinode公司的NanoStack协议栈

NanoStack2.0是由Sensinode公司开发的下一代商用6LoWPAN协议栈。它是一个可运行在最小片上射频系统的，针对6LoWPAN网络的紧凑型最优实现。该协议栈可作为网络处理器应用在多种SoC射频芯片上，例如TI公司生产的基于IEEE 802.15.4 2.4GHz频段的射频芯片TI CC2430、CC2530以及针对1GHz以下频段的CC1110芯片。协议支持的内容包括：针对射频芯片的介质访问控制，例如IEEE 802.15.4、6LoWPAN支持的IPv6协议、6LoWPAN - ND、UDP、ICMPv6和NanoMesh路由算法。Sensinode开发的NanoMesh IP路由算法基于IETF路由标准，针对6LoWPAN大型企业级应用，例如智能抄表系统和楼宇自动化等。NanoStack体系架构如图6-6所示。

NanoStack协议栈接口使用类套接字协议实现，通过UART或SPI连接到网络处理器。因此，与常见的套接字应用程序使用本地函数调用的方式不同，程序通过本地接口调用网络处理器接口。采用双芯片方案，嵌入式设备微控制器与6LoWPAN网络以及射频通信之间保持独立，因此，微处理器只需要实现其与网络处理器之间的接口即可。NanoStack协议栈可以集成到使用单芯片或双芯片方案的设备中。

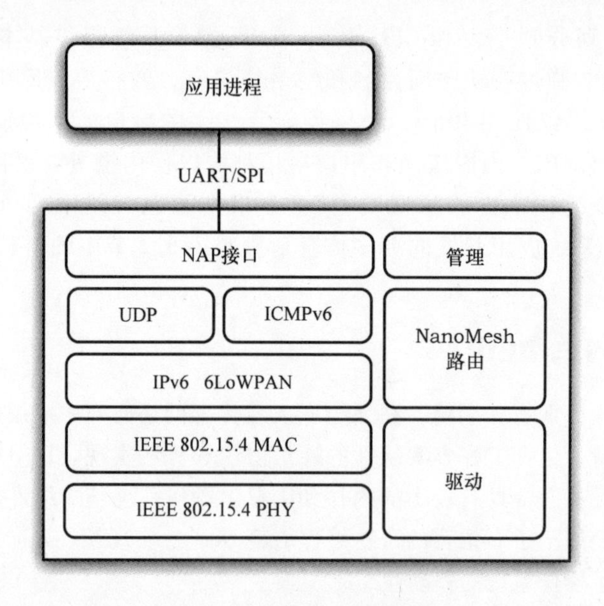

图 6-6 NanoStack 体系架构

6.2.4 Jennic 公司的 6LoWPAN 的产品

Jennic 是一家专门从事无线芯片生产的厂家，产品基于 IEEE 802.15.4 片上系统射频技术。它是第一家为其 IEEE 802.15.4 产品提供 6LoWPAN 协议栈的厂家，同时拥有 JenNet 和 ZigBee 协议栈专利［Jennic］。Jennic 公司的 6LoWPAN 解决方案支持 6LoWPAN 组网、UDP、ICMPv6 以及 IEEE 802.15.4 MAC。路由通过基于树形结构的 JenNet MeshUnder 算法实现，该算法也可用于网络调试与维护。

Jenie API 提供应用程序访问接口，它是 Jennic 公司提供的可以访问任何协议栈的高度抽象化 API。此外，公司拥有专利的简单网络访问协议（SNAP），类似于 SNMP，可用于配置和管理网络节点。

6.2.5 Nivis 公司的 ISA100

Nivis 公司提出的 ISA 解决方案（NISA）包括 ISA100.11a 协议栈和基于该协议栈标准的系统产品［Nivis］。NISA 系统包括以下组件：

1）现场设备

2）骨干路由器。

3）网关。

4）系统管理器。

5）安全管理器。

系统支持带有和不带有骨干设施的两种不同类型网络模式。系统中使用的射频遵循 IEEE 802.15.4 标准，ISA100.11a 协议栈可用于飞思卡尔和德州仪器设备平台。

6.3　应用程序开发

本小节主要讲述开发基于 6LoWPAN 的无线嵌入式节点应用时，要考虑的实际问题。此外，对应用开发中 Contiki 原型套接字的使用也做了介绍。针对 PC 开发的互联网应用，通常是出于个人通信目的，例如网页浏览器或网络电话等应用，与此类应用不同，嵌入式互联网应用通常是专用的。嵌入式无线网络节点具有专门用途，使用固件处理传感、控制、本地通信、能源节省和其他底层功能，另外还要处理用户的输入输出。为了能够使用 6LoWPAN 网络，嵌入式应用使用协议栈配置网络并收发数据报。针对 6LoWPAN 网络设计嵌入式应用时，要考虑下面列出的非详尽注意事项。在第 5 章中，讨论了协议栈应用的一般问题。

（1）调试：为了能够保证调试 6LoWPAN 链路层的成果，有必要让应用程序先使用基本的参数配置射频，基本参数包括射频信道、数据传输速率、MAC 模式和安全密钥，安全密钥用于保证节点间的基本可达性。在使用射频之前，应用程序也要配置节点的 MAC 地址，该地址可能是 EUI-64 或 16 位的短地址。

（2）设备角色：节点要将协议栈配置成正确类型，节点将在网络中扮演特定的角色，成为主机、路由器或者边缘路由器。

（3）寻址：当应用调用协议栈套接字 API 时，可能使用完整 IPv6 地址，也可能仅使用 MAC 地址，具体情况取决于设计方案。此外，如果设计中要求压缩 UDP 端口，这将限制应用可以使用的端口数量。

（4）移动性：应用要面对多方面的移动性问题，例如当节点在低功耗无线局域网络之间移动时，节点的 IPv6 地址要随之变化。

（5）数据可靠性：使用 UDP 传输数据时，协议并未提供针对数据报传输顺序和可靠性的保障。应用必须使用或者实现可提供足够可靠性保障的通信协议。

（6）安全性：6LoWPAN 网络的安全性通常由数据链路层提供，例如 IEEE 802.15.4 标准提供逐跳的加密机制。然而，在每个路由器中，由于每跳都要对数据报解析，数据报中的内容易受攻击。要求较高等级安全的应用，应当实现端到端应用数据加密。

如上文第 6.1 节中所示，共有三种不同芯片的解决方案模型。当使用单芯片或双芯片方案开发应用时，应用代码和协议栈存储在同一块微处理器上。此时，协议栈提供软件开发 API，方便应用访问协议栈。例如，Contiki uIPv6 提供原型套接字，TinyOS BLIP 提供面向组件的接口，Jennic 6LoWPAN 提供称为 Jenie 的上层接口。应用与协议栈在同一块微处理器上的集成要精心设计，因为除了要保证应用代码的可移动性和进化性之外，还要应对时序、资源及稳定性等问题。

使用网络处理器芯片模型开发应用时，应用程序运行在与网络处理器不同的另一块微处理器上。应用通过调用本地接口访问网络协议栈。例如，Sensinode 的 NanoStack 协议栈通过 UART 或 SPI 接口提供类套接字协议栈访问。采用这种处理方式的优势在于，不论微处理器的体系结构如何，都可以调用相同的接口，应用和协议栈之间的时序和稳定性等问题互相之间无关联，无论片上系统采用哪种射频，都可以调用相同的 API。

使用基于 IP 协议栈开发时，套接字 API 是最为常用的编程结构。图 6-7 为应用调用套接字的实例，图中使用伪函数调用。每个应用打开套接字，用来接收和发送数据报。每个套接字都与协议类型（UDP 中的数据报）、源和/或目的端口相关。

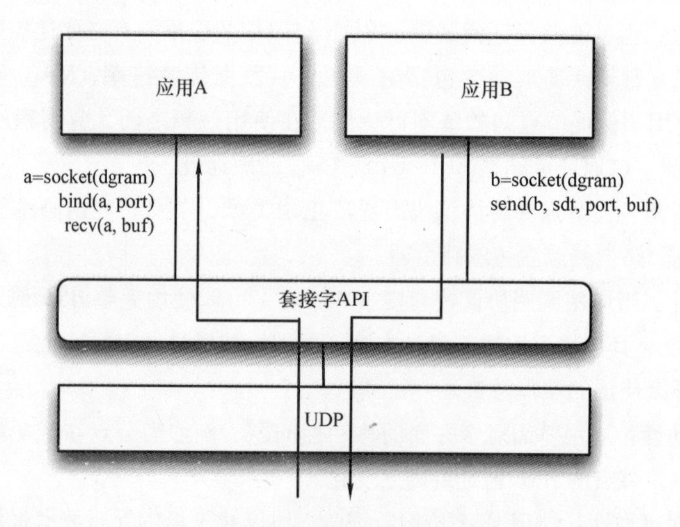

图 6-7　类套接字 API 应用实例

Contiki 系统使用的 uIP 协议栈提供了两种不同接口，分别用于开发基于 TCP 和 UDP 的传输应用。它提供事件驱动 uIP 接口，用于调用应用函数处理事件、数据转发并最优化缓冲空间。另外，提供称为原型套接字的类套接字 API。原型套接字使用 Contiki 系统的原型线程，该线程为轻量级线程，共享公共协议栈。原型线程支持基于标准 C 的类套接字顺序代码编程。原型套接字有如下文所示的基本结构，必须包含 PSOCK_BEGIN（）和 PSOCK_END（）调用，以便启动和结束基本原型线程。实际上，套接字及其初始化由应用进程处理，原型协议栈线程处理例如输入连接等任务。

下文中例子说明了如何使用 uIP 原型协议栈实现简单 TCP 服务器。

```
static struct psock ps;
static char buffer[10];

/* Declare the protosocket which is called after the socket is
 * created and connected, and a connection comes in.
 */
static
PT_THREAD(handle_connection(struct psock *p))
{
  PSOCK_BEGIN(p);

  /* Send a string over the TCP connection */
  PSOCK_SEND_STR(p, "Welcome!\n");

  /* Close the socket */
  PSOCK_CLOSE(p);

  PSOCK_END(p);
}

PROCESS(example_psock_server_process, "Example protosocket server process");

PROCESS_THREAD(example_psock_server_process, ev, data)
{
  PROCESS_BEGIN();

  /* Listen to TCP port 1010 */
  tcp_listen(HTONS(1010));

  /* Wait for new connections */
  while(1) {

    /* Wait until TCP event comes */
    PROCESS_WAIT_EVENT_UNTIL(ev == tcpip_event);

    /*
     * If a peer connected with us, we'll initialize the protosocket
     * with PSOCK_INIT().
     */
    if(uip_connected()) {

      /*
       * The PSOCK_INIT() function initializes the protosocket and
       * binds the input buffer to the protosocket.
       */
      PSOCK_INIT(&ps, buffer, sizeof(buffer));

      /*
       * We loop until the connection is aborted, closed, or times out.
       */
      while(!(uip_aborted() || uip_closed() || uip_timedout())) {

        /*
```

```
             * We wait until we get a TCP event. Remember that we
             * always need to wait for events inside a process, to let
             * other processes run while we are waiting.
             */
            PROCESS_WAIT_EVENT_UNTIL(ev == tcpip_event);

            /*
             * Here is where the real work is taking place: we call the
             * handle_connection() protothread that we defined above. This
             * protothread uses the protosocket to receive the data that
             * we want it to.
             */
            handle_connection(&ps);
          }
        }
      }

      PROCESS_END();
    }
```

6.4　边缘路由器集成

边缘路由器节点用于连接6LoWPAN网络与其他类型IP网络。边缘路由器通常要具有：

1）6LoWPAN无线接口。

2）6LoWPAN适应性能。

3）6LoWPAN邻居发现。

4）完整的IPv6或IPv4/IPv6协议栈。

本节介绍基于UNIX操作系统的边缘路由器节点集成的相关事项。如前文所述，在最小无线嵌入式设备中，其上的网络应用通常透过库或是网络处理器的方式访问6LoWPAN协议栈。低功耗无线局域网中的路由按照该协议栈运行。

边缘路由器中集成的6LoWPAN网络与无线嵌入式设备在体系结构上有很大不同。首先，由于边缘路由器连接到完整的IP网络中，路由器自身已包含标准IP协议栈。其次，边缘路由器还需要处理一些额外的功能。这些功能包括在6LoWPAN和完整的IPv6协议头部间进行匹配，以及6LoWPAN - ND边缘路由器功能。最后，边缘路由器处理6LoWPAN与IP网络之间的IP路由，通常为低功耗个人网络提供防火墙、访问控制和管理服务。尽管任何PC都可完成边缘路由器的工作，通常使用嵌入式Linux操作系统或其他嵌入式操作系统搭配完整的IP协议栈，实现边缘路由器。基于UNIX操作系统的边缘路由器体系结构如图6-8所示。

将6LoWPAN集成到边缘路由器中，一种实现方式是使用6LoWPAN网络处理器提供1~3层的基本功能，网络处理器用作无线接口，如图6-8所示。6LoWPAN无线接口可以通过片上系统射频来实现，也可以将无线模块集成到边缘路由器的硬件电路中，或者做成U盘形式的无线接口外设。无线接口与边缘路由器硬件之间的接口通常采用 UART、SPI 或者通用串行总线（USB）来实现。

为支持无线接口，边缘路由器操作系统中要包含相应驱动。这个驱动实现了在无线接口上访问 6LoWPAN 协议栈的接口。为实现 6LoWPAN 网络与其他 IP 网络之间的路由，驱动通常在操作系统中仿真网络接口，例如在基于 UNIX 操作系统的协议栈中以 6lowpan（）形式出现。Contiki uIP、TinyOS BLIP 以及 NanoStack Linux 都支持这种网络接口函数。对于标准 IPv6 协议栈，该接口就像以太网接口，除了支持的最大传输单元长度为 1280B。IPv6 协议栈期望通过网络接口接收到标准 IPv6 帧，因此，为了避免改变现有的 IPv6 协议栈，与 6LoWPAN 相关的功能应当主要在网络接口层以下实现。根据无线接口实现方式不同，操作系统驱动的功能也不同。例如，某些解决方案的无线网络接口仅实现 IEEE 802.15.4，将所有 6LoWPAN 功能留给系统驱动实现。

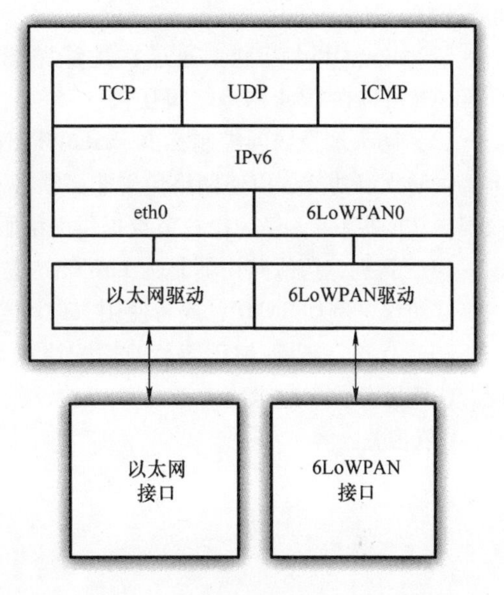

图 6-8　带 6LoWPAN 网络接口的边缘路由器

为了能在标准 IPv6 协议栈中调用 6LoWPAN 无线接口，必须实现如下功能：

（1）LoWPAN 适配层：从链路层接收到的 6LoWPAN 数据帧要按照规范［RFC4944］和［ID-6lowpan-hc］解压，使用 LoWPAN 中已知信息。另一方面，要压缩从网络接口接收的完整 IPv6 数据帧。该过程可以在无线接口或边缘路由器驱动中实现。

（2）6LoWPAN-ND：在 6LoWPAN-ND 中，边缘路由器作为专用实体，其特性通常在 IPv6 协议栈之下实现，尽管某些特性可以集成到协议栈中，或在协议栈之上实现。这些特性包括针对所有 6LoWPAN 接口的 6LoWPAN-ND 白板，以及扩展 LoWPAN 骨干功能。此外，带有 6LoWPAN 规范选项的路由广告（RA）要在 6LoWPAN 接口上广播。由于 IPv6 协议栈实现包含了 RFC4861 ND，所以接口或驱动应该能够配置协议栈或者适配 6LoWPAN-ND 与 RFC 4861 之间的相关 ND 消息。

6LoWPAN 无线接口功能类似于标准 IPv6 网络接口，边缘路由器实现 6LoWPAN 与其他 IP 接口间的组网、防火墙、访问控制及管理等功能。此外，边缘路由器中也包含了应用代理。

（1）IPv6 路由：IPv6 边界路由可以通过在 6LoWPAN 和 IPv6 接口之间调用白板信息，或者按照其他路由算法，实现路由的重新分配。IP 边缘路由的详细介绍请参考第

4.2.7节。

（2）IPv6/IPv4互联：通过在边缘路由器或本域路由器中使用IPv6转换机制，LoWPAN可以在IPv4网络之间互联。

（3）防火墙及访问控制：由于6LoWPAN设备资源有限，因此有必要在边缘路由器上提供防火墙功能，以使网络免受非必须甚至是恶意的数据攻击。借助访问控制（如白板中访问控制），仅为授权节点提供网络服务。

（4）管理：边缘路由器是为LoWPAN提供管理服务的理想地方，管理服务可以使用标准协议，例如SNMP，或者使用HTTP接口实现。

（5）代理：压缩/解压载荷或适配协议等应用协议代理，也可在边缘路由器中实现。代理服务位于边缘路由器中IPv6协议栈顶层。有关应用代理的详细信息请参考第5.3.1节相关内容。

第7章 系统实例

本章中我们将讨论6LoWPAN如何用作完整系统的一部分。针对工业自动化系统，我们将讨论ISA100标准，以及两个基于6LoWPAN的商用系统。通过分析实际系统，可以从实际应用的角度研究无线通信和6LoWPAN网络中的问题，以及6LoWPAN和相关协议是如何应用的。理解嵌入式网络技术真实功能的最佳方式是将其放到某个实际应用领域中，通常包含众多具体应用。第1.1.5节中介绍的设备管理实例就是个典型的例子。同时，6LoWPAN网络仅仅是嵌入式系统的一小部分，嵌入式系统中还包含了大量子系统和通信技术。使用无线IP网络技术构建商用系统时，尤其是处理嵌入式设备和系统时，要注意许多标准中并未提及的事项，例如系统安装成本、易用性、用户隐私和系统安全等。

工业自动化要求系统有整体的解决方案，因为系统对服务质量和系统安全都有特定要求。无线工业现场设备与后端管理控制监控系统（SCADA）的集成需要仔细设计。在第7.1节中，我们将介绍ISA100标准，该标准基于IEEE 802.15.4和6LoWPAN规范，定义了一套应用于无线工业自动化的完整系统。

楼宇自动化是无线嵌入式互联网的重要应用领域。在随后的章节中，我们介绍了两个商用系统，分别用于解决楼宇自动化中不同方面的问题。在所有商业楼宇中，访问控制是楼宇操作员的重要任务。传统访问控制主要针对钥匙及其使用者，大多数现代化楼宇配备有射频识别（RFID）访问控制系统，老旧楼宇在翻新中通常也采用此项技术。在第7.2节中，我们将介绍一套基于RFID访问控制技术的商用系统，该系统使用6LoWPAN在访问控制设备之间提供无线网络连接，取代传统的有线连接方式。

在第7.3节中，我们将讨论通过改善楼宇管理和实时的电器来节省能源的方法。政府的研究表明，楼宇中很大比例的能源是以电能或者热能的方式消耗的，其中又有很大一部分浪费掉了。我们将介绍使用6LoWPAN网络的商用系统，该系统能够收集能源消耗实时信息，能够更好地应用于楼宇管理实践中。

7.1 ISA100工业自动化

ISA100是一个应用于无线工业自动化系统的新标准［ISA100］。该标准受国际自动化协会（ISA）支持，得到了ANSI的认可。ISA是一家非营利性质的国际组织，由超过30000的自动化专业人员组成。ISA100标准是一系列标准中的一个，包含针对企业控制系统的SP95标准、针对安全领域的ISA99标准、记录基金会现场总线的SP50以及其他许多用于工业网络控制的标准。ISA100并不是一个单一的标准，制定该标准的初衷是让其成为整个标准体系中的一员，整个标准体系可以支持范围宽广的无线工业应用，包括过程自动化、工厂自动化和 RFID。ISA100 的核心，即无线自动化系统部分，被标准化为 ISA100. 11a。

ISA100. 11a 标准用于设计非关键性监测、警报和监控，以及可容忍约 100ms 时延的过程控制系统。标准定义了协议栈、系统管理和安全功能，可用于低功耗、低速率无线网络中（当前只有 IEEE 802. 15. 4 标准）。6LoWPAN 标准用于网络连接。

ISA100. 11a 的设计目标为：

1）开放的标准。

2）易用且易配置。

3）为工业和过程控制服务。

4）支持多个厂家产品之间的互操作。

5）支持并使用现有开放标准。

6）可与已安装的无线网络共存。

7.1.1 工业无线传感器网络的推动作用

工业过程控制领域中已经有多种协议和网络，例如基金会总线、Profibus、HART、CIP 等。大多数现有标准和协议使用多种形式的有线网络，将传感器和控制器/执行器连接到一起。安装及维护上述网络线缆的成本昂贵，尤其当工厂规模逐渐增大，操作员向工厂中添加更多监测节点时。在一个应用实例中，作为用例需求一部分的工厂占地超过 $50km^2$，内部包含成千上万的传感节点。相比于有线网络，操作员更希望使用低成本（计算总体拥有成本——TCO）的方案。这种情况下，总体拥有成本包括设备成本、物理介质成本、安装成本、调试成本、设备和介质维护成本和可扩展性。此外，还要求支持不同厂商设备之间的互操作，与现有网络和技术之间良好的共存性能。一个基于标准的无线解决方案可满足低成本要求、设备间互操作性，能够在很大程度上扩展控制和传感器节点数目，能够为工厂操作提供更多信息，能够改善工厂的生产效率和安全性能。

工业自动化有两个重要的应用领域：过程控制和工厂自动化。过程控制通常应用于石油、化工及天然气生产，而工厂自动化通常应用于制造电器、离散元件及消费产品。满足上述两种应用的典型传感网络，通常用于数据采集，包括设备监测，例如监测电机振动、温度以及资产追踪。系统中将被部署用于监测非关键性过程控制事件，例如环境温度控制及法规遵从记录。我们并不期望用无线传感节点取代现有的有线节点或将其应用到关键性过程控制领域，而是使用传感节点增加环境监测范围，扩展系统，将以前未连接的设备包含到系统中。

为进一步简化传感节点的部署，增加节点的数量，需要有使用寿命更长的电池。现场设备发送信息数据报的周期可能为 1s，通常情况下，平均为 1min 发送一个数据报，每个数据报中数据载荷一般为十几个字节。此外，有些设备会每天发送记录文件或时序数据，数据的大小为一万多个字节。多种无线网络可能会被部署在同一区域内，并在通信上有所重叠。大多数情况下，这些网络相互分隔，不同网络之间的节点无须通信。

7.1.2　工业应用的复杂性

工业应用为无线传感网络带来了前所未有的挑战。工业市场中有六个不同等级的传感和控制应用，从等级为0的关键安全性，到等级为4的状态监测和等级为5的规范性遵从。表7-1给出了每个等级总览和其中不同类型的应用实例。ISA100标准开始时是为等级4、5的应用而设计的，但是其架构也能支持等级2、3（控制）应用。等级间的主要区别为时延和计时要求不同。随着等级数目逐渐减小，时序和适配要求逐渐苛刻，例如，只允许很小的时延和容忍性。

表7-1　传感器和控制应用等级

等级0	安全	要求紧急行为 1）紧急停机 2）自动消防控制 3）泄漏检测
等级1	控制	闭环控制——关键 1）执行器、泵和阀门的直接控制 2）自动停机
等级2	控制	闭环控制——非关键 1）优化控制回路 2）流量转向
等级3	控制	开环控制——人为干预 操作员执行手工调整
等级4	监测	警报——必要的维护 1）基于事件的维护 2）电池电量过低 3）振动监测 4）电动机温度监测
等级5	监测	记录——预防性维护 1）预防性维护记录 2）历史记录收集

要求对网络传输有更严格控制和更低的延迟，同时要支持在共享传输介质上发生的突发性大量数据传输，这些使得在可用的信道和时间上采用某种带宽分配技术成为必需。典型闭环控制系统要求时延控制在10ms左右，并且附带如下约束：如果在规定时间内没有收到数据报，进程系统将启动关闭功能。在开环控制系统中（人为干预），要求时间延迟低于150ms，系统才能具有必要的响应能力。ISA100标准的制定团队认

为，通常用在 802.15.4 设备中的简单 CSMA/CA 算法不足以满足要求。因此 ISA100 标准中使用了基于时分多址（TDMA）的更为复杂的图路由算法，其中使用带宽和流量合同。选择该算法在一定程度上也因为，典型的数据通信采用“发布/订阅”模式，数据由传感器节点设备发送（发布）到一个或多个系统中（订阅者）。第5.3.3 节中详细探讨了应用层发布/订阅范例。

7.1.3 ISA100.11a 标准

ISA100.11a 委员会在着手设计新协议之前，评估了当前可用的协议标准。工作组着重研究了 WirelessHART 和 ZigBee 标准，因为两者可作为潜在的解决方案，但是两种标准都有明显的不足和缺陷。协议的部分制定标准包括：

1）可靠性（加强的错误检测与跳频）。

2）确定性（支持 TDMA 和 QoS）。

3）安全性。

4）数据流的优化。

5）支持多种协议。

6）支持多种应用。

7）使用开放标准。

WirelessHART 也是针对工业无线传感器网络应用设计的，也具有 ISA100.11a 标准的某些特征，但是它不支持多种协议。WirelessHART 只规范并支持无线物理媒介中 HART 信息的传输。WirelessHART 和 HART 设计只针对过程控制，并不支持其他应用，例如工厂自动化。

ZigBee 支持无线控制及靠电池供电的操作，但是它不能为工业应用提供时延和信息传输确定性等服务质量保证。ZigBee 同样只支持 ZigBee 信息传输，不支持其他协议，例如 HART、Modbus、基金会总线和 Profibus。最后，ZigBee 已经开发完成，由非开放的特殊兴趣小组（SIG）维护，并不是开放性的可用国际标准。

还有其他许多私有网络体系结构和协议，它们的应用正在部署或已经完成部署，但是通常这些协议或架构不能满足某些设计标准，而且尤为重要的是，它们都不是开放性标准。

典型的 ISA100.11a 网络如图 7-1 所示。图中网络显示了 ISA100.11a 结构的树形本质。由于图中大部分的信息是由根部传输到顶部，树形结构是这种网络最为高效的拓扑结构。请注意，第4.2.6 节中提到的 ROLL 路由协议假定了类似的拓扑设计。除了将数据报转发到工厂网络和控制系统之外，节点之间几乎没有通信要求。图中的实线和虚线显示了该网络支持的路由图。

ISA100.11a 基于国际标准制定。物理层和介质访问层采用 2006 版的 IEEE 802.15.4 标准，网络层和传输层基于 6LoWPAN [RFC4944、ID - 6lowpan - hc、ID - 6lowpan - nd]，IPv6 [RFC2460] 和 UDP [RFC0768] 标准。ISA100 数据链路层中实现

了标准中的图路由和 TDMA 机制。无线网络中的数据转发在链路层中实现，即链路层采用 Mesh - Under 设计，如图 7-2 所示。LoWPAN 适配层下的链路层网络转发在第 2.5 节中已经讨论过。ISA100 标准未来将会支持 ROLL 路由协议，且标准已经能够支持［ID - roll - Indus］中的类似需求。

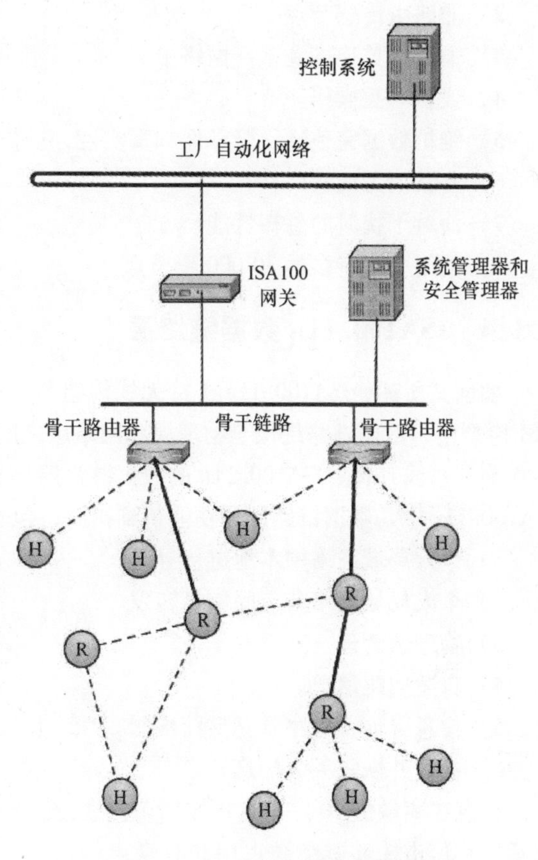

图 7-1　ISA100 网络体系结构

由于 ISA100.11a 标准受 IPv6 协议及寻址的影响，它采用了类似的术语。连接到单个本地链接网格或者个人局域网络中的所有节点，共同称为 DL 子网（数据链路子网）。如图所示，在 ISA100.11a 的数据链路层中，数据报在节点之间转发。数据报在到达 DL 子网中目的节点或边界路由器之前，不会被 LoWPAN 适配层或 IP 层解析。信息在 DL 子网中透明地转发到上层。结果，ISA100.11a 数据链路层为更高层提供了广播类型网络抽象。ISA100.11a 网络支持以下内容：

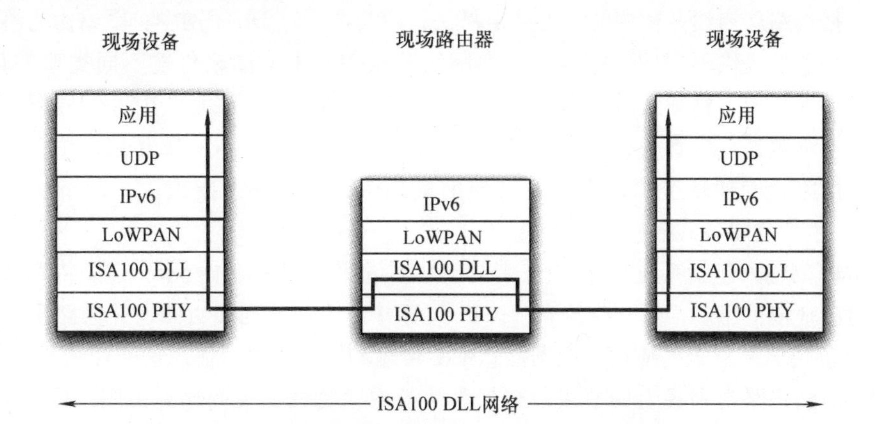

图 7-2　链路层按照 ISA100 协议栈转发数据

1）网格、星形网格以及星形拓扑。

2）非路由传感节点。

3）通过网关连接到工厂网络中。

4）设备间互操作。

5）维护数据完整性、隐私性和真实性，提供转发和延迟保护。

6）与其他无线网络共存。

7）面对干扰时的鲁棒性能。

8）网络中支持多达30 000个节点。

7.1.4 ISA100.11a数据链路层

如前文所述，ISA100.11a支持无线传感节点的创建、维护和数据报转发功能。在OSI模型中，数据链路层位于物理层和网络层之间，用于构建数据报结构、帧结构、错误检测和总线判优。ISA100.11a的数据链路层还包含介质访问控制（MAC）功能。在ISA100.11a中，数据链路层的功能得到扩展，包含以下功能：

1）个人局域网络中本地链接寻址。

2）个人局域网络节点间信息转发。

3）物理层管理。

4）自适应跳信道。

5）信息寻址、时序及完整性检测。

6）检测并恢复丢失信息。

信息在离散的10～12ms同步时隙内通信。时间同步可提供极为准确的时间戳，而自适应跳信道能够避免被占用和有噪声的信道，能够增加数据传输的可靠性。此外，同步时隙和跳信道降低了对单个信道的利用率，因此能够改善同频段中ISA100.11a与其他射频网络的共存。

数据链路层创建并使用的树形路由算法，称为图。在DL子网中，图路由为不同类型的网络通信提供不同的数据路径。而网络节点使用不同图来传输不同类型的数据。例如某节点使用一种图路由向工厂网络传输离散传感数据，同时使用另一种图路由传输大量连续数据。尽管所有图的根节点通常固定于某一节点，在DL子网络中，节点的信息路由路径受通信类型、带宽及其他因素影响，可能会差异很大。网络管理系统（NMS）负责创建各式各样的图。

NMS的输入包括系统/网络设计者对于数据量和传输的具体要求，以及传感节点提供的射频环境信息。根据这些信息，NMS计算并创建一系列路由图，并为路由图分配合约ID。传感节点上的应用，根据消息中的传输和转发要求，使用这些合约ID通知节点到工厂网络路由路径上的节点。根据具体的通信特性，实例化路由图。ISA100.11a标准委员会定义四种数据通信类型：

（1）周期性数据：指周期性发布的数据，要求有一定的传输带宽，周期数据具有周期性和可预见性。周期性地发送此类数据通常是无线传感节点的核心功能，并为该功能分配永久性可用带宽。在缓存区中存储的数据只有一定的有效时间，新读取的数据将取代旧数据。某些情况下，报警信息具有较低的优先级，不断被更新重复。此类数据的端到端时延，与工厂应用中的周期性数据相比并不重要。

（2）事件数据：此类数据报含报警及非周期数据信息，需要突发性数据带宽支持。在某些特定情况下，报警信息为关键信息，需要网络优先服务。

（3）客户/服务器：许多工业应用是基于客户/服务器模型的，使用命令响应协议。对数据带宽的要求通常是突发性的。对于某些传统的系统来说，可接受的往返传输时延值是根据在1200位链路上（通常是数百毫秒）发送十几个字节所花费的时间计算得到的。从统计结果来看，网络上的请求为复用类型，而且可以保证较好的服务质量。

（4）块传输：块传输指的是，利用为数据报分配的传输数据资源（与文件大小和数据率有关）在有限的时间内用多个数据报传送一个数据块，以满足服务要求，例如要满足事务的时间限制。

NMS根据数据传输类型不同，数据传输量的差异，频率以及时延要求，针对特定类型的数据传输，计算出首选和备选图路由。NMS同时也要考虑节点信道的性能差异，以及路由通道上节点能耗约束。计算完成后，为每个图路由分配合约ID。合约ID包含在DLL头部中，转发树中的每个节点检查合约ID，以确定消息的“下一跳”。

通过这种方式，ISA100.11a数据链路层构建出健壮且灵活的网络拓扑结构，在此基础上，实现更高层的网络功能。即使存在非刻意干扰，ISA100.11a也可提供低功耗、高可用性操作，能够满足工业过程控制或工厂自动化应用中不同网络通信对数据传输的要求。

7.2 无线RFID架构

Idesco与Sensinode公司开发出一套配置RFID阅读器设施的系统，该系统使用无线6LoWPAN技术，可用于识别和访问控制。Idesco是一家研发识别系统的芬兰公司，是世界上第一家专门从事RFID研究的公司。Idesco提供可扩展的开放识别解决方案，为该领域的先驱者提供新的商机。该系统称为Idesco Cardea，包含一系列无线RFID产品：

1）Idesco Cardea阅读器。

2）Idesco Cardea门控单元。

3）Idesco Cardea控制单元与访问触摸板。

系统使用Sensinode无线网络技术，该技术是基于2.4 GHz IEEE 802.15.4和6LoWPAN标准的。RFID Cardea阅读器可在较短距离内阅读传统RFID标签。Cardea系统使用无线6LoWPAN网状网络，取代RFID设备组件之间的有线连接。图7-3显示了系统的结构。一个典型的系统由RFID阅读器、门控单元和控制单元组成。Cardea系统中的控制单元，可以通过PC软件访问，也可通过Cardea触摸板访问，触摸板是触屏控制设备，通常安装在墙壁中。

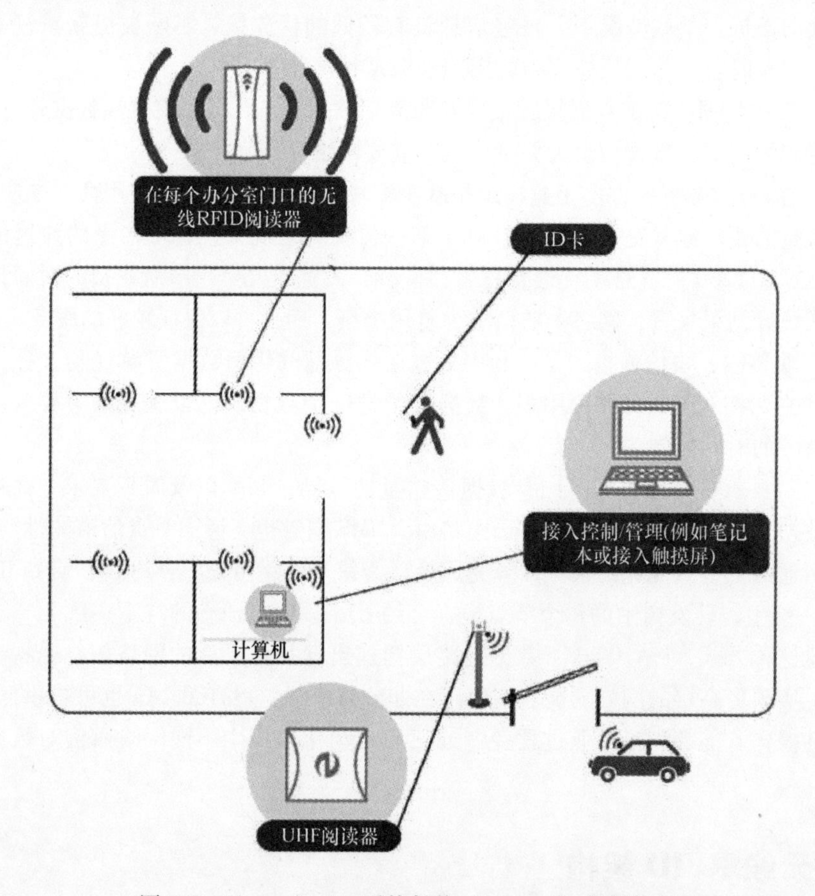

图 7-3　Idesco Cardea 系统架构（Idesco Oy 授权使用）

传统的 RFID 设备严重依赖系统组件间的线缆连接，以及传统的中央控制单元。系统中的线缆通常使用 RS－485、韦根连接以及近期使用的基于 IP 的以太网线。韦根（Wiegand）协议（名称来自于韦根效应）通常用于使用三线线缆连接读卡器与电子条目系统。在楼宇中已有的布线是辛苦布置的并且是成本昂贵的投资。使用传统布线也将导致系统和专用传统控制器必须在一起控制。布线与传统设置合在一起，使得 RFID 系统更加昂贵，这限制了其应用。通过使用低功耗无线网状网络，Idesco Cardea 系统具有如下优势：

1）每扇门安装 Idesco Cardea 系统大约要花费 40min，而安装有线 RFID 设备大约要花费 7h。

2）使用 Idesco Cardea 系统来改装楼宇中现有的系统，或者修改当前安装的系统，可以节约大量布线成本。

3）RFID 解决方案可用于构建临时性安装。

4）对于小型办公室应用，RFID 成本低廉且实用性强。

5）能够便捷地整合现有有线设备和 Cardea 无线组件。

Cardea 系统的典型应用包括：

1）小型应用包含一些门及阅读器，例如小型办公室和商店。

2）临时访问系统，例如应用在楼宇工地或项目中。

3）多重请求需要综合处理的系统，例如访问控制和停车场访问。

4）阅读器分散在大范围区域内的应用，例如海港。

5）现有尤其是老旧楼宇中安装的系统。

6）现有系统方便扩展，不需要添加更多线缆。

7.2.1　技术概述

该解决方案使用 Sensinode 公司的 NanoStack2.0 6LoWPAN 解决方案实现系统，为系统中的无线组件之间提供通信，如图 7-4 所示。采用带功放的基于 IEEE 802.15.4 标准的 2.4G 射频，可以覆盖合适的范围。此外，使用 Sensinode 公司 NanoMesh 技术的多跳路由算法，可以进一步扩展网络覆盖范围。128 位 AES 链路层加密技术，与有线系统中已经采用的应用协议安全技术相结合，可实现系统安全。网络中的设备使用唯

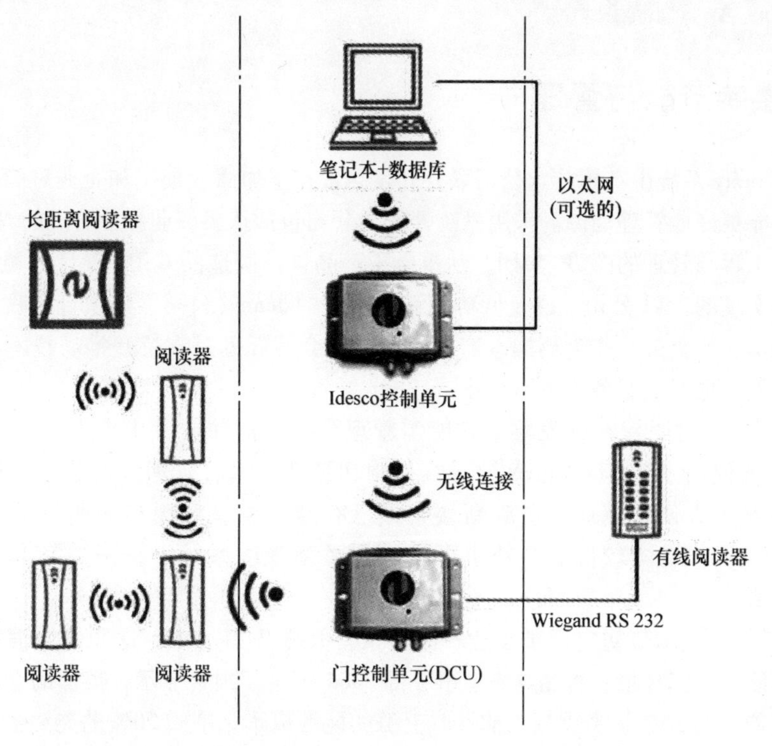

图 7-4　Cardea 组件间的无线通信（Idesco Oy 授权使用）

一的 64 位 MAC 地址，这样网络中的所有设备即有唯一的 IPv6 地址。未来，采用电池供电的无线 RFID 阅读器将加入到 Cardea 系统中，作为 LoWPAN 网络的主机，其功耗极低，电池寿命也将更长。所有用电设备，包括 RFID 阅读器和门禁控制器，都将作为 LoWPAN 网络的路由器工作。网络中的控制单元作为 LoWPAN 的边缘路由器。网络可实现完全自动化配置，系统的安装采用图形界面，整个安装过程将更加便捷。系统的安装不需要专门的 IPv6 网络知识或者无线通信知识，现有安装人员即可完成整个安装过程。IPv6 端到端的应用，使 Cardea 系统进一步演化为大规模访问控制应用，并可与其他楼宇自动化系统集成。

7.2.2 6LoWPAN 优越性

Idesco 公司凭借 6LoWPAN 技术优势，可继续保持其在 RFID 研发领域的领导地位，最终 Idesco Cardea 系统将成为世界上独一无二的产品。“Idesco 看到了无线 Cardea 产品广阔的潜在市场。6LoWPAN 技术可以在较短范围内传输少量数据，对于使用 RFID 技术进行识别的应用而言，是理想的选择。唯一标识符（UID）通常是 RFID 阅读器与系统上层应用之间唯一要传输的数据信息。网络可自动路由数据信息，而且系统中不需要布线，整个系统的安装将更加灵活且节约成本。” Idesco 公司研发和服务部门主管 Anu - Leena Arola 如是说。

7.3 楼宇节能与管理

LessTricity 系统由英国几家公司联合开发，旨在增加商业楼宇和企业对能源的利用效率，并能更好地管理能源。采用系统开发的公司包括从事商业物业管理的 MEPC，楼宇设计、工程与管理的 WSP 集团，从事电子产品设计制造的 GSPK 设计公司，管理软件设计与实现的 TWI 公司，以及低功耗无线网络的 Jennic 公司。该项目还收到英国技术战略委员会的资助，作为英国政府部门，委员会的任务是支持并推动技术与创新的研究与开发，更好地服务于英国企业。

LessTricity 财团旨在开发集中式能源管理系统，消除楼宇中电力等能源的浪费现象。系统使用基于 6LoWPAN 的无线控制和管理技术，管理大型甚至是远程遥控楼宇。系统可方便快捷地安装到新楼宇或已有楼宇中，对用户透明，可以提供先进计量，且操作成本较低。系统也可集成到大型管理系统中，例如第 1.1.5 节中介绍的系统。

LessTricity 技术最初应用于工业、商业及公共服务市场中，这些领域消耗了英国 52% 的电能。英国环境、食品与农业事务部 2004 年年度报告显示，英国的企业浪费掉了所购买能源的 30%，考虑到当前日益上涨的能源成本，削减 20% 的能源浪费，等同于增加 5% 的企业收益。

7.3.1　网络架构

LessTricity 系统的典型网络架构如图 7-5 所示。典型的小型系统部署由多个网络簇组成，每个簇包含约 50 个 LessTricity 能源控制器（LessTricity Power Controller，LPC），其被安装在要计量的电器上。每个 LPC 监控电量消耗，将监控数据经由多跳 6LoWPAN 网络传输到 LessTricity 网络接口（LessTricity Network Interface，LNI）。LNI 作为 LoWPAN 网络与以太网之间的边缘路由器。从 LPC 中读取的能量消耗数据存储到中央数据库中。使用 SQL 查询语句，可生成总体标准报告，可查询单个设备能源消耗情况，楼宇的拥有者可利用这些数据分析整栋楼宇的能源消耗情况。系统还可提供图形网络接口，用于监控并管理 LPC 中能源消耗，并管理网络及其中的 LPC。

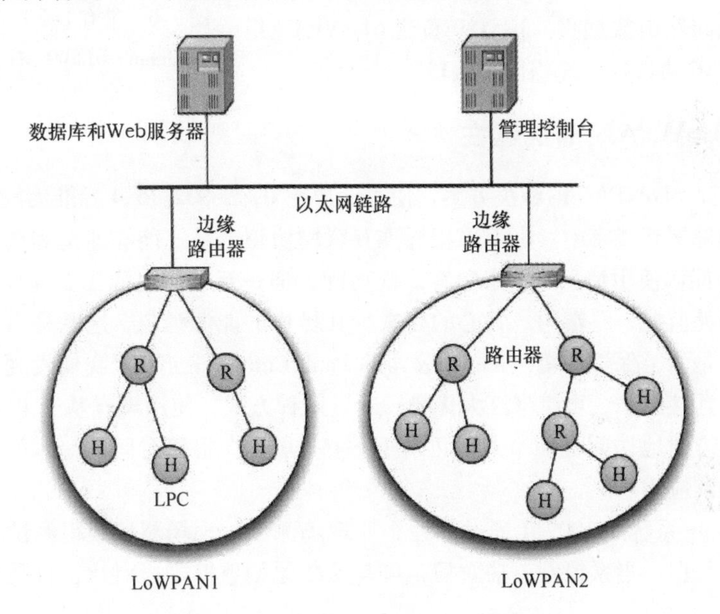

图 7-5　LessTricity 系统的典型网络架构

7.3.2　技术概述

LPC 的外壳上有一组可以让电器连接的英制 13A 插座，外壳的另外一端则是可插入电源供应器的英制 13A 3 针插头。该装置可测量插座上的瞬时电流和电压，内部附有由 Jennic 公司提供的无线微控制器模块。

LPC 通过 JN5139 片上系统射频模块与楼宇中的无线设备进行通信。该单芯片设备包含 32 位处理器、外设电路以及基于 IEEE 802.15.4 标准的 2.4GHz 射频模块。因此，该设备使用第 6.1.1 节中介绍的单芯片协议栈来实现。图 7-6 显示了 LPC 和 LNI 中运行的协议栈层次结构。Jennies JenNet 公司提供采用了自愈 Mesh - Under 技术的 IEEE 802.15.4MAC 层多跳网络，这可以看作是专有的链路层网络技术。符合 [RFC4944]

规范的 LoWPAN 网络适配层，以及 UDP 和 ICMPv6，在 IPv6 标准的框架内实现。任何 LPC 都可以作为其他设备数据报的路由器。第 6.2.4 节中介绍的 Jennies 公司的简单网络访问协议（SNAP），作为 LessTricity 的应用协议，运行在网络节点上。

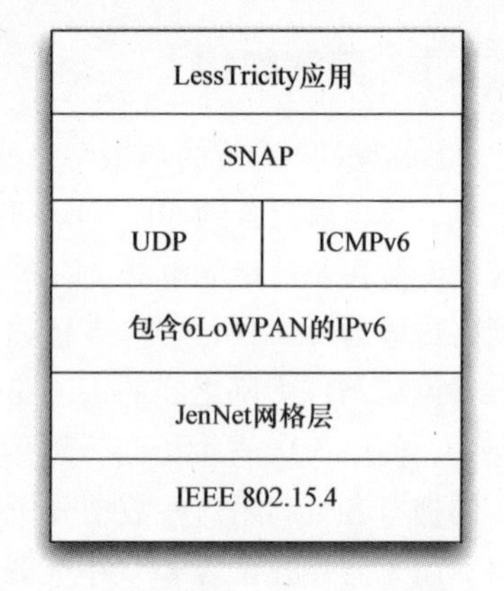

图 7-6　带有 LessTricity 应用的 Jennic 6LoWPAN 协议栈

LNI，基于 Jennic 以太网边界路由器，由带以太网接口的高性能微控制器和 JN5139 无线模块组成，LNI 与高速串口连接。配置过程遵循网络处理器对边缘路由器的配置方法，在第 6.4 节中详细描述。以太网微处理器中的 IPv6 协议栈负责以太网端的组网，并在两个接口间路由数据报。JN5139 负责 6LoWPAN 组网，并在 IPv6 协议栈中充当网络接口。

7.3.3　6LoWPAN 的优越性

采用基于 6LoWPAN 的解决方案，使用低功耗 IEEE 802.15.4 标准无线网络，系统可以便捷地部署到楼宇中。由于采用标准互联网协议，系统能够连接到楼宇中现有的 IT 设备中。能源使用信息可被本地客户端访问，通过互联网也能接受远程监控，例如企业能源消耗监控。终端用户关心的是减少其操作的能源消耗，这既是出于节约成本的目的，也是为了保护环境。Jennic 公司的 Paul Chilton 谈道："我们发现，将以太网与无线网络连接起来，可带来巨大优势，通过这种方式，使用现有基于 IP 的标准，互联网就可以方便地访问任何节点。再加上 SNAP 层，在很短时间内，即可实现部署多种不同互联网应用。"

LessTricity 系统于 2009 年通过英国企业现场测试。现场测试获得测试点的基本能源消耗统计数据，当系统发挥功效后，可与这些原始数据进行对比，直观地体现系统功效。

7.4　WirelessHART 工业自动化

WirelessHART 是第一个在无线工业自动化系统领域中被认可的标准。它在 2007 年成为 HART 通信基金会标准，并在 2010 年成为国际标准（IEC 62591）。它由 HART 通信基金会（HCF）所支持。HCF 是一个国际性的、非营利的组织，它由超过 240 个供应商所组成。WirelessHART 利用 HART 应用层，这使得它可以被几乎每一个控制和 IO 供应商所立即使用。因为 WirelessHART 利用 HART 应用层，因此它也是可配置的，并且被许多现有的设备管理应用所支持。这也意味着 WirelessHART 设备是由 EDDL 所定义的，并且最近是由 FDL 所定义的。这种对现存的和已经广泛部署的应用层的支持，大大增加了 WirelessHART 在市场中被采纳的可能。

WirelessHART 被设计来完全支持所有类型的监测和控制应用。该标准定义了协议栈、系统管理器和安全功能，从而使 WirelessHART 可以应用在低功耗、低速率无线网络（目前只是 IEEE 802.15.4 标准）。6LoWPAN 和受限的应用协议（CoAP）标准应该是分层的，并且用于网络和应用通信。第 7.4.5 节中介绍了 6LoWPAN 和 CoAP 的集成。

WirelessHART 设计的目标有：

（1）解决终端用户对可靠性和安全性的担心。

1）这使得 WirelessHART 首先是一个网状网络。所有的设备都必须支持路由。

2）安全功能总是启动的——用户不能关掉该功能。

（2）使 WirelessHART 在用户端保持简单。

1）使用 HART 的应用层，使得终端用户更容易理解、配置和使用 WirelessHART。

2）不需要现场勘查。

（3）使用现有的工具。

1）HART 手持设备和资产管理应用也可以被用于 WirelessHART。

2）用户对于设备定义和诊断的经验正好可以用于 WirelessHART。

（4）服务工业和过程控制应用

（5）通过一套严格的设备测试，确保多供应商设备之间的互操作性（设备在被认证之前必须通过协议栈和设备测试）。

（6）与现有的无线网络之间的共存。

本节的目标是给出对 WirelessHART 标准（IEC 62591）的概述，并描述了 IPv6 怎样利用 6LoWPAN 和 CoAP 来支持基于 HART 的应用和基于 IPv6 的应用之间的共存。

7.4.1　工业无线传感器网络的采用

正如在第 7.1.1 节中所讨论的，在工业过程控制领域中基金会现场总线、Profibus、HART 都是已经被广泛采用的协议。虽然这些网络的安装和维护成本通常都很大，但是现在这种有线安装依然是最常见的。多年的有线技术和安装经验对于工厂来说非常重要。这里还需要在提高生产效率和安全性的同时减少成本。这就意味着需要更多的测量。在很多情况下，增加这些测量的最有效的方法是安装使用已有过程控制应用语言的无线仪表。

随着无线传感器网络安装的进步，人们对于该项技术的信心正在提高。在这些传感器网络背后的技术包括设备改进、安全、组网技术和网络管理的结合。网络管理是网络运行的关键，它在网络的运行中用于更高效管理网络资源、调度通信从而来满足应用的需求，并在网络中建立路由来满足可靠性和性能指标。网络健康报告用于使网络根据不断改变的网络环境来自动调整，根据吞吐量的改变来按需分配网络资源。安全、可靠、使用简单、长电池寿命和支持大量的设备，这些是一个管理器必须满足的关键需求。灵活性，特别是关于通信实现的，通常会导致互操作性的问题。

无线设备可以通过线路供电或通过能量采集器供电。非线路供电设备为部署提供了最大的灵活性，但是只有低能量消耗才能使它们成为可能。最常见的应用中设备要支持周期性的通信。在 WirelessHART 中也可以支持设备的异常报告，在某些情况下还支持更先进的技术来提高报告率。尽管如此，大多数的通信都携带有来自现场设备的测量更新。在这些更新中，每个消息通常都只包含几十个字节的数据。此外，一些设备每天或者根据需求会传输存储的文件或时间序列数据，这些数据可能有几十 KB。在所有的这些情况下，无线电射频的开关对于非线路供电设备降低功耗是非常关键的。

无线设备既适合大型工厂，也适合小型工厂。在这两种情况下，射频环境在有干扰和有障碍的情况下都会变得复杂起来。射频网络的建立和维护是复杂的，因此足够精细的网络管理器是非常重要的，它可以为终端用户隐藏复杂性。对于一个大型网络，多个无线网络可能被部署在同一位置，并有重叠的射频通信，这些网络是截然不同并独立的网络，并不需要在不同网络之间通信。由于大多数工厂人员的射频背景知识是有限的，因此传感器网络的建立和维护必须是简单的。我们必须假定无线环境总是在不断变化的，从而现场勘查只有有限的价值，对于长期运行来说并不可靠。因此，要想在有来自其他网络的干扰、自干扰、无线电影响、多径干扰和有限单跳范围的情况下正常运行，无线传感器网络需要能够自动地调整适应。

7.4.2 无线传感器的应用

WirelessHART 应用包括传统的监测和过程控制、定位追踪、资产管理、安全淋浴监测、环境健康和安全、智能电表和设备健康监测应用。测量包括温度、压力、流量、pH 值、导电性、瓦斯检测、液位、振动、质量流、能量使用率和阀门位置。在无线传感器网络的末端是智能设备。智能设备包括先进的诊断，即可以诊断设备的健康，并在很多情况下可以诊断设备所连接的进程的健康。对于智能设备具有诊断功能，这并不鲜见，这些诊断功能包括可以检测插线、燃烧器火焰不稳定、搅拌器损失、湿气、孔磨损、泄漏、穴蚀现象和过度振动。设备可以传输关于它们正在监测的过程的信息、关于整个网络的信息以及它们在什么时候需要维修。在很多情况下，这些设备是通过基于 IP 的服务来通信的。在第 7.4.5 节中描述了 WirelessHART 中基于 IP 的服务。网络需要是开放的，并可以进化来支持新的服务。

在工业应用中影响无线技术的采用的关键因素是安全性、鲁棒性、可用性和易用性。为了网络的安全性，所有连接到网络的设备都必须是经过认证的且所有的通信都必须是安全的。为了达到网络的鲁棒性和高度的可用性，WirelessHART 网络首先是一个网状网络，这确保了网络可以适应环境的变化。为了达到易用性，WirelessHART 支持测量的值、时间戳、事件自锁以及确认和大型数据传输的状态。安全、测量、控制和诊断是完全集成的，而并不是事后留给终端用户的工作。

使用 WirelessHART 最大的案例集中在测量和控制。表 7-1（参考第 7.1 节）给出了一个监测和控制应用的等级。从表中可以看出，有六个不同等级的传感器和控制应用，即从关键安全（等级 0）到状态监测和执行标准（等级 4 和等级 5）。无线传感器技术最常部署为等级4和等级5的应用。等级1、等级2和等级3（控制）应用也有被部署。各个等级之间最大的区别就是延迟和实时要求。随着等级的降低，延迟、实时和抖动要求增加，也就是说只可以容忍很小的延迟和抖动。

为了更好地理解这些等级分类，考虑到问题“测量值是怎么被用到的?”非常重要。在很多情况下，测量值被操作者用于监测水箱液位、排放水平、水质量、设备健康和一系列其他的事情。这些测量值通常被用于为FDA、EPA和其他机构生成报告。这些测量值被工厂人员用于对过程的操作、工厂维护活动和安排生产活动做出决定。这些测量值通常被直接或间接地用于验证成品的质量。这些测量值也通常被用于前馈控制和反馈控制策略。

在控制端有很多类型的末控元件，包括阀门、搅拌器、鼓风机和传送带等。这些控制元素得到一个值，然后执行相应的动作。假如是一个开/关阀门，阀门就会尝试执行开或关的动作。假如是一个调节阀门，为了确定末控元件自己本身是否出现有影响控制性能的问题，实际阀门位置的读数是非常重要的。假如是一个搅拌器，确定搅拌器是否在移动是非常重要的。

改进的操作包括操作者监测和调整过程的能力、与设备的互动、对过程状态的响应以及监测和调整控制运行。操作者负责启动和关闭设备、调整工厂以满足生产计划以及对意外情况做出反应，例如设备故障和功率变化。他们依靠闭环管理控制来自动维护过程运行环境和补偿过程干扰。当这些过程并没有正确运行时，操作员通常第一个找出故障并解决问题。

设备设计的目标是使设备能在很大范围内的应用中都能运行。设备中正在运行的过程要求设备能够被配置。作为配置的一部分，会给设备一个标签、刻度（仪表刻度包括高刻度值、低刻度值、工程单位和小数位）、信号调节参数（对于阀门来说，当信号阀增加时，知道阀门转向哪个方向是非常重要的）。现场设备可以在出厂时、仪表车间现场和设备被安装后在现场被配置。设备支持的参数集和设备可用的方法是通过例如EDDL的语言来描述的。对于不同类型的设备用户通常都有标准的参数值模型，并用这些模型来定制设备以使设备能够运行在用户的工厂中（比如AMS 475现场通信器这样的工具使用EDDL文件来校准和配置设备）。通过这样的方法，可以在完全离线的情况下定义设备，并在出厂时、商店中配置设备，或者在设备启动之前通过下载离线配置到设备中来配置设备。所需要做的就是将唯一的设备标识符与预配置系统相关联，并用该标识符作为设备的唯一密钥。

配置控制系统需要另一套不同的信息：设备所支持的测量值，以及与这些测量值相关联的信号信息。信号信息包括信号标签（因为设备可以是多变量的，因此它们可以有多个信号标签与它们相关联）、刻度信息、报警信息、线性化和描述。控制系统配置可能在控制系统开发过程中的不同点被下载到控制系统中。WirelessHART支持一套广泛的功能来支持整体配置、安装和检测过程。

7.4.3　WirelessHART 标准

WirelessHART 是基于 HART 通信协议的。HART 应用层在 20 世纪 80 年代后期就已经存在了。在它的最初版本中，HART 现场通信协议是叠加在一个 4 ~ 20mA 的信号上的，支持现场仪表之间的双向通信，并不影响模拟输出的完整性。HART 协议已经从一个简单的基于 4 ~ 20mA 双向信号发展为现在的基于有线和无线的技术，并且有大量的功能来支持安全、未经请求的数据传输、事件通知、块模式传输和先进的诊断。

WirelessHART 支持传感器和执行器、如窑式干燥机这样的旋转设备、如安全淋浴之类的环境健康和安全应用、状态监测和柔性制造，并且在柔性制造中工厂中一部分可以因为一些特定的产品而被配置。WirelessHART 也扩展了核心 HART 协议，从而确保可以完全支持包括振动监测器在内的新设备。WirelessHART 的标准架构如图 7-7 所示。

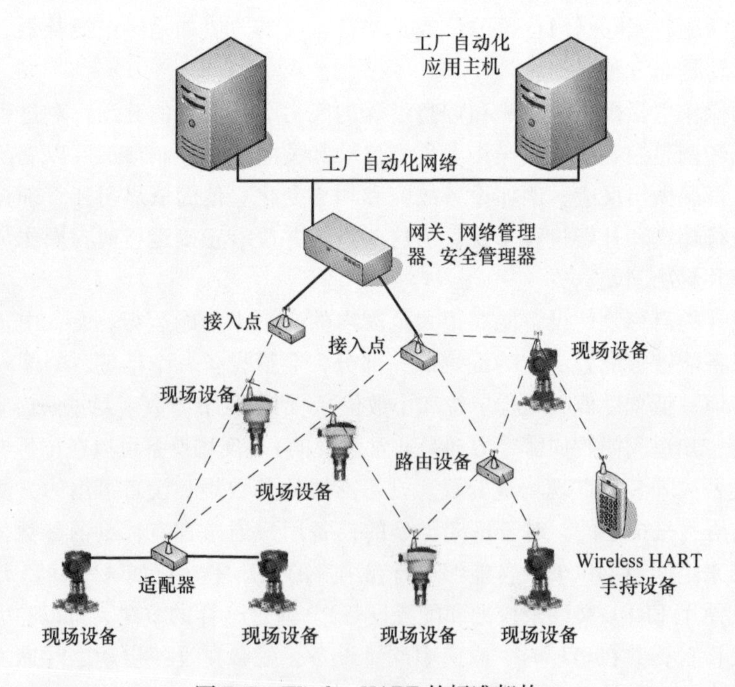

图 7-7　WirelessHART 的标准架构

WirelessHART 中的基本网络设备类型包括：

1）现场设备，可以执行现场传感或执行功能。

2）路由器，所有设备都必须有在无线网状网络中路由数据报的能力。

3）适配器，将有线 HART 设备绑定到无线网状网络中。

4）手持设备，移动的用户所携带的设备，比如工厂工程师和维修技术员。

5）接入点，将无线网状网络和网络管理器相连。

6）单一的或冗余的网关，其功能相当于到主机应用的一座桥梁。

7）单一的网络管理器（也可以是冗余的），可能在网络管理器中，也可能与网关单独分开。

8）安全管理器（也可以是冗余的），可能在网关中，也可能与网关分开。

在 WirelessHART 中，通信是根据时分多址（TDMA）来精确调度的，并且使用跳信道技术用于提高系统数据带宽和鲁棒性。在无线网状网络中绝大多数的通信都是沿着图路由来进行的。图是一种路由结构，它连接网络设备，并且设备之间可能有一跳或多跳，路径也可能有一条或多条。通过使用整个网络的路由信息和设备以及应用所提供的通信要求，一个集中的网络管理器可以执行调度。调度转化为超帧、传输时隙和接收时隙，并且从网络管理器发送到每一个设备。根据网络拓扑的变化和通信需要，网络管理器会不断地调整网络图和网络调度。

WirelessHART 网络管理器控制的无线资源包括：

1）射频信道，在 WirelessHART 系统中支持多达 15 个射频信道（因为在世界上的某些区域不允许使用 16 信道，所以这里没有包括第 16 个信道）。

2）时隙，将可配置大小的超帧细分为 10ms 大小的时隙。

3）链路，与邻居的连接，在用于传输或接收到超帧过程中规定了信道和时隙。

4）图，通过 WirelessHART 设备所组成的网状网络的路径，从一个源设备到一个或多个目标设备。

可以有很多方法来扩展 WirelessHART，使其可以服务大量的无线设备并提供较高的网络数据传输率。其中一个方法就是连接多个 WirelessHART 网关到一个 HART - over - IP 骨干路由器。这样通过多个网关就可以连接像分布式控制系统（DCS）这样的主机。这个架构非常适合于现在的 DCS，并且也被广泛部署于许多不同类型的工厂中。

另外一种扩展 WirelessHART 的方法就是在 WirelessHART 中使用 IPv6。这种扩展方法非常适合于更大范围的物联网（IoT）。这将在第 7. 45 节中进行介绍。

7.4.4 WirelessHART 协议栈

图 7-8 是 WirelessHART 协议栈的结构，这个结构是基于 OSI 的 7 层通信模型的。如图中的右边所示，WirelessHART 协议栈包括五层：物理层、数据链路层、网络层、传输层和应用层。中心网络管理器负责整个网络的路由和通信调度。

（1）WirelessHART 物理层：是基于 IEEE 802. 15. 4 - 2006 2. 4GHz 的 DSSS 物理层的。WirelessHART 完全符合 IEEE 802. 15. 4 - 2006。在将来当无线电技术发展后，可以很容易地添加额外的物理层。

（2）WirelessHART 数据链路层（DLL）：是基于完全兼容的 IEEE 802. 15. 4 - 2006 MAC 层的。通过定义一个固定的 10ms 的时隙、跳频和时分多址（TDMA），WirelessHART 数据链路层扩展了 MAC 层的功能，从而提供了无冲突和可确定的通信。为了管理时隙，提出了超帧的概念，即一系列连续时隙的组合。超帧是周期性的，并以成

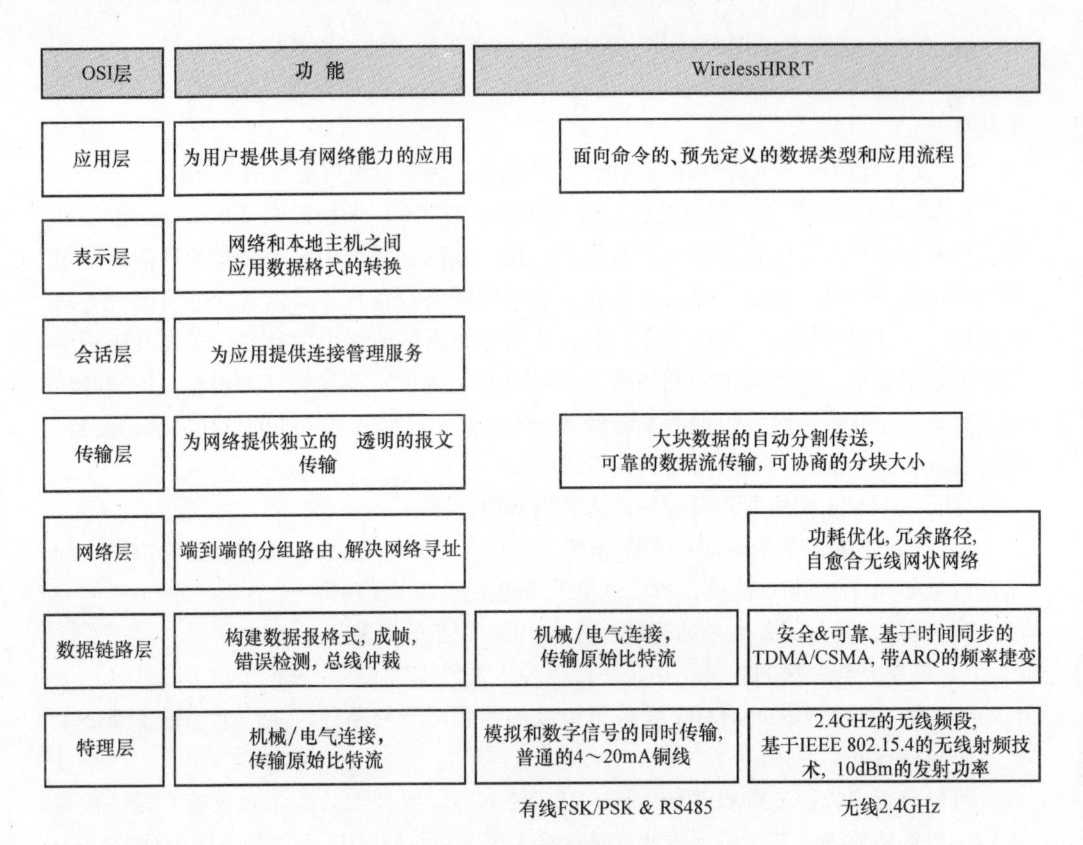

图 7-8　WirelessHART 协议栈的结构

员时隙的总长度作为周期。WirelessHART 网络中的所有超帧都始于 ASN（绝对时隙数）0，即网络建立的时间。然后随着时间的增加，超帧按着它的周期进行自我重复。在 WirelessHART 中，一个时隙内的通信是通过一个向量来描述的：{帧 ID、索引、类型、源地址、目的地址、信道偏移}，其中帧 ID 用于标识特定的超帧；索引是超帧中时隙的索引；类型表示时隙的类型（传输/接收/空闲）；源地址和目的地址分别是源设备和目的设备的地址；信道偏移提供了通信所用的逻辑信道。为了更好地调整信道使用率，WirelessHART 引入了信道黑名单的概念。一直受到干扰的信道会被放入黑名单中。通过这个方法，网络管理员可以完全禁用那些在黑名单中的信道。为了支持信道跳频，每个设备都共享同一个有效信道表。

（3）WirelessHART 网络层：负责几个功能，其中最重要的是网状网络的路由和安全。数据链路层在设备之间传输数据报，然而网络层是在无线网络中端到端的传输数据报。网络层也还包括其他功能，比如路由表和时间表。路由表用于沿着图路由信息。时间表用于为特定的设备分配通信带宽，比如发布数据和数据块的传输。

网络层安全在整个无线网络中提供端到端的数据完整性和隐私性。

（4）WirelessHART 传输层：为应用层提供可靠的、无连接的服务。当被应用层接口选择后，在网络中传输的数据报会被终端设备所确认，这样源设备就可以重新传输丢失的数据报。

（5）WirelessHART应用层：是HART。正因为如此，大多数主机、手持设备和管理系统都可以很容易地连接到WirelessHART。

7.4.5 WirelessHART中的IPv6

无线嵌入式物联网旨在在资源受限的无线嵌入式设备中支持IP功能，并连接异构无线嵌入式网络到互联网，从而提供各种基于Web的监测和控制服务。无线嵌入式物联网中一个有前途的功能，就是一旦基于不同无线电技术的设备变成支持IP的且使用相同的应用协议，它们就可以在互联网中直接交换信息。无线嵌入式物联网的规模估计将会有数以万亿计的设备，并且将会有很多有趣的应用出现在工业自动化、楼宇自动化、智能抄表和智能电网以及实时环境监测和预测中。

将WirelessHART设备集成到无线嵌入式物联网中的一个直接的解决方案是，将WirelessHART网关连接到互联网，并使网关担任协议适配器的角色。虽然这种方法不需要对设备进行修改，但这给网关带来了复杂性。需要付出大量的努力来使网关理解无线嵌入式物联网中现有的其他协议。如果网关作为一个来自第三方供应商的黑盒，情况将变得更复杂，并且该网关也不是很容易访问。在某些情况下，黑盒包括行业特定标准或更糟的是，有对IP本身的专有扩展。为了克服这些问题，一个可选方法是优化网关只支持IP路由功能。同时，如果某些WirelessHART设备参与了基于IPv6的服务，它们会被优化以具有一个IP应用层，这将提供标准套接字API给终端用户用于应用开发。通过这样一个方法，网关只是简单担任一个路由器，而不是协议适配器，并且可以在无线嵌入式物联网中通过IP来连接支持IP的设备，从而可以建立直接的端到端通信。这个解决方案有如下的优点：

（1）设备可扩展：因为设备是支持IP的，网关只需担任路由器的角色并转发数据报到目的设备。只有源设备和目的设备需要知道服务的应用协议。当不同子系统中的设备之间建立新的服务时，网关可以保持不变。只有参与服务的设备的应用层需要优化。现有的设备可以路由传统的和IPv6优化的数据报。

（2）更简单的应用开发：支持IP的设备将提供标准的套接字API给终端用户用于开发应用。它不需要与设备所在子系统的物理层和数据链路层有关的特定知识。开发的应用可以很容易地移植到支持IP的设备中，而这些设备可以是基于不同数据链路层技术的。

（3）支持增量式部署：可以逐步地增加支持IP的设备和基于IP的服务到WirelessHART系统。已有的设备和服务不需要做任何改变。

图7-9给出了一个使用IPv6的网络的概述，它们一起组成了一个分布式的异构无线嵌入式物联网。基于不同无线技术的子系统，包括WirelessHART、Wi-Fi、ISA100、ZigBee和蓝牙，通过它们的负责路由IP通信的边界路由器（网关）而被连接在一起。子系统中支持IP的嵌入式设备都会被分配一个IPv6地址，并且共享一个相同的IPv6地址前缀。

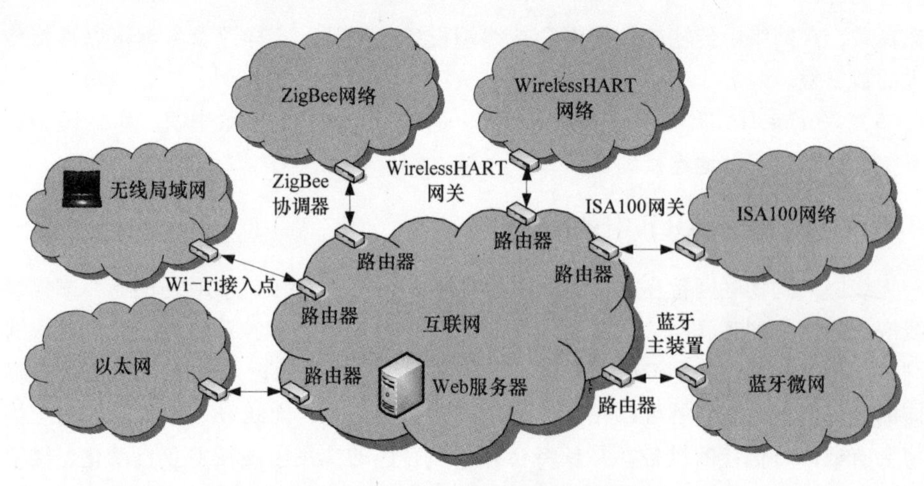

图 7-9 无线嵌入式物联网基础结构

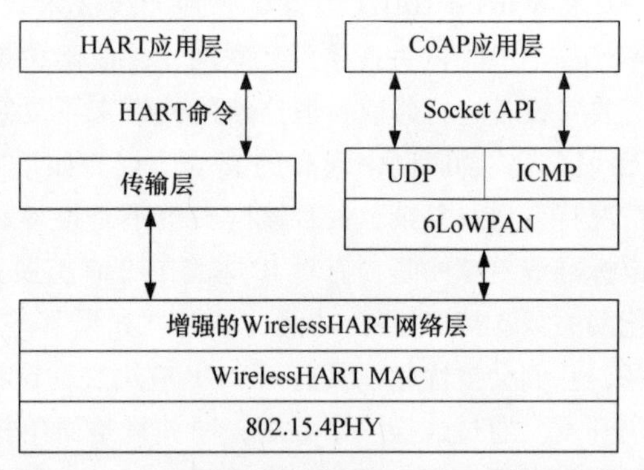

图 7-10 优化过后的 WirelessHART 通信协议栈

图 7-10 中显示了优化过后支持 IPv6 的 WirelessHART 通信协议栈。保持已有的传输层和应用层不变，IPv6 栈被放置在 WirelessHART 网络层的上面。IP 数据报被压缩、分片并作为正常的 WirelessHART 数据报被发送到网关，网关执行重组和解压缩并再将数据报转发到目标设备。这两个上层栈同时一起工作，这样优化过后的栈就可以同时支持正常的 WirelessHART 通信和 IP 通信。网络层头部控制字节中的一个保留位用于区分正常 WirelessHART 消息和 IP 消息，这样它们就可以被发送到不同的上层栈以进一步处理。IP 栈包括 6LoWPAN 适配层、UDP/ICMP 传输层和 CoAP 应用层。

6LoWPAN 适配层是必要的，因为支持了 IP 功能，IPv6 数据报，最小帧大小为 1280B，就必须被 WirelessHART 支持，而 WirelessHART 只支持比 1280B 小得多的帧大小。因为无线嵌入式物联网中大多数子系统都是嵌入式传感器和执行器，并且使用有限带宽和有限帧大小的无线电技术，因此适配是必需的。6LoWPAN 适配层提供封装、头部压缩和分片机制，这些机制允许通过低带宽的无线嵌入式网络接收和发送 IPv6 数据报。

考虑到嵌入式设备有限的处理功率和低存储空间，受限的应用协议（CoAP）也被作为该基础结构的一部分。CoAP 在应用终端之间提供一个方法/响应交互模型，支持内置的资源发现，并包含关键的网页概念，比如 URI 和内容类型。为了与 Web 的集成同时满足特定的要求，比如组播支持、非常小的开销以及在受限环境中的简易性，CoAP 可以很容易转化为 HTTP。

第8章　结　　论

下一步要接入互联网的数以亿计的节点不是PC，也不是笔记本电脑或“电脑本”，而将会是用以解决工业、建筑、电力、能源系统管理以及家居等应用领域中大量的各种问题的嵌入式系统。在这些嵌入式系统中，许多将使用无线连接，许多将是低功率的。互联网的成功，或者诸如以太网、802.11 WLAN（Wi－Fi）等技术的成功，表明网络技术成功的重要因素是易于整合。对于无线物联网，还需要做哪些工作才能使其像如今的以太网或WLAN网络一样容易整合呢？

6LoWPAN中边缘路由器的概念，能够确保LoWPAN网络方便地与大多数未来部署的有线和无线网络互连。边缘路由器不需要为每个新应用而改变，因为LoWPAN网络关心的是如何联网。因此，网络整合的问题可以放在数据报传输层来解决。然而，事情并不仅仅是这样：

1）设置和管理网络的进程必须协同工作。特别的是，要符合安全模型，LoWPAN网络的设置不能要求设置一系列新的安全参数和属性。总之，如何协调好安全性和实用性的需求，是个不小的挑战。

2）不同供应商提供的LoWPAN网络节点及边缘路由器必须易于整合。这里提到的“整合”，并不意味完全的“即插即用”，因为大多数系统需要做适当的配置（如第3.1节中提到的），但是整个过程应该是简单易操作的。这就要求在安全、路由及管理领域需要进一步的标准化。

3）应用通常是不同供应商的产品的整合。世界上所有的应用都采用同一个协议，这是不可能的，也是不可取的；更好的做法是，针对某个特定的应用领域为应用层协议制定一个“默认选择”集合。

ZigBee系列规范的垂直方案，提供了全面的解决方案，能够解决（或者至少应该能够解决）技术组件的所有内部整合问题，但是付出的代价是无法将新的网络孤岛与已有的IP网络整合起来。基于标准的无线物联网已解决了以上许多的问题，但是在全协议栈和系统解决方案方面仍不够完善。ISA100标准给出了一个有趣的解决方式：脱离基于标准的组件而构建系统标准，通过为特定领域的应用提供“胶水”来实现方便整合和即插即用操作。ETSI M2M标准组的努力成果是另一个好例子：引领工业界参与机器到机器（M2M）系统（包括智能抄表）中，从而标准化整个系统（从嵌入式节点和网关到接入网络、后端系统及应用接口）。显然，IETF的主要业务不是对系统的标准化。IETF的目标是让网络正常运行。IETF一直在寻求与垂直导向组织（例如ISA）的合作，以便实现整个协议栈的标准化。然而，IETF标准化证明了其至少可以在三个领域实现更好的互操作性：

1. 路由

单个路由协议就能够完美地适用于无线物联网中所有可以预见的应用，这是不切实际的。在特定的领域，互联网采用特定的路由协议。在此前提下，为实现即插即用操作，要采用主机路由接口方式，该接口能够独立于路由协议。

然而，LoWPAN 路由器作为一种产品部件，其种类几乎与 LoWPAN 主机的种类一样多。LoWPAN 路由器也应当支持即插即用。但是一种型号的 LoWPAN 路由器不可能适用于所有的应用。

IETF ROLL 工作组已经收集完了四个应用领域的需求细节，现在正在设计一个解决方案（详见本书第 4.2 节）。该解决方案如果是以模块化方式设计的，则将发挥最大的功效。即透过部署基本协议于所有的路由器，其中一些路由器则循序渐进地部署选项协议以增加其服务层级，以此实现真正的互操作性。

2. 安全

IETF 在创建真正安全的协议标准方面有着让人印象深刻的良好记录，尤其是因为早期的互联网在维护网络安全方面做得太少，所以 IETF 后来所做的转变工作是很费力的。其他标准组织（例如 IEEE 和早期的 XMPP 基金会）也参与到了 IETF，并一起精心设计出了健壮的安全协议。

IETF 实现安全性的方法是提供一些构件，这些构件可以被结合到用于某个特定应用的系统中。许多已有的构件将对安全过程的管理和调试非常有用。本书第 3.3 节介绍了一些其他的构件，例如 IPsec's ESP 可以直接应用。

采用这种构建方式，可能面临这样一个挑战：对于 LoWPAN 网络中的节点，为其绑定尽可能少的协议，而对于系统其他位置的控制节点，又要实现大量的协议。

另外的一个挑战将是抵御将整个体系结构限制为单个控制点的诱惑。当然，任何组织都想“拥有”网络、应用及用户。在过去的十年中，习惯于这种层次控制的组织都有相似的痛苦经历：这种方式再也行不通了。没有哪家供应商能够控制整个网络。网络应该是开放的，并且能够提供各种选择。设计开放的安全机制是一个挑战，但已被成功地完成了。

3. 应用协议

虽然 6LoWPAN 协议支持低功耗无线物联网的联网，但是在没有必要辅助的条件下，还是不能成功地应用该项技术。与网络相关的工作必须通过相关的垂直标准化来完成。应用于 6LoWPAN 网络的合适应用协议和数据格式，基于 IPv6 网络的端到端通信，在未来都将是重要的开发领域。虽然 IETF 也可以针对读取温度传感器而定义合适的协议和数据结构，但是这些工作最好留给与特定应用相关的组织去完成。

然而，针对不同应用领域而制定的端到端应用协议和数据格式，有许多共同的属性，这些共同的属性可以由类似 IETF 的组织来标准化。IETF 没有标准化“万维网”，但是参与了 HTTP 的制定，并且与 W3C 合作制定了重要的数据格式。如因特网（万维网）中广泛使用的 HTTP 一样，如果 6LoWPAN 能制定出“杀手级应用协议”，那么市场一定能更好地接受它。但是，由于嵌入式应用是如此多种多样，所有通用协议应当是很多协议而非单个协议。

第5章中，我们讨论了一些最先进的应用协议，以及可以与6LoWPAN标准结合使用的候选应用协议。可以得出一个结论：尽管已有多种协议可用于6LoWPAN，但是这还仅仅是个开始。许多解决方案有待进一步优化、精简和进行更为深入的研究。ZigBee应用协议是个不错的开始，该协议已经解决了某个特定领域中自组织网络的部分问题。此外，网络服务也是应用范围广而且功能强大的技术，因此，适用于6LoWPAN的嵌入式网络协议肯定也能成功。该领域有很多工作要做，希望在不久的将来，IETF及其他标准化组织能够制定出适合6LoWPAN的应用协议和数据格式。近期，IETF中已展开以其为设计目标的相应工作，称为6lowapp（详见http：//6lowapp. net）。

与之相关的问题随之而来，即现有的全协议栈信息孤岛该如何演变。近期，ZigBee联盟发表了题为“ZigBee联盟计划进一步集成互联网协议规范”的声明，掀起了不小的波澜。以往ZigBee的解决方案是，使用应用网关来桥接专用ZigBee网络与IP网络，与以往不同，新声明给出的方案差异很大。ZigBee联盟计划将IP标准直接集成到未来ZigBee系列规范中，这样可以更好地与IETF和IPSO联盟协作，全面促进IP协议融入嵌入式网络工业中。虽然，目前我们还不知道IP协议如何集成到ZigBee中，但是ZigBee紧凑应用协议（CAP）给了我们一个选择。将IP协议集成到ZigBee中的合理方法，正如CAP中提到的，是使用6LoWPAN替换ZigBee的网络层，使用IPv6、ROLL路由和ZigBee应用协议替换UDP协议。然而，即将面世的ZigBee/IP智能能源规范，将在CAP中使用开放的IETF、W3C和IEC标准，而非ZigBee应用层协议。ZigBee品牌已经相当知名，以至于某些文献中将其与整个IEEE 802. 15. 4标准混为一谈。ZigBee品牌和组织从全协议信息孤岛到开放标准的转变情况如何尚待观察。

由供应商Zensys公司开发，得到SIG工业支持的Z－Wave网络技术，采用sub－GHz射频技术和专用网络。目前为止，Z－Wave独立网络（其通常应用于家居自动化）与互联网的连接采用类似于ZigBee的方式，即使用网关来桥接两种网络。6LoWPAN标准现在向链路层技术开放，Z－Wave也将成为候选技术之一。集成带来的优越性是巨大的，但是同时一个挑战是如何集成大量已经存在的传统用户的网络技术。

最后，协议的融合也将促使组织投身于市场、公共关系和IP技术的集成。现在，在IP技术应用于嵌入式系统的商业推动进程中，IPSO联盟最为活跃。在成立之初，该联盟就已经联合了大批推动者和成员，从低功耗RF芯片制造商，例如德州仪器和Atmel，到网络巨头思科，再到计算机公司，例如Sun微系统公司和无处不在的Google。IPSO在推动无线物联网走向成功的道路上起到了十分重要的作用，因为它填补了很多IETF未曾涉及的缺口。

虽然还有很多工作要做，6LoWPAN也已成为无线物联网的重要构件。该技术还将面对多种挑战，其中也有将不同射频、网络和应用领域结合到一起时，文化差异带来的挑战。我们不想重蹈20世纪90年代bellheads与netheads争论的覆辙，只想使网络正常运行、部署数以亿计的节点、并解决实际的问题。

附　　录

附录 A　IPv6

IPv6 是已取得巨大成功的 IPv4 互联网协议的下一代协议。在阅读本书主体部分时，IPv6 头格式和其他重要特性都是十分有用的参考资料，本章节将对它们进行快速、精简地介绍。

A.1　表示方法

图 A-1 所示为 IPv6 报文头部，以图表形式表示。采用这种表示形式的目的是重点突出 IPv6 是基于 64 位宽数据结构的协议。

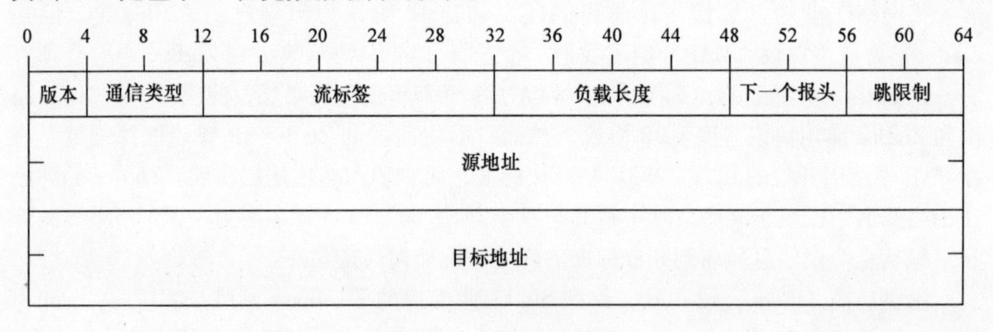

图 A-1　IPv6 报文头部

RFC 是互联网标准中最重要的文献格式，是一个使用 ASCII 行式打印机格式页进行交流长达 40 年的文献格式。此类文档的列宽限制在 72 个字符，这使得很难通过 ASCII 艺术来表达 64 位宽的数据结构。因此，在 RFC 中，用来表示报文结构的通常做法是限制行宽为 32 位，如图 A-2 所示。

每个记号符表示一位。顶栏数字从 0 位开始计数位数，从首位到第 31 位采用高位优先（互联网协议网络字节使用顺序一般都为高字节优先）。注意数字线上的 0/1/2/3 均是十进制数字，它们不表示字节界限。

有时，这种记号法被形象地称为“箱子表示法”。这种表示方法在互联网监管标准的最重要 RFC 文献中比较常见。本书中，我们并不提出自己的表示方法，而是简单地采用标准表示法。这样做的目的是：我们希望读者在查阅实际参考资料时，能更加容易地理解图表含义。

为了作一些简化，我们使用下划线来标识数据报结构中的保留字段，见表 B-1。

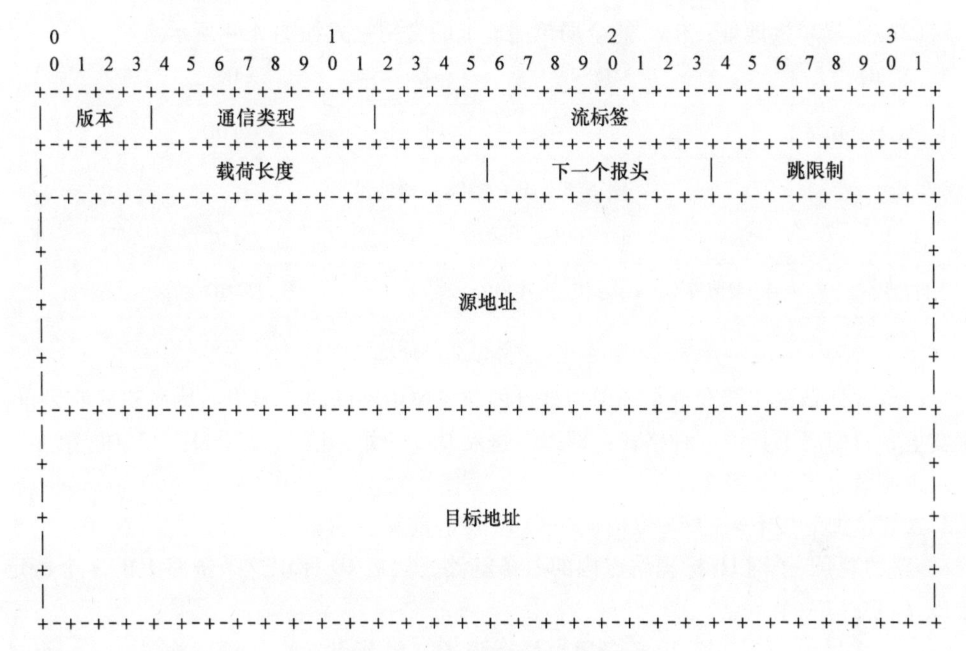

图 A-2　IPv6 数据报报头方框

保留位通常以 0 发送；接收非 0 时的处理方法因数据报结构不同而不同。我们建议读者查看 RFC 文档来获取准确的细节。

A.2　寻址

和 IPv4 相比，IPv6 主要的新特点是以 128B 地址为基础。如果我们继续像 IPv4 那样，采用二进制的记号法，这样会显得非常笨拙。相反，IPv6 的地址，是以 8 个分开的 16 位二进制值为基础来表示，每个 16 位二进制数通过 4 个十六进制表示（开头为 0 常被省略）。对于中间位连续为 0 的情况，还提供了更简易的表示方法——把连续出现的 0 省略掉并用：：代替，见表 A-1。

表 A-1　IPv6 地址表示方法

详细格式	缩写形式	解释
2001:DB8:0:0:8:800:200C:417A	2001:DB8::8:800:200C:417A	一个单播地址
FF01:0:0:0:0:0:0:101	FF01::101	一个多播地址
0:0:0:0:0:0:0:1	::1	回路地址
0:0:0:0:0:0:0:0	::	未指明的地址

IPv6 地址的前几位将地址分为多个地址格式组，我们将会在本节中进行总结。IPv6 地址结构的全部详细介绍在 RFC4291 里讲解，全局单播地址格式见 RFC3587。

（1）链路本地 IPv6 单播地址：链路本地地址用于启动过程，或在单一链路上通信。它以 FE80::/10 作为开头，链路本地地址格式如图 A-3 所示。

（2）全局单播地址：IPv6 的全局单播地址的常用格式如图 A-4 所示。

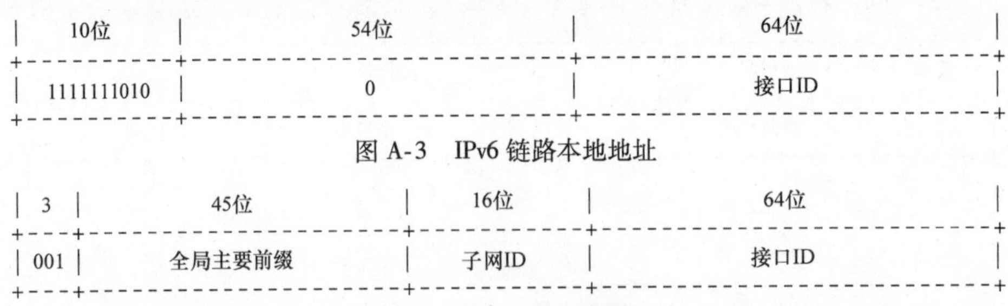

图 A-3　IPv6 链路本地地址

图 A-4　IPv6 全局单播地址

IPv6 地址结构文档允许全局单播地址的前三位由不同的值组成。然而到目前为止，事实上，只使用了其中一种格式：即以二进制 001 开始，前缀为 2000::/3（即第一个十六进制数等于 2 或者 3）。

这 3 位加上接下来的 45 位构成一个 48 位的前缀，它被分配给一个站点（一个子网/链路的簇）。子网 ID 标识站点内的一条链路，接口 ID 标识这条链路上的一个特定接口（也对应一个节点）。

（3）多播地址：一个 IPv6 多播地址标识了一组节点（更加精确地说，是一组接口，通常在不同的节点上）。每一个 IPv6 接口可以属于多个多播组。多播地址格式如图 A-5 所示。

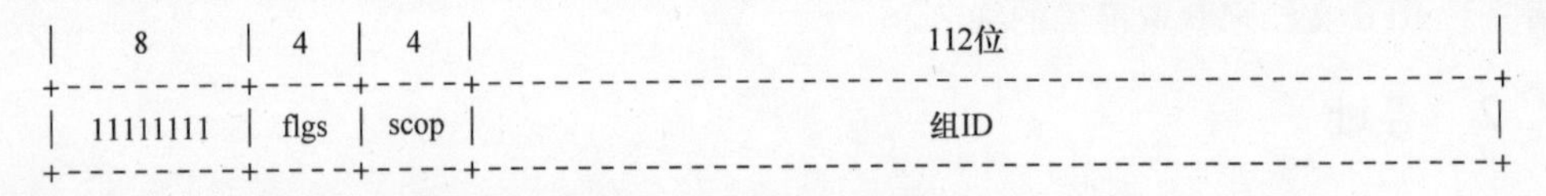

图 A-5　IPv6 多播地址

图 A-6 所示的 flag 字段（flgs）为 4 位。T 表示多播地址是否为临时类型，P 标识是基于单播前缀的 IPv6 多播地址［RFC3306］。R 表示 RP（汇合点）地址嵌在 IPv6 多播地址［RFC3956］中。

```
 0 1 2 3
+-+-+-+-+
|0|R|P|T|
+-+-+-+-+
```

图 A-6　IPv6 多播地址中 flag 字段

Scope 字段有 4 位，标记了多播地址的范围，表 A-2 指定了 scope 的值。

表 A-2　IPv6 多播地址范围值

十六进制值	范围	十六进制值	范围
1	本地接口范围	5	本地站点范围
2	本地链路范围	8	本地组织范围
4	本地管理范围	E	全局范围

目前永久分配的多播地址包括适用于所有节点的 FF02::1 和适用于所有路由的 FF02::2，它们都限制在链路本地范围内，因此永远不会被路由转发。

A.3 IPv6 邻居发现

IPv6 邻居发现（ND）协议记录在［RFC4861］中。在第 3.2 节中，我们对 ND 协议作了详细讨论，这个协议用来协调管理 IPv6 节点与同一条链路上的邻居之间的关联。这篇附录展示了一些数据报格式和 ND 基础协议的协议交换。

所有的 ND 报文都是 ICMPv6 协议［RFC4443］的报文，这些报文直接在 IPv6 协议和其扩展头格式上传送（TCP 和 UDP 头格式不包括在内），通用格式如图 A-7 所示。

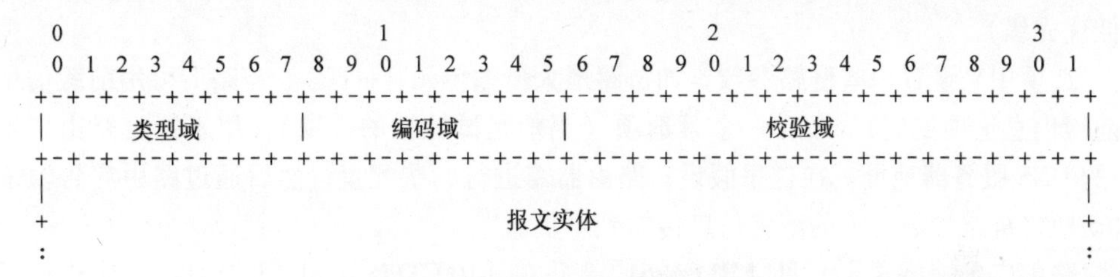

图 A-7　ICMPv6 报文通用格式

类型字段（Type）决定了报文的格式和它代表的特定意义；编码字段（Code）用来区分它的子类型，在 ND 基础协议中总置为零。校验和字段（Checksum）为互联网校验和（以每 16 位为计算单位，对整个 ICMPv6 报文字节数据进行 1 的补码计算，所得到的 16 位数据再求补码即可得到一个 16 位校验码，它放在 IPv6 的伪数据报头中［RFC2460，8.1 节］）。

某些 ND 报文包括一些选项，见图 A-8。类型字段（Type）用来标识特定的选项，长度字段（Length）记录了可选选项的长度（可选选项以 8B 为单位，不足 64 位以 64 位计，长度不可为 0）。在一个 ND 报文中，某一类型的选项可以出现多次。

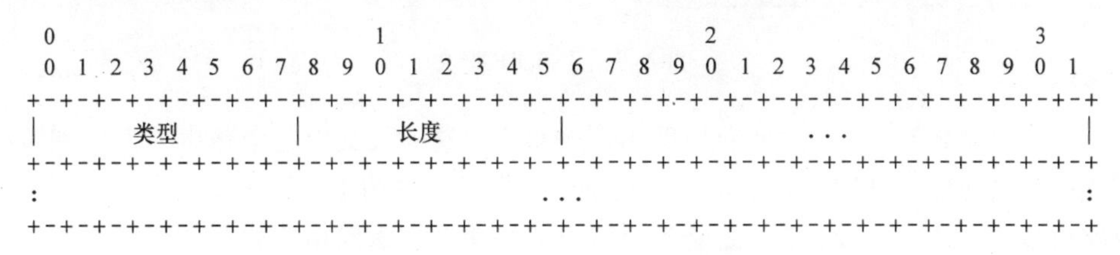

图 A-8　ICMPv6 报文选项通用格式

邻居发现协议（ND 协议）的一个作用是建立主机与路由器之间通信的链路，并获得所在链路的关键参数值。

在每一个具有多播能力的接口中，每一个路由器周期性地发出 RA（路由器广告帧）报文，主机使用这个报文来获取一系列候选路由器，并发送数据报给它们。

路由广告报文也被用来告知主机建立链路所需的参数。主机流出包中使用的 IPv6 跳数限制值是基本格式的一部分。此外，还有很多位字段和短字段：

（1）M（Managed，被管理）：置 1 代表 IPv6 地址是从 DHCPv6 服务器获取的，而不是使用无状态地址自动获取方式（SAA，见附录 A.4 节）获取的（注意，该位含义被 6LoWPAN - ND 协议重新定义）。

（2）O（Other，其他）：如果这一位被置 1，M 位未被置 1，表示一些额外的配置信息（如 DNS 域名服务器地址）是通过 DHCPv6 服务器获取的。

（3）H（Home Agent，本地代理）：如果这一位被置 1，代表是移动 IP 本地代理。

（4）Prf（preference，优先级）：两位有符号的整数，反映偏好选择广告路由器胜过其他潜在默认路由器的程度。这个值为 +1（高优先级）、0（预设优先级）或者 -1（低优先级）。

选项用来设置一些链路参数，如链路最大传输单元（MTU），链路上可用前缀信息（前缀信息选项见后）。还有一个可选项（当前是试验性的选项），用来指定路由广告中的 DNS 服务器地址。在这里假设：路由器需进行一些配置，然后通过路由广告帧来自动地将链路参数有关的配置信息传输到主机。

路由广告帧格式定义见［RFC4861］，并在［RFC3775］和［RFC4191］中进行了修订。帧格式见图 A-9。

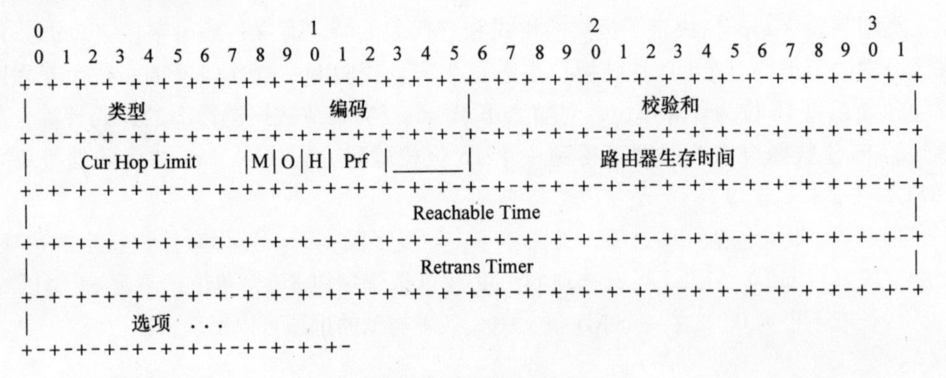

图 A-9 IPv6 RP 报文

主机可能会等待一段时间获取路由广告报文，这一报文由各个路由器发送到所有节点的多播地址（FF02::1），它们也可能通过发送路由请求（RouterSolicitation）给所有路由多播地址（FF02::2）促使各个路由器快速地发送路由广告报文。路由请求报文的基本部分本质上是一个空报文，见图 A-10。

路由广告报文可包含前缀信息选项，如图 A-11 所示。每一个可选项指定前缀信息（单播地址初始位）和它的长度，还有这些前缀信息是否适用于无状态地址自动配置和链路连接决策。

前缀长度表明前缀字段的有效位数（即前缀长度为 64 表示前缀是/64）；注意前缀字段的所有 128B 一直包含在其中。若 L 位置 1，表示所给前缀可用于链路连接决策，也就是说，决策时，在接收到路由广告帧的接口处，将考虑前缀涉及的所有地址；若 L 不为 1，则可选项既不拒绝也不回应与链路连接决策有关的信息。若 A 为 1，则前缀信

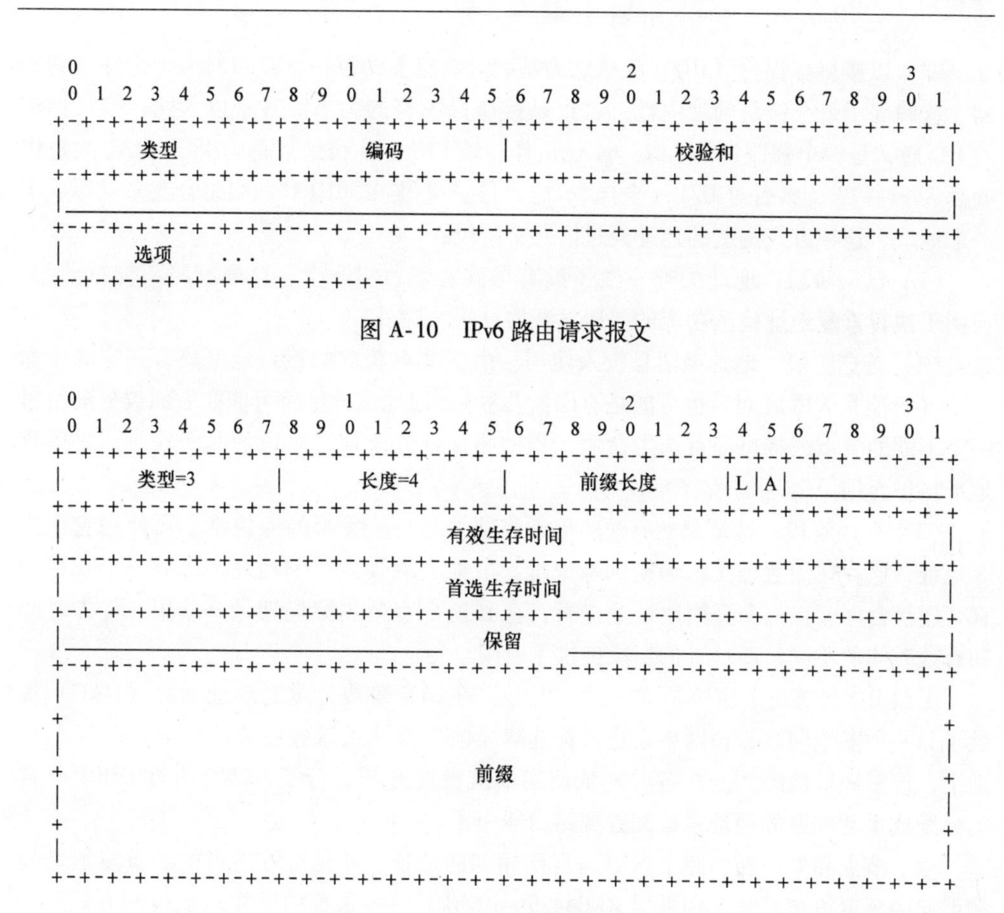

图 A-10　IPv6 路由请求报文

图 A-11　IPv6 ND 前缀信息可选项

息将被用于无状态地址自动配置——见附录 A.4 节。

其他邻居发现协议未在本文中进行讨论，只罗列如下：

（1）邻居请求：节点使用邻居请求报文来获取另一个链路连接节点的链路层地址，或用来确认该链路连接节点仍可通过一个缓存链路层地址（邻居不可达检测，NUD）来访问。邻居请求也可以用在重复地址监测（DAD）过程中——看下面的附录 A.4 节。

（2）邻居广告：对邻居请求的回应信息（在无邻居请求的情况下，也可被用来通知链路地址发生了改变）。

重定向报文：转发数据报给主机的路由器发送重定向报文来告知该报文可路由到一个更适合到达报文目的地址的首跳地址，也告诉主机目的节点确实存在链路连接。

A.4　IPv6 无状态地址自动配置

IPv6 无状态地址自动配置（SAA）在［RFC4862］中进行描述，［RFC4941］中对隐私扩展进行了定义。定义 SAA 的目的是：当专用地址的唯一性或路由数据报到该专用地址的能力比使用某具体地址更加重要时，SAA 用来使能主机地址自动配置。

SAA 以接口标识符（IID）的概念为基础。链路上的每一个接口对应一个独立的链路，这确保了每个链路的唯一性，这也是接口标识符的由来。对于以太网，接口标识符 IID 通常是一个修改后的 EUI－64 位地址，该 EUI－64 位地址是向 48 位 MAC 地址中间插入 FF－FE，然后对 U/L（全局/本地）位求反得来。IID 和前缀组合起来就形成了一个地址，这种方式构造的地址经过了三个阶段：

（1）试验阶段：地址的唯一性还没有得到验证。实际上，该地址将不能被使用，但用于执行重复地址检测功能的邻居发现协议报文除外。

（2）首选阶段：地址激活且投入使用。由于节点获取的接口地址具有一定的生命周期（可能是无限时间，也可能是有限的几秒），因此该地址将可能在后面被分配给另一个不同的节点或接口。首选生命周期指的是地址处于首选阶段的时间段，在之后该地址将被弃用。

（3）弃用阶段：地址仍然有效，但即将被丢弃。新发起的通信将不再使用它作为源地址，已存在的通信无法切换到新地址，可能会继续使用旧地址，比如一个现存的 TCP 连接会继续在一个弃用地址上进行，直到这个有效生命周期最终结束。优先时间和有效时间的不同给新地址的切换提供了时间。

虽然 IID 在链路上应该是唯一的，但是，在试验阶段，重复地址检测（DAD）提供了另一种安全网络，该网络在进入首选阶段前一直使用试验性质的地址。在 IPv6 标准中，重复地址检测功能在各种地址使用前就已经开始运行了，甚至通过 DHCPv6 自动分配或手动配置的地址也被配置到路由器中了。

由于节点频繁在新链路上搜寻与自己相同的地址，通信继续进行前的重复地址检测引起的延迟可被禁止。因此［RFC4429］介绍了一种乐观的重复地址检测方式，它增加了一种新的地址状态：

乐观阶段：这个地址处在 DAD（重复地址检测）验证过程中，但已经被一些通信过程使用。该状态的作用和弃用时间状态类似，不同的是，这个节点避免了地址还没有得到验证就进入了另外一个节点的邻居缓存中。乐观阶段也不完全是一个分离的状态，这是一个依赖于地址生命周期、临时的约束阶段，地址一旦有效将切换到首选阶段或弃用阶段。

DAD 操作要使用宽链路多播方式搜索出其他的使用者，此时，当前节点的地址仍然是验证或乐观状态。在一个存在休眠节点的多跳网络中，如此操作将代价昂贵，且仅在有限范围内能确保地址的唯一性。6LoWPAN－ND 使用另一种机制来取代 DAD（注意，SAA 规范明确规定在 DupAddrDetectTransmits 参数置零时，可允许使用这种机制）。

SAA 的第二个组件是合适的前缀传播，前缀与本地构建的 IID 一起用于创建地址。在路由广告（RA）中，SAA 使用路由广告帧（RA）中的前缀信息来获取这些前缀、首选值和所创建地址的有效生命周期。然后路由广告可能延长生命周期，计时生命周期，主动终止生命周期，也可能停止广告这个前缀，只让节点来计时。

附录 B　IEEE 802.15.4 引言

B.1　介绍

IEEE 802.15.4 标准是针对 IEEE 无线个人区域网（WAPN）定义的低功耗无线电技术。如今，IEEE 802.15.4 已成为一种广泛流行的无线电标准，它已超出无线个人区域网术语所描述的应用范围。IEEE 802.15.4 旨在为嵌入式设备提供廉价、低功耗和短距离的通信。一些其他的标准或协议栈将 IEEE 802.15.4 作为它们的物理层和数据链路层，这些标准包括 6LoWPAN、ISA100 和 ZigBee 协议。

本标准的最新版本是 IEEE 802.15.4－2006［IEEE 802.15.4］。信道共享技术是通过 CSMA（载波侦听多址访问）和确认帧来实现的。链路层安全使用 128 位 AES 加密技术，详见附录 B.3 节。单播和广播功能实现了 64 位和 16 位地址的寻址方式。物理层的有效帧载荷可以高达 127B 长度，其中 72～116B 是链路层及上层的帧载荷。物理层载荷与地址、安全选项密切相关。

IEEE 802.15.4 MAC 层支持非信标、信标两种模式。非信标模式仅使用 CSMA 信道访问技术，它与 IEEE 802.11 一样，未采用信道预留策略。信标模式则更加复杂，它采用超帧结构，可对重要数据预留间隙。IEEE 802.15.4 标准涵盖了许多组网和超帧控制中的工作机制。

本标准定义以下帧类型：

（1）数据帧：用于传输数据，详见附录 B.2 节。

（2）确认帧：当发送者在数据帧 MAC 头部请求确认时，接收者将在成功接收数据帧后立即返回确认数据。

（3）MAC 层命令帧：主要用在信标模式中使能各种 MAC 层服务，例如接入/离开协调器，管理同步传输等。

（4）信标帧：在信标模式中用于协调器与它关联的节点之间的通信。

IEEE 802.15.4 无线电广播分为 3 个有效频率范围，其中 2 个为地区范围，1 个是全球范围有效。根据频率范围而定，数据速率为 20～250kbit/s。这些频率范围被划分成不同的信道，使用信道号来标识，见表 B-1［IEEE 802.15.4，6.1.2 节］。（额外的信道号被定义用于说明可选的调制格式。）

表 B-1　IEEE 802.15.4 的频率范围和信道

频率范围/MHz	地区	信道号	比特率/(kbit/s)
868	欧洲	0	20
902～928	美国	1～10	40
2400～2483.5	全球	11～26	250

B.2 数据包格式总述

IEEE 802.15.4 提供了几种不同的 MAC 层包格式。在 6LoWPAN（基于 IPv6 的低速无线个人区域网）中，最重要的包是数据报。数据报的物理层和 MAC 层部分见图 B-1。如果你习惯于 IEEE 802.15.4，这个图可能看起来比较与众不同，这是因为它是沿袭 IETF RFC 框图中的使用惯例（同样见附录 A.1 节）：图 B-1 使用高字节优先和高位优先（即 MSB）。注意，在真实的无线接口中，物理层头部前还有前导码和开始定界符；它们只是针对 IEEE 802.15.4 的变体，此处并未表示出来。

数据报物理层头部为一个字节，它由 1 个预留位（这里用下划线显示）和 7 位长度字段组成，后者表示包括最后的检验和在内的剩余数据报的长度。表示长度范围内为 0～127；全部数据报（含物理层数据报头）长度为 1～128B。MAC 层头部中的前 3B 是固定的，后面是可变的，可变部分的存在状态和长度依赖于固定部分的结构。真实的有效载荷（可能加密，也可能包含 4、8 或 16B 的消息完整性校验码）如下，后面是 16 位 CRC（循环冗余校验码），作为帧校验序列（FCS）。MAC 头部固定部分各字段的简介见表 B-2，MAC 头部寻址模式见表 B-3。

图 B-1 中，MAC 层头部中"Addresses"字段是不定的，其依赖于源地址模式 SAM，目的地址模式 DAM 和 PAN ID 压缩标识 C 的值。SAM 和 DAM 字段可以为 0 位长度地址（表示协调器）、16 位地址和 64 位地址之一。对后两种情况，地址前还应有 16 位 PAN ID（个人区域网标识符），C 等于 1 时例外，这表示源 PAN ID 和目的 PAN ID 相同，因此源地址字段被省略（SAM 和 DAM 不能同时为 0，即至少应给定 1 个地址）。依赖于这三个字段的值，"Addresses"字段的总长度为 4～20B 之间的值。

```
 0                   1                   2                   3
 0 1 2 3 4 5 6 7 8 9 0 1 2 3 4 5 6 7 8 9 0 1 2 3 4 5 6 7 8 9 0 1
+-+-+-+-+-+-+-+-+-+-+-+-+-+-+-+-+-+-+-+-+-+-+-+-+-+-+-+-+-+-+-+-+
|_|  PHY层长度  |_|C|A|P|S| Ftype |SAM| FV |DAM|_|_|     序列      |
+-+-+-+-+-+-+-+-+-+-+-+-+-+-+-+-+-+-+-+-+-+-+-+-+-+-+-+-+-+-+-+-+
|   地址(4..20，由SAM/DAM/C控制)                                ...
+-+-+-+-+-+-+-+-+-+-+-+-+-+-+-+-+-+-+-+-+-+-+-+-+-+-+-+-+-+-+-+-+
|   安全(0..14，由S和内部比特位控制)                            ...
+-+-+-+-+-+-+-+-+-+-+-+-+-+-+-+-+-+-+-+-+-+-+-+-+-+-+-+-+-+-+-+-+
|   载荷(数据+0/4/8/16字节的MIC)                                ...
+-+-+-+-+-+-+-+-+-+-+-+-+-+-+-+-+-+-+-+-+-+-+-+-+-+-+-+-+-+-+-+-+
|   FCS(循环冗余码校验码)       |
+-+-+-+-+-+-+-+-+-+-+-+-+-+-+-+-+
```

图 B-1 IEEE 802.15.4 数据报的全部结构

表 B-2 IEEE 802.15.4 数据报的固定数据报头（尾）字段

–	（保留字段）
C	PAN ID 压缩
A	确认请求
P	帧未处理标识

（续）

S	安全使能
Ftype	帧类型（二进制 001 表示为数据帧）
SAM	源地址模式（见表 B-3）
FV	帧版本（二进制 00 表示兼容 2003 版本，二进制 01 帧表示仅兼容 2006 版本）
DAM	目标地址模式（见表 B-3）
Sequence	用于匹配确认帧
FCS	帧校验序列

表 B-3　IEEE 802.15.4MAC 头部寻址模式

00	PAN 标识和地址字段都不存在
01	预留
10	地址字段包含 16 位短地址
11	地址字段包含 64 位扩展地址

B.3　MAC 层安全

第 3.3.2 小节简要介绍了链路层安全。本附录列出了 IEEE 802.15.4 安全功能实现中的最重要的格式。

数据报的 S 位指示数据报是否包含安全子层，若包含，其各字段含义请见图 B-2。

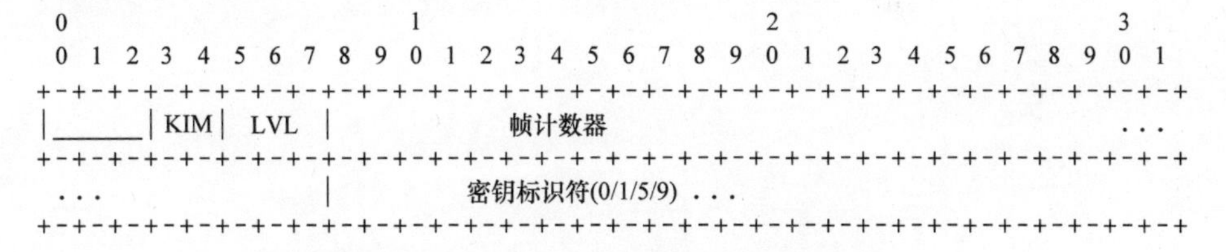

图 B-2　IEEE 802.15.4 数据报中安全数据报头

安全子头中的密钥标识模式（KIM）规定了密钥标识字段的结构，见表 B-4。

表 B-4　IEEE 802.15.4 安全数据报头密码标识模式（KIM）

00	源设备和目标设备标识的密钥
01	用 MacDefaultKeySource + 一个字节密钥索引来标识的密钥
10	用四个字节密钥源 + 一个字节密钥索引来标识的密钥
11	用八个字节密钥源 + 一个字节密钥索引来标识的密钥

最后，当消息完整性校验码（MIC）存在时，安全子头中的安全等级字段指示了所使用的安全功能，也指示其被截取的字节数，见表 B-5。

表 B-5 IEEE 802.15.4 安全子头中的安全等级（LVL）

000	无安全
001	4B MIC
010	8B MIC
011	16B MIC
100	仅加密
101	加密 +4B MIC
110	加密 +8B MIC
111	加密 +16B MIC

缩 略 语

缩略语	英文全称	中文
6LoWPAN	IPv6 over low - power wireless area networks	面向低功耗无线局域网的 IPv6
AAL	ATM adaptation layer	ATM 适配层
ACK	Acknowledgement	确认帧
AH	authentication header	鉴别头
AES	advanced encryption standard	高级加密标准/算法
AMI	advanced metering infrastructure	高级抄表基础设施
ANSI	American National Standards Institute	美国国家标准学会
Anubis	Advanced Network for Unified Building Integration and Services	构建与服务集成一体的高级网络
ASHRAE	American Society of Heating Refrigeration and Air - conditioning Engineers	美国采暖、制冷与空调工程师协会
AODV	ad hoc on - demand distance vector	自组织按需距离向量
API	application programming interface	应用程序接口
ATM	asynchronous transfer mode	异步传输模式
AVP（RTP）	audio video profile	音视频规范
BACnet	building automation and control networks	建筑自动化和控制网络
BER	binary encoding rules	二进制编码规则
BGP	border gateway protocol	边界网关协议
BLIP	Berkeley IP implementation	伯克利 IP 实现
BXML	binary XML	二进制 XML（可扩展标识语言）
BVLL	BACnet virtual link layer	BACnet 虚拟链路层
CAP	compact application protocol	精简应用协议
CBC	cipher - block chaining	密文分组链接
CCM	counter with CBC - MAC	带有密文分组认证算法（CBC - MAC）的计数模式
CID	Context ID	上下文身份识别
CoA	care - of address	转交地址
COSEM	companion specification for energy metering	能源计量配套规范
CPU	central processing unit	中央处理器

（续）

缩略语	英文全称	中文
CRC	cyclical redundancy check	循环冗余检验
CSMA	carrier sense multiple access	载波侦听多址访问
DAD	Duplicate Address Detection	地址冲突检测
DHCP	dynamic host configuration protocol	动态主机配置协议
DLL	data link layer	数据链路层
DLMS	device language message specification	设备语言信息规范
DNS	domain name system	域名系统
DPWS	devices profile for web services	Web 服务设备配置文件
DSCP	differentiated services control point	差异化服务控制点
DSL	digital subscriber line	数字用户线
DSR	dynamic source routing	动态源路由
DYMO	dynamic MANET on – demand	动态移动自组网按需
EAP	extensible authentication protocol	可扩展验证协议
ECN	explicit congestion notification	显示拥塞通知
EPSEM	extended protocol specification for electronic metering	电子计量扩展协议规范
ER	edge router	边界路由器
ESP	encapsulating security payload	封装安全有效负荷
ETSI	European Telecommunications Standards Institute	欧洲电信标准组织
EU	European Union	欧盟
EUI	extended unique identifier	扩展唯一标识符
EXI	efficient XML interchange	有效的 XML 交换
FFD	full – function device	全功能设备
FIB	forwarding information base	转发信息库
FIND	future Internet design	未来互联网设计
FCS	frame check sequence	帧检验序列
FTP	file transfer protocol	文件传输协议
GENA	general event notification architecture	通用事件通知结构
GMT	Greenwich mean time	格林尼治平时
GPRS	general packet radio service	通用分组无线业务
GSM	global system for mobile communications	全球移动通信系统
GTK	group transient key	组临时密钥
GTS	guaranteed time slot	保障时隙
HA	Home Agent	本地代理

（续）

缩略语	英文全称	中文
HC	header compression	头压缩
HTML	hypertext markup language	超文本标记语言
HTTP	hypertext transfer protocol	超文本传输协议
HVAC	heating, ventilating, and air conditioning	供热、通风和空调
IANA	Internet Assigned Numbers Authority	互联网地址分配机构
ICV	integrity check value	完整性校验值
ID	Internet draft	因特网草案
IEEE	Institute of Electrical and Electronics Engineers	电气电子工程师学会
IETF	Internet Engineering Task Force	因特网工程任务组
IID	interface identifier	接口标识符
IKE	internet key exchange	因特网密钥交换协议
IMS	IP multimedia subsystem	IP 多媒体子系统
IP	Internet Protocol	因特网协议
IPv4	Internet Protocol version 4	因特网协议第 4 版
IPv6	Internet Protocol version 6	因特网协议第 6 版
IPsec	Internet Protocol security	IP 安全协议
IPSO	IP for Smart Objects (Alliance)	智能设备因特网协议（联盟）
ISA	International Society of Automation (formerly Instrument Society of America)	国际自动化学会
ISDN	integrated services digital network	综合业务数字网
ISM	industrial, scientific and medical	工业、科学和医疗
ISA	International Organization for Standardization	国际标准化组织
ISP	Internet service provider	互联网服务提供商
IT	information technology	信息技术
KNX	Konnex (protocol)	Konnex 协议
L1	Layer 1 (physical layer)	第一层（物理层）
L2	Layer 2 (link layer)	第二层（链路层）
L3	Layer 3 (network layer)	第三层（网络层）
L4	Layer 4 (transport layer)	第四层（传输层）
L7	Layer 7 (application layer)	第七层（应用层）
LAN	local area network	局域网
LBR	LLN border router	LLN 边界路由器
LLN	low - power and lossy network	低功耗和有损网络

（续）

缩略语	英文全称	中文
LMA	local mobility anchor	本地移动锚点
LoWPAN	low – power wireless area network	低功耗无线局域网
M2M	machine – to – machine	机器交互
MAC	message authentication code	消息认证码
MAC	medium access control	媒体访问控制层
MAG	mobile access gateway	移动接入网关
MANEMO	mobile ad hoc network mobility	移动自组织网络的移动性
MANET	mobile ad hoc network	移动自组织网络
MIB	management information base	管理信息库
MIC	message integrity check	消息完整性校验
MIME	multipurpose Internet mail extensions	多用途因特网邮件扩充
MIP	Mobile IP	移动 IP
MIPv6	Mobile IP version 6	移动 IPv6
MNN	mobile network node	移动网络节点
MPR	multipoint relay	多点转播
MQTT	MQ telemetry transport	MQ 遥测传输
MQTT – S	MQ telemetry transport for sensor	MQ 遥测传输传感器
MTR	multi – topology routing	多拓扑路由
MTU	maximum transmission unit	最大传输单元
NA	Neighbor Advertisement	邻居通告
NALP	not a lowpan packet	不是一个 LoWPAN 包
NanoWS	Nano web services	Nano Web 服务（纳米 web 服务）
NAT	network address translator	网络地址转换器
NC	Node Confirmation	节点确认
ND	Neighbor Discovery	邻居发现
NEMO	network mobility	网络移动性
NETLMM	network – based local mobility management	基于网络的本地移动性管理
NR	Node Registration	节点注册
NS	Neighbor Solicitation	邻居请求
NUD	Neighbor Unreachability Detection	邻居不可达检测
OASIS	Organization for the Advancement of Structured Information Standards	结构化信息标准促进组织
oBIX	Open Building Information Exchange	开放式建筑信息交换

（续）

缩略语	英文全称	中文
OGC	Open Geospatial Consortium	开放式地理信息系统协会
OLSR	optimized link – state routing	最优链路状态路由
OS	operating system	操作系统
OSI	open systems interconnection	开放式系统互连
OSPF	open shortest path first	开放最短路径优先
OUI	organizationally unique identifier	组织唯一标识符
PAN	personal area network	个人局域网
PC	personal computer	个人计算机
PDU	protocol data unit	协议数据单元
PHA	proxy Home Agent	代理本地代理
PHY	physical layer	物理层
PILC	performance implications of link characteristics（former IETF WG）	链接特性对性能的影响
PLC	power line communications	电力线通信
PLPMTUD	packetization layer path MTU discovery	分组层路径 MTU 发现
PMIPv6	proxy Mobile IPv6	代理移动 IPv6
PMK	pairwise master key	成对主密钥
PMTUD	path MTU discovery	路径最大传输单元发现
PPP	point – to – point protocol	点对点协议
PSEM	protocol specification for electric metering	电力计量协议规范
PSK	pre – shared key	预共享密钥
PTK	pairwise transient key	成对临时密钥
QoS	quality of service	服务质量
RA	Router Advertisement	路由器广告
RERR	route error	路由错误
REST	representational state transfer	具象状态传输
RDF	resource description framework	资源描述框架
RF	radio frequency	射频
RFD	reduced – function device	精简功能设备
RFC	request for comments	请求评论（文档）
RFID	radio frequency identification	射频识别
RIB	routing information base	路由信息库
RIP	routing information protocol	路由信息协议

（续）

缩略语	英文全称	中文
ROHC	robust header compression（IETF WG and suite of standards）	鲁棒性报头压缩
ROLL	routing over low – power and lossy networks（IETF-WG）	低功耗和有损网络路由
RPC	remote procedure call	远程过程调用
RREP	route reply	路由应答
RREQ	route request	路由请求
RS	Router Solicitation	路由器请求
RSSI	received signal strength indicator	接收信号强度指示
RTP	real – time transport protocol	实时传输协议
RTCP	RTP control protocol	RTP 控制协议
SAA	Stateless Address Autoconfiguration	无状态地址自动配置（协议）
SAR	segmentation and reassembly	分片和重组
SCADA	supervisory control and data acquisition	监控与数据收集系统
SCTP	stream control transmission protocol	流控制传输协议
SDP	session description protocol	会话描述协议
SICS	Swedish Institute for Computer Science	瑞典计算机科学学院
SIP	session initiation protocol	会话初始化协议
SLP	service location protocol	业务定位协议
SNAP	simple network access protocol	简单网络访问协议
SNAP	subnetwork access protocol	子网访问协议
SNMP	simple network management protocol	简单网络管理协议
SOAP	simple object access protocol	简单对象访问协议
SoC	system on a chip	片上系统
SPI	serial peripheral interface	串行外设接口
SSDP	simple service discovery protocol	简单服务发现协议
SSLP	simple service location protocol	简单服务定位协议
SSID	service set identifier	服务集标识符
TBRPF	topology dissemination based on reverse – path forwarding	基于反向路径转发的拓扑分发
TCP	transmission control protocol	传输控制协议
TCO	total cost of ownership	总体拥有成本
TDMA	time division multiple access	时分多址

（续）

缩略语	英文全称	中文
TID	Transaction Identifier	事务标识符
TTL	Time to Live	生存时间
UART	universal asynchronous receiver/transmitter	通用异步收发器
UDP	user datagram protocol	用户数据报协议
ULA	unique local（unicast）address	唯一本地（单播）地址
UMTS	universal mobile telecommunications system	通用移动通信系统
URL	uniform resource locator	统一资源定位符
URI	uniform resource identifier	统一资源标识符
USB	universal serial bus	通用串行总线
UPnP	universal plug – and – play	通用即插即用
UUID	universally unique identifier	通用唯一标识符
VoIP	voice – over – IP	网络语音电话业务/互联网协议电话
VPN	virtual private network	虚拟专用网
W3C	World Wide Web Consortium	万维网联盟
WADL	web application description language	应用程序描述语言
WAP	wireless application protocol	无线应用协议
WBXML	WAP binary XML	WAP 二进制可扩展标记语言
WDS	wireless distribution system	无线分布式系统
WEP	wired equivalent privacy	有线等效加密
WEI	Wireless Embedded Internet	无线嵌入式 Internet
WG	working group	工作组
WLAN	wireless local area network	无线局域网
WPA	wireless protected access	无线保护接入/访问
WPAN	wireless personal area network	无线个域网
WPC	watt pulse communication	瓦特脉冲通信
WSDL	web services description language	Web 服务描述语言
WSN	wireless sensor network	无线传感器网络
WS	web service	Web 服务
WWW	World Wide Web	万维网
XML	extensible markup language	可扩展标记语言
XMPP	extensible messaging and presence protocol	可扩展通信和表示协议
ZAL	ZigBee application layer	ZigBee 应用层
ZCL	ZigBee cluster library	ZigBee 簇库

术　语

地址解析：在链路上，查询与 IP 地址相对应的链路层地址过程。

Ad hoc LoWPAN：一个独立 LoWPAN 网络，没有连接到任何 IP 网络。Ad hoc LoWPAN 利用当地独一 IPv6 单播地址（ULA）。

任播：从一个接口发送一个数据报到一组已定义好的接口中的一个。

任播地址：一个 IP 地址用于一组接口，通常属于不同节点。一个发往任播地址的数据报通过路由协议被发送到最近接口。一个任播地址以相同的方式转换成一个单播地址。(更多信息见附录 A. 2 节中 IPv6 寻址。)

可用性：系统可以按照规定的行为进行工作的性质。更具体的，系统不受“拒绝服务”攻击的安全目标。见第 3. 3. 1 节。

骨干链路：一种 IPv6 链路其在可扩展 LoWPAN 拓扑结构中连接两个或多个 LoWPAN 边缘路由器，在 ROLL 架构中连接两个或多个 LLN 边界路由器，或在 ISA100 中连接两个或多个骨干路由器。

引导指令：当建立一个节点时，建立过程应该能够自动执行，无须人为干涉。遵循网络配置，由 6LoWPAN – ND 执行，见第 3. 2 节。

边缘路由：在两个不同的路由选择域中路由。在 6LoWPAN 中，边界路由通过 LoWPAN 边缘路由器或通过骨干链路中的路由器路由。边界路由在第 4. 2. 7 节中介绍。

转交地址（CoA）：在移动 IP 网络中，当一个移动节点漫游到访问网络时所获取到的 IP 地址。

调试：在初始化一个节点时，状态建立需要人为干涉，见第 3. 1 节。

机密性：是指非法用户不能使用数据，更具体地说，不能让非法用户窃听到数据的安全目标。见第 3. 3. 1 节。

协调通用时间：参照下方 UTC 条目。

通信节点：一个可以在移动 IP 与移动节点通信的节点。

距离矢量路由：基于可变贝尔曼算法的路由选择算法。在此算法中，每一个链路（以及可能的节点）通过适当的路由度量标准被指定权值。当一个数据报从节点 A 发送到节点 B 时，最小成本路径将被选择。每个路由器中的路由表保持了不同目的地的路由纪录以及与其相对应的路径成本。路由信息根据路由算法主动或被动更新。

地址冲突检测（DAD）：自动检测因配置错误导致的多点接口在链路上有同样的地址。是邻居发现标准的一部分。在 6LoWPAN 中，如何获得同样的效果见附录 A. 4 节和第 3. 2. 2 节。

扩展 LoWPAN：多个 LoWPAN 聚合，其通过骨干链路中的边界路由器相互连接在一起，形成单个子网。

切换：一个移动节点从已存在的附属连接点离开加入到一个新附属连接点的过程。为了使移动节点能够维持通信，切换可能包括特殊链路层和 IP 层操作。在节点经历切换时，通常会伴随着一个或者多个应用层流。

本地地址：在移动 IP 中，移动节点在其本地网络中的 IP 地址。

本地代理：在移动节点本地网络中的移动 IP 路由器，当移动节点移动时其进行转发数据。

本地网络：移动节点不在移动 IP 中漫游时所归属的网络。

完整性：即所得的数据为预先设定的数据的一种属性，更具体地说，是一种数据不能被非法用户篡改的安全目标。见第 3.3.1 节。

链路：通信介质，IP 节点可以在基于其上的链路层（IP 下一层）进行通信。在 6LoWPAN 中，本地链路范围是指使用单个链路层进行传输的通信；本地是指在本地链路范围内的目的地地址；非本地与本地相反。

链路状态路由：一种路由算法，其中每个节点需要获得整个网络全部信息，该信息常称为图。为了达到这个目的，每个节点广播（泛洪）自己的链路消息给附近的目的节点。当收到足够多节点链路状态报告时，每个节点计算由其至每一目的节点的最短路径（最小功耗）树，例如使用 Dijkstra 算法。这个树用来维持每个节点路由表以逐段转发，或者用于在 IP 包的头部加上源路由信息。

LoWPAN 边界路由器：为一个 IPv6 路由器，用来连接 LoWPAN 和其他 IP 网络。

LoWPAN 主机：一个只能发出与接收 IPv6 数据报的节点。

LoWPAN 节点：在复杂 LoWPAN 网络中，组成 LoWPAN 网络的节点，包括了主机和路由器。

LoWPAN 路由器：为一个节点，使用单一 6LoWPAN 接口并利用此接口在任意成对的源 - 目的地中转发数据报与执行 IP 路由。

IP 安全：互联网协议中的标准安全架构，见第 3.3.3 节。

域间路由：在不同管理域中路由。在互联网核心中，边界网关协议被用在域间路由。

接口标识符：IPv6 地址的一部分，用来识别链路上的接口，该标识符在子网中是唯一的。在 6LoWPAN 中，接口标识符以接口的链路层地址来创建。

国际原子时间：参照下面的 TAI 条目。

因特网密钥交换：因特网密钥交换协议结合 IPsec，在因特网节点中，用来动态建立安全连接。

域间（域内）路由协议：在同一管理域内路由。OSPF 和 AODV 协议是域内路由协议。

宏移动：指的是网络间的移动性。在 6LoWPAN 中，我们把 LoWPAN 间的移动性称为宏移动，这样 IPv6 前缀要改写。

最大传输单元：一个数据报在一个链路中最大可传输的字节大小。

媒体访问控制层：为数据链路层的子层，负责在共享媒体上寻址和信道访问。

网状-Under：指在LoWPAN中，运用链路层技术来多跳转发。

微移动：指发生在网络域内的移动。在6LoWPAN中，我们把在LoWPAN内节点的移动称为微移动，其IPv6前缀没有改变。

多播：同一时间，从一个接口发送一个数据报到多个已定义的接口。

多播地址：一个被一组通常属于不同节点的接口所共享的IP地址。一个发送到多播地址的数据报就会被传输到被该地址确定的所有接口中（除非数据报丢失而阻止）。更多IPv6地址信息见附录A.2节。

邻居发现：一个协议，用于IPv6节点在链路上进行节点间的操作，如地址解析、地址冲突检测和邻居不可达检测。详细描述见附录A.3节。

邻居不可达检测：自动检测到不能用以前所用的方法来到达某个邻居。它是邻居发现标准的一部分。邻居不可达检测可以触发恢复动作，比如切换到一个不同的默认路由器。在一个LoWPAN中实现同样效果的方法见第3.2.5节。

网络移动：指整个IP网络在其连接点之间移动。

节点移动：指IP节点在连接点之间移动。

前缀：一个IP地址的前几位。一个IPv6前缀有一个相应的前缀长度，也就是说这前几位的长度。

主动路由：路由算法主动地在路由被需要之前在节点上建立路由信息。因此这种算法通过知道到达所有可能目的地的路由，来主动为数据通信做准备。因此这种算法通过学习所有可能目的地的路由，来主动为数据通信做准备。

被动路由：在自动配置了路由算法后，被动路由协议只存储很少甚至不存储路由信息。其仅在需要路由时动态地发现路由。因此当一个路由器接收到一个发往一个未知目的地的数据报时，一个被称为路由发现的过程将被执行。

漫游：在这个过程中，一个移动节点从一个网络移动到另一个网络，通常没有现存的数据报流。

路由-over：指在LoWPAN中使用IP路由转发多跳。

路由表：路由器保持下一跳信息条目的表。

简单LoWPAN：一个简单的LoWPAN由一个单一的边界路由器和在同一子网中的一组LoWPAN节点组成。

无状态地址自动配置：一种邻居发现（ND）技术，它可以通过数据链路层信息派生接口标识符（通常是EUI-64）来对主机地址进行自动配置。

子网：一个子网是指一组具有相同IP前缀的节点。一个子网中的所有节点都被认为是在同一条链路上。因为无线链路的属性，在6LoWPAN中可能需要多IP跳，以将所有节点都连接在一链路上。

TAI：国际原子时，国际上保持的基于可用的最精确的时钟的标准时间尺度。民用时间UTC来源于TAI，通过偶尔插入闰秒来弥补地球的不规则自转，截至2009年1月，UTC落后于TAI 34s。因为TAI过程不受闰秒干扰，因此它比UTC更适合于如过程控制这样的应用。

单播：从一个接口发送数据报到另一个接口。

单播地址：被分配到一个单一接口的IP地址。关于IPv6地址的更多信息见附录A.2节。

统一资源标识符：标识了一个抽象的或物理的资源，结构包括一个URI调度（如"http"），以及某些独立于调度的元素，比如一个网络的定位、一个路径、一个查询和（或）一个片段标识符。统一资源定位符（URL）是URI的一个子集，其提供了描述如何访问网络中的位置来定位资源的方法。一般来说，我们很少仔细区分URI和URL。

UTC：协调世界时间，是全世界民用时间的基础，各地时间依照UTC为准加减相应的时差。UTC是基于TAI的，但通过偶尔地插入闰秒来与地球的自转同步。口语上常与不再正确的历史上的旧命名，GMT——格林尼治标准时间混称。

访问网络：一个移动节点在漫游时正在访问的网络。

网页服务：一种客户端和服务器之间的通信范式，其利用HTTP在网页上实现机器交互。网页服务的介绍见第5.3.4节，在6LoWPAN中的应用见第5.4.1节。

白板：一个类似于边界路由器所支持的MIPv6绑定缓存的概念数据结构。白板用于在整个LoWPAN中执行DAD和NUD。白板包含了LoWPAN节点的绑定，包括所有者接口标识符、IPv6地址、超时和事务ID历史，见第3.2.2节。

参考文献

[2002/91/EC] European Union. Directive 2002/91/EC On the Energy Performance of Buildings, December 2002.

[4WARD] EU FP7 4WARD Project. http://www.ict-forward.eu.

[6LoWPAN] IETF 6LoWPAN Working Group. http://tools.ietf.org/wg/6lowpan.

[AES] Specification for the Advanced Encryption Standard (AES). Federal information processing standards publication 197, 2001.

[ANSI] American National Standards Institute. http://www.ansi.org.

[BACnet] American Society of Heating Refrigeration and Air-Conditioning Engineers. BACnet – A Data Communication Protocol for Building Automation and Control Networks (ASHRAE/ANSI 135-2008). Tech. Rep. ISBN/ISSN: 1041-2336, ASHRAE, 2008.

[Baden06] Baden, S., Fairey, P., Waide, P., de T'serclaes, P. and Laustsen, J. Hurdling Financial Barriers to Low Energy Buildings: Experiences from the USA and Europe on Financial Incentives and Monetizing Building Energy Savings in Private Investment Decisions. In *ACEEE Summer Study on Energy Efficiency in Buildings*. American Council for an Energy Efficient Economy, August 2006.

[Bauge08] Bauge, T., Gluhak, A., Presser, M. and Herault, L. Architecture Design Considerations for the Evolution of Sensing and Actuation Infrastructures in the Future Internet. In *WPMC*, 2008.

[BLIP] The Berkeley IP Implementation. http://smote.cs.berkeley.edu:8000/tracenv/wiki/blip.

[BXML] Open Geospatial Consortium. Binary Extensible Markup Language (BXML) Encoding Specification. Tech. rep., 03-002r9, 2006.

[CC1101] Low-Cost, Low-Power Sub-1 GHz RF Transceiver CC1101, Texas Instruments. http://focus.ti.com/lit/ds/symlink/cc1101.pdf.

[Contiki] The Contiki Operating System. http://www.sics.se/contiki.

[DEFRA] UK Department for Environment, Food and Rural Affairs. http://www.defra.gov.uk.

[DLMS] DLMS Association. http://www.dlms.com.

[DoE06] US Department of Energy. Annual Energy Review, June 2007.

[Dolev81] Dolev, D. and Yao, A. On the security of public key protocols. In *Proceedings of the IEEE 22nd Annual Symposium on Foundations of Computer Science*, pp. 350–357. 1981.

[DPWS] Devices Profile for Web Services Version 1.1. http://docs.oasis-open.org/ws-dd/dpws/wsdd-dpws-1.1-spec.html. Tech. rep., OASIS, July 2009.

[Dunkels03] Dunkels, A. Full TCP/IP for 8-Bit Architectures. In *Proceedings of the First ACM/Usenix International Conference on Mobile Systems, Applications and Services (MobiSys 2003)*. ACM, San Francisco, May 2003.

[ETSI] European Telecommunications Standards Institute. http://www.etsi.org.

[EUI-64] Guidelines For 64-Bit Global Identifier (EUI-64) Registration Authority. http://standards.ieee.org/regauth/oui/tutorials/eui64.html.

[EXI] Efficient XML Interchange (EXI) Primer. http://www.w3.org/TR/exi-primer.

[FI] Fast Infoset. http://en.wikipedia.org/wiki/FastInfoset.

6LoWPAN: The Wireless Embedded Internet Zach Shelby and Carsten Bormann

[FIAssembly] European Future Internet Assembly. http://www.future-internet.eu.

[FIND] NSF Future Internet Design. http://www.nets-find.net.

[ID-6lowpan-hc] Hui, J. and Thubert, P. Compression Format for IPv6 Datagrams in 6LoWPAN Networks. Internet-Draft draft-ietf-6lowpan-hc-05, Internet Engineering Task Force, Jun. 2009. Work in progress.

[ID-6lowpan-mib] Kim, K., Mukhtar, H., Yoo, S. and Park, S.D. 6LoWPAN Management Information Base. Internet-Draft draft-daniel-6lowpan-mib-00, Internet Engineering Task Force, March 2009. Work in progress.

[ID-6lowpan-mipv6] Silva, R. and Silva, J. An Adaptation Model for Mobile IPv6 support in LoWPANs. Internet-Draft draft-silva-6lowpan-mipv6-00, Internet Engineering Task Force, May 2009. Work in progress.

[ID-6lowpan-nd] Shelby, Z., Thubert, P., Hui, J., Chakrabarti, S., Bormann, C. and Nordmark, E. 6LoWPAN Neighbor Discovery. Internet-Draft draft-ietf-6lowpan-nd-06, Internet Engineering Task Force, Sep. 2009. Work in progress.

[ID-6lowpan-rr] Kim, E., Kaspar, D., Gomez, C. and Bormann, C. Problem Statement and Requirements for 6LoWPAN Routing. Internet-Draft draft-ietf-6lowpan-routing-requirements-04, Internet Engineering Task Force, Jul. 2009. Work in progress.

[ID-6lowpan-sslp] Kim, K., Yoo, S., Lee, H., Park, S.D. and Lee, J. Simple Service Location Protocol (SSLP) for 6LoWPAN. Internet-Draft draft-ietf-6lowpan-sslp-01, Internet Engineering Task Force, 2007. Work in progress.

[ID-6lowpan-uc] Kim, E., Kaspar, D., Chevrollier, N. and Vasseur, J. Design and Application Spaces for 6LoWPANs. Internet-Draft draft-ietf-6lowpan-usecases-03, Internet Engineering Task Force, Jul. 2009. Work in progress.

[ID-despres-6rd] Despres, R. IPv6 Rapid Deployment on IPv4 infrastructures (6rd). Internet-Draft draft-despres-6rd-03, Internet Engineering Task Force, Apr. 2009. Work in progress.

[ID-global-haha] Thubert, P., Wakikawa, R. and Devarapalli, V. Global HA to HA protocol. Internet-Draft draft-thubert-mext-global-haha-00, Internet Engineering Task Force, Mar. 2008. Work in progress.

[ID-manet-dymo] Chakeres, I. and Perkins, C. Dynamic MANET On-demand (DYMO) Routing. Internet-Draft draft-ietf-manet-dymo-17, Internet Engineering Task Force, Mar. 2009. Work in progress.

[ID-manet-nhdp] Clausen, T., Dearlove, C. and Dean, J. MANET Neighborhood Discovery Protocol (NHDP). Internet-Draft draft-ietf-manet-nhdp-09, Internet Engineering Task Force, Mar. 2009. Work in progress.

[ID-manet-olsrv2] Clausen, T., Dearlove, C. and Jacquet, P. The Optimized Link State Routing Protocol version 2. Internet-Draft draft-ietf-manet-olsrv2-08, Internet Engineering Task Force, Mar. 2009. Work in progress.

[ID-nemo-pd] Droms, R., Thubert, P., Dupont, F. and Haddad, W. DHCPv6 Prefix Delegation for NEMO. Internet-Draft draft-ietf-mext-nemo-pd-02, Internet Engineering Task Force, Mar. 2009. Work in progress.

[ID-roll-building] Martocci, J., Riou, N., Mil, P. and Vermeylen, W. Building Automation Routing Requirements in Low Power and Lossy Networks. Internet-Draft draft-ietf-roll-building-routing-reqs-07, Internet Engineering Task Force, Sep. 2009. Work in progress.

[ID-roll-fundamentals] Thubert, P., Watteyne, T., Shelby, Z. and Barthel, D. LLN Routing Fundamentals. Internet-Draft draft-thubert-roll-fundamentals-01, Internet Engineering Task Force, Apr. 2009. Work in progress.

[ID-roll-home] Brandt, A., Buron, J. and Porcu, G. Home Automation Routing Requirements in Low Power and Lossy Networks. Internet-Draft draft-ietf-roll-home-routing-reqs-08, Internet Engineering Task Force, Sep. 2009. Work in progress.

[ID-roll-indus] Networks, D., Thubert, P., Dwars, S. and Phinney, T. Industrial Routing Requirements in Low Power and Lossy Networks. Internet-Draft draft-ietf-roll-indus-routing-reqs-06, Internet Engineering Task Force, Jun. 2009. Work in progress.

[ID-roll-metrics] Vasseur, J. and Networks, D. Routing Metrics used for Path Calculation in Low Power and Lossy Networks. Internet-Draft draft-ietf-roll-routing-metrics-00, Internet Engineering Task Force, Apr. 2009. Work in progress.

[ID-roll-security] Tsao, T., Alexander, R., Dohler, M., Daza, V. and Lozano, A. A Security Framework for Routing over Low Power and Lossy Networks. Internet-Draft draft-tsao-roll-security-framework-00, Internet Engineering Task Force, Feb. 2009. Work in progress.

[ID-roll-survey] Tavakoli, A., Dawson-Haggerty, S. and Levis, P. Overview of Existing Routing Protocols for Low Power and Lossy Networks. Internet-Draft draft-ietf-roll-protocols-survey-07, Internet Engineering Task Force, Apr. 2009. Work in progress.

[ID-roll-terminology] Vasseur, J. Terminology in Low power And Lossy Networks. Internet-Draft draft-ietf-roll-terminology-01, Internet Engineering Task Force, May 2009. Work in progress.

[ID-roll-trust] Zahariadis, T., Leligou, H., Karkazis, P., Trakadas, P. and Maniatis, S. A Trust Framework for Low Power and Lossy Networks. Internet-Draft draft-zahariad-roll-trust-framework-00, Internet Engineering Task Force, May 2009. Work in progress.

[ID-snmp-optimizations] Mukhtar, H., Joo, S. and Schoenwaelder, J. SNMP optimizations for 6LoWPAN. Internet-Draft draft-hamid-6lowpan-snmp-optimizations-01, Internet Engineering Task Force, April 2009. Work in progress.

[ID-thubert-sfr] Thubert, P. and Hui, J. LoWPAN simple fragment Recovery. Internet-Draft draft-thubert-6lowpan-simple-fragment-recovery-06, Internet Engineering Task Force, Jun. 2009. Work in progress.

[ID-tolle-cap] Tolle, G. A UDP/IP Adaptation of the ZigBee Application Protocol. Internet-Draft draft-tolle-cap-00, Internet Engineering Task Force, Oct. 2008. Work in progress.

[Idesco] Idesco Oy. http://www.idesco.fi.

[IEC62056] IEC 62056. Electricity metering – Data exchange for meter reading, tariff and load control. Tech. rep., IEC, 2006.

[IEEE] The IEEE 802.15 Working Groups. http://www.ieee802.org/15.

[IEEE802.15.4] IEEE Std 802.15.4TM-2006: Wireless Medium Access Control (MAC) and Physical Layer (PHY) Specifications for Low-Rate Wireless Personal Area Networks (LR-WPANs), October 2006.

[IEEE802.15.5] IEEE Std 802.15.5TM-2009: Mesh Topology Capability in Wireless Personal Area Networks (WPANs), May 2009.

[IP500] The IP500 Alliance. http://www.ip500.de.

[IPSO] The IPSO Alliance. http://www.ipso-alliance.org.

[IPSO-Stacks] Abeillé, J., Durvy, M., Hui, J. and Dawson-Haggerty, S. Lightweight IPv6 Stacks for Smart Objects: the Experience of Three Independent and Interoperable Implementations. Tech. Rep. WP 2, IPSO Alliance, Nov 2008.

[ISA100] ISA100, Wireless Systems for Automation. http://www.isa.org/community, May 2008.

[ISA100.11a] ISA100.11a Standard. Wireless Systems for Industrial Automation: Process Control and Related Applications. Tech. rep., ANSI/ISA, April 2009.

[Jennic] Jennic 6LoWPAN. http://www.jennic.com/products.

[Kent87] Kent, C.A. and Mogul, J.C. Fragmentation considered harmful. In *ACM SIGCOMM*, pp. 390–401. 1987.

[KNX] Konnex Association. http://www.knx.org.

[Koodli07] Koodli, R.S. and Perkins, C.E. *Mobile Inter-Networking with IPv6*. A John Wiley and Sons, Inc., 2007.

[MANET] IETF MANET Working Group. http://tools.ietf.org/wg/manet.

[MQTT] MQ Telemetry Transport. http://mqtt.org.

[MQTT-S] Stanford-Clark, A. and Truong, H.L. MQTT for Sensor Networks (MQTT-S), 2008.

[NETLMM] IETF Network-based Localized Mobility Management Working Group. http://tools.ietf.org/wg/netlmm.

[Nivis] Nivis ISA100.11a. http://www.nivis.com.

[oBIX] oBIX. Open Building Information Exchange v1.0. Tech. Rep. obix-1.0-cs-01, OASIS, 2006.

[REST] Representational State Transfer. http://en.wikipedia.org/wiki/rest.

[RFC0768] Postel, J. User Datagram Protocol. RFC 0768, Internet Engineering Task Force, Aug. 1980.

[RFC0791] Postel, J. Internet Protocol. RFC 0791, Internet Engineering Task Force, Sep. 1981.

[RFC0793] Postel, J. Transmission Control Protocol. RFC 0793, Internet Engineering Task Force, Sep. 1981.

[RFC1042] Postel, J. and Reynolds, J. Standard for the transmission of IP datagrams over IEEE 802 networks. RFC 1042, Internet Engineering Task Force, Feb. 1988.

[RFC1112] Deering, S. Host extensions for IP multicasting. RFC 1112, Internet Engineering Task Force, Aug. 1989.

[RFC1122] Braden, R. Requirements for Internet Hosts – Communication Layers. RFC 1122, Internet Engineering Task Force, Oct. 1989.

[RFC1144] Jacobson, V. Compressing TCP/IP Headers for Low-Speed Serial Links. RFC 1144, Internet Engineering Task Force, Feb. 1990.

[RFC1191] Mogul, J. and Deering, S. Path MTU discovery. RFC 1191, Internet Engineering Task Force, Nov. 1990.

[RFC1618] Simpson, W. PPP over ISDN. RFC 1618, Internet Engineering Task Force, May 1994.

[RFC1661] Simpson, W. The Point-to-Point Protocol (PPP). RFC 1661, Internet Engineering Task Force, Jul. 1994.

[RFC1951] Deutsch, P. DEFLATE Compressed Data Format Specification version 1.3. RFC 1951, Internet Engineering Task Force, May 1996.

[RFC1952] Deutsch, P. GZIP file format specification version 4.3. RFC 1952, Internet Engineering Task Force, May 1996.

[RFC1958] Carpenter, B. Architectural Principles of the Internet. RFC 1958, Internet Engineering Task Force, Jun. 1996.

[RFC1981] McCann, J., Deering, S. and Mogul, J. Path MTU Discovery for IP version 6. RFC 1981, Internet Engineering Task Force, Aug. 1996.

[RFC2119] Bradner, S. Key words for use in RFCs to Indicate Requirement Levels. RFC 2119, Internet Engineering Task Force, Mar. 1997.

[RFC2136] Vixie, P., Thomson, S., Rekhter, Y. and Bound, J. Dynamic Updates in the Domain Name System (DNS UPDATE). RFC 2136, Internet Engineering Task Force, Apr. 1997.

[RFC2327] Handley, M. and Jacobson, V. SDP: Session Description Protocol. RFC 2327, Internet Engineering Task Force, Apr. 1998.

[RFC2328] Moy, J. OSPF Version 2. RFC 2328, Internet Engineering Task Force, Apr. 1998.

[RFC2409] Harkins, D. and Carrel, D. The Internet Key Exchange (IKE). RFC 2409, Internet Engineering Task Force, Nov. 1998.

[RFC2460] Deering, S. and Hinden, R. Internet Protocol, Version 6 (IPv6) Specification. RFC 2460, Internet Engineering Task Force, Dec. 1998.

[RFC2464] Crawford, M. Transmission of IPv6 Packets over Ethernet Networks. RFC 2464, Internet Engineering Task Force, Dec. 1998.

[RFC2474] Nichols, K., Blake, S., Baker, F. and Black, D. Definition of the Differentiated Services Field (DS Field) in the IPv4 and IPv6 Headers. RFC 2474, Internet Engineering Task Force, Dec. 1998.

[RFC2507] Degermark, M., Nordgren, B. and Pink, S. IP Header Compression. RFC 2507, Internet Engineering Task Force, Feb. 1999.

[RFC2508] Casner, S. and Jacobson, V. Compressing IP/UDP/RTP Headers for Low-Speed Serial Links. RFC 2508, Internet Engineering Task Force, Feb. 1999.

[RFC2509] Engan, M., Casner, S. and Bormann, C. IP Header Compression over PPP. RFC 2509, Internet Engineering Task Force, Feb. 1999.

[RFC2516] Mamakos, L., Lidl, K., Evarts, J., Carrel, D., Simone, D. and Wheeler, R. A Method for Transmitting PPP Over Ethernet (PPPoE). RFC 2516, Internet Engineering Task Force, Feb. 1999.

[RFC2608] Guttman, E., Perkins, C., Veizades, J. and Day, M. Service Location Protocol, Version 2. RFC 2608, Internet Engineering Task Force, Jun. 1999.

[RFC2616] Fielding, R., Gettys, J., Mogul, J., Frystyk, H., Masinter, L., Leach, P. and Berners-Lee, T. Hypertext Transfer Protocol – HTTP/1.1. RFC 2616, Internet Engineering Task Force, Jun. 1999.

[RFC2671] Vixie, P. Extension Mechanisms for DNS (EDNS0). RFC 2671, Internet Engineering Task Force, Aug. 1999.

[RFC2675] Borman, D., Deering, S. and Hinden, R. IPv6 Jumbograms. RFC 2675, Internet Engineering Task Force, Aug. 1999.

[RFC2801] Burdett, D. Internet Open Trading Protocol – IOTP Version 1.0. RFC 2801, Internet Engineering Task Force, Apr. 2000.

[RFC2911] Hastings, T., Herriot, R., deBry, R., Isaacson, S. and Powell, P. Internet Printing Protocol/1.1: Model and Semantics. RFC 2911, Internet Engineering Task Force, Sep. 2000.

[RFC2960] Stewart, R., Xie, Q., Morneault, K., Sharp, C., Schwarzbauer, H., Taylor, T., Rytina, I., Kalla, M., Zhang, L. and Paxson, V. Stream Control Transmission Protocol. RFC 2960, Internet Engineering Task Force, Oct. 2000.

[RFC3041] Narten, T. and Draves, R. Privacy Extensions for Stateless Address Autoconfiguration in IPv6. RFC 3041, Internet Engineering Task Force, Jan. 2001.

[RFC3053] Durand, A., Fasano, P., Guardini, I. and Lento, D. IPv6 Tunnel Broker. RFC 3053, Internet Engineering Task Force, Jan. 2001.

[RFC3056] Carpenter, B. and Moore, K. Connection of IPv6 Domains via IPv4 Clouds. RFC 3056, Internet Engineering Task Force, Feb. 2001.

[RFC3095] Bormann, C. *et al.* RObust Header Compression (ROHC): Framework and four profiles: RTP, UDP, ESP, and uncompressed. RFC 3095, Internet Engineering Task Force, Jul. 2001.

[RFC3162] Aboba, B., Zorn, G. and Mitton, D. RADIUS and IPv6. RFC 3162, Internet Engineering Task Force, Aug. 2001.

[RFC3168] Ramakrishnan, K., Floyd, S. and Black, D. The Addition of Explicit Congestion Notification (ECN) to IP. RFC 3168, Internet Engineering Task Force, Sep. 2001.

[RFC3241] Bormann, C. Robust Header Compression (ROHC) over PPP. RFC 3241, Internet Engineering Task Force, Apr. 2002.

[RFC3260] Grossman, D. New Terminology and Clarifications for Diffserv. RFC 3260, Internet Engineering Task Force, Apr. 2002.

[RFC3261] Rosenberg, J., Schulzrinne, H., Camarillo, G., Johnston, A., Peterson, J., Sparks, R., Handley, M. and Schooler, E. SIP: Session Initiation Protocol. RFC 3261, Internet Engineering Task Force, Jun. 2002.

[RFC3306] Haberman, B. and Thaler, D. Unicast-Prefix-based IPv6 Multicast Addresses. RFC 3306, Internet Engineering Task Force, Aug. 2002.

[RFC3315] Droms, R., Bound, J., Volz, B., Lemon, T., Perkins, C. and Carney, M. Dynamic Host Configuration Protocol for IPv6 (DHCPv6). RFC 3315, Internet Engineering Task Force, Jul. 2003.

[RFC3344] Perkins, C. IP Mobility Support for IPv4. RFC 3344, Internet Engineering Task Force, Aug. 2002.

[RFC3411] Harrington, D., Presuhn, R. and Wijnen, B. An Architecture for Describing Simple Network Management Protocol (SNMP) Management Frameworks. RFC 3411, Internet Engineering Task Force, Dec. 2002.

[RFC3418] Presuhn, R. Management Information Base (MIB) for the Simple Network Management Protocol (SNMP). RFC 3418, Internet Engineering Task Force, Dec. 2002.

[RFC3439] Bush, R. and Meyer, D. Some Internet Architectural Guidelines and Philosophy. RFC 3439, Internet Engineering Task Force, Dec. 2002.

[RFC3530] Shepler, S., Callaghan, B., Robinson, D., Thurlow, R., Beame, C., Eisler, M. and Noveck, D. Network File System (NFS) version 4 Protocol. RFC 3530, Internet Engineering Task Force, Apr. 2003.

[RFC3544] Koren, T., Casner, S. and Bormann, C. IP Header Compression over PPP. RFC 3544, Internet Engineering Task Force, Jul. 2003.

[RFC3545] Koren, T., Casner, S., Geevarghese, J., Thompson, B. and Ruddy, P. Enhanced Compressed RTP (CRTP) for Links with High Delay, Packet Loss and Reordering. RFC 3545, Internet Engineering Task Force, Jul. 2003.

[RFC3550] Schulzrinne, H., Casner, S., Frederick, R. and Jacobson, V. RTP: A Transport Protocol for Real-Time Applications. RFC 3550, Internet Engineering Task Force, Jul. 2003.

[RFC3551] Schulzrinne, H. and Casner, S. RTP Profile for Audio and Video Conferences with Minimal Control. RFC 3551, Internet Engineering Task Force, Jul. 2003.

[RFC3552] Rescorla, E. and Korver, B. Guidelines for Writing RFC Text on Security Considerations. RFC 3552, Internet Engineering Task Force, Jul. 2003.

[RFC3561] Perkins, C., Belding-Royer, E. and Das, S. Ad hoc On-Demand Distance Vector (AODV) Routing. RFC 3561, Internet Engineering Task Force, Jul. 2003.

[RFC3587] Hinden, R., Deering, S. and Nordmark, E. IPv6 Global Unicast Address Format. RFC 3587, Internet Engineering Task Force, Aug. 2003.

[RFC3602] Frankel, S., Glenn, R. and Kelly, S. The AES-CBC Cipher Algorithm and Its Use with IPsec. RFC 3602, Internet Engineering Task Force, Sep. 2003.

[RFC3610] Whiting, D., Housley, R. and Ferguson, N. Counter with CBC-MAC (CCM). RFC 3610, Internet Engineering Task Force, Sep. 2003.

[RFC3626] Clausen, T. and Jacquet, P. Optimized Link State Routing Protocol (OLSR). RFC 3626, Internet Engineering Task Force, Oct. 2003.

[RFC3633] Troan, O. and Droms, R. IPv6 Prefix Options for Dynamic Host Configuration Protocol (DHCP) version 6. RFC 3633, Internet Engineering Task Force, Dec. 2003.

[RFC3684] Ogier, R., Templin, F. and Lewis, M. Topology Dissemination Based on Reverse-Path Forwarding (TBRPF). RFC 3684, Internet Engineering Task Force, Feb. 2004.

[RFC3697] Rajahalme, J., Conta, A., Carpenter, B. and Deering, S. IPv6 Flow Label Specification. RFC 3697, Internet Engineering Task Force, Mar. 2004.

[RFC3720] Satran, J., Meth, K., Sapuntzakis, C., Chadalapaka, M. and Zeidner, E. Internet Small Computer Systems Interface (iSCSI). RFC 3720, Internet Engineering Task Force, Apr. 2004.

[RFC3775] Johnson, D., Perkins, C. and Arkko, J. Mobility Support in IPv6. RFC 3775, Internet Engineering Task Force, Jun. 2004.

[RFC3819] Karn, P., Bormann, C., Fairhurst, G., Grossman, D., Ludwig, R., Mahdavi, J., Montenegro, G., Touch, J. and Wood, L. Advice for Internet Subnetwork Designers. RFC 3819, Internet Engineering Task Force, Jul. 2004.

[RFC3843] Jonsson, L.-E. and Pelletier, G. RObust Header Compression (ROHC): A Compression Profile for IP. RFC 3843, Internet Engineering Task Force, Jun. 2004.

[RFC3956] Savola, P. and Haberman, B. Embedding the Rendezvous Point (RP) Address in an IPv6 Multicast Address. RFC 3956, Internet Engineering Task Force, Nov. 2004.

[RFC3963] Devarapalli, V., Wakikawa, R., Petrescu, A. and Thubert, P. Network Mobility (NEMO) Basic Support Protocol. RFC 3963, Internet Engineering Task Force, Jan. 2005.

[RFC4122] Leach, P., Mealling, M. and Salz, R. A Universally Unique IDentifier (UUID) URN Namespace. RFC 4122, Internet Engineering Task Force, Jul. 2005.

[RFC4191] Draves, R. and Thaler, D. Default Router Preferences and More-Specific Routes. RFC 4191, Internet Engineering Task Force, Nov. 2005.

[RFC4193] Hinden, R. and Haberman, B. Unique Local IPv6 Unicast Addresses. RFC 4193, Internet Engineering Task Force, Oct. 2005.

[RFC4213] Nordmark, E. and Gilligan, R. Basic Transition Mechanisms for IPv6 Hosts and Routers. RFC 4213, Internet Engineering Task Force, Oct. 2005.

[RFC4291] Hinden, R. and Deering, S. IP Version 6 Addressing Architecture. RFC 4291, Internet Engineering Task Force, Feb. 2006.

[RFC4301] Kent, S. and Seo, K. Security Architecture for the Internet Protocol. RFC 4301, Internet Engineering Task Force, Dec. 2005.

[RFC4302] Kent, S. IP Authentication Header. RFC 4302, Internet Engineering Task Force, Dec. 2005.

[RFC4303] Kent, S. IP Encapsulating Security Payload (ESP). RFC 4303, Internet Engineering Task Force, Dec. 2005.

[RFC4306] Kaufman, C. Internet Key Exchange (IKEv2) Protocol. RFC 4306, Internet Engineering Task Force, Dec. 2005.

[RFC4309] Housley, R. Using Advanced Encryption Standard (AES) CCM Mode with IPsec Encapsulating Security Payload (ESP). RFC 4309, Internet Engineering Task Force, Dec. 2005.

[RFC4389] Thaler, D., Talwar, M. and Patel, C. Neighbor Discovery Proxies (ND Proxy). RFC 4389, Internet Engineering Task Force, Apr. 2006.

[RFC4429] Moore, N. Optimistic Duplicate Address Detection (DAD) for IPv6. RFC 4429, Internet Engineering Task Force, Apr. 2006.

[RFC4443] Conta, A., Deering, S. and Gupta, M. Internet Control Message Protocol (ICMPv6) for the Internet Protocol Version 6 (IPv6) Specification. RFC 4443, Internet Engineering Task Force, Mar. 2006.

[RFC4489] Park, J.-S., Shin, M.-K. and Kim, H.-J. A Method for Generating Link-Scoped IPv6 Multicast Addresses. RFC 4489, Internet Engineering Task Force, Apr. 2006.

[RFC4728] Johnson, D., Hu, Y. and Maltz, D. The Dynamic Source Routing Protocol (DSR) for Mobile Ad hoc Networks for IPv4. RFC 4728, Internet Engineering Task Force, Feb. 2007.

[RFC4815] Jonsson, L.-E., Sandlund, K., Pelletier, G. and Kremer, P. RObust Header Compression (ROHC): Corrections and Clarifications to RFC 3095. RFC 4815, Internet Engineering Task Force, Feb. 2007.

[RFC4830] Kempf, J. Problem Statement for Network-Based Localized Mobility Management (NETLMM). RFC 4830, Internet Engineering Task Force, Apr. 2007.

[RFC4861] Narten, T., Nordmark, E., Simpson, W. and Soliman, H. Neighbor Discovery for IP version 6 (IPv6). RFC 4861, Internet Engineering Task Force, Sep. 2007.

[RFC4862] Thomson, S., Narten, T. and Jinmei, T. IPv6 Stateless Address Autoconfiguration. RFC 4862, Internet Engineering Task Force, Sep. 2007.

[RFC4919] Kushalnagar, N., Montenegro, G. and Schumacher, C. IPv6 over Low-Power Wireless Personal Area Networks (6LoWPANs): Overview, Assumptions, Problem Statement, and Goals. RFC 4919, Internet Engineering Task Force, Aug. 2007.

[RFC4941] Narten, T., Draves, R. and Krishnan, S. Privacy Extensions for Stateless Address Autoconfiguration in IPv6. RFC 4941, Internet Engineering Task Force, Sep. 2007.

[RFC4944] Montenegro, G., Kushalnagar, N., Hui, J. and Culler, D. Transmission of IPv6 Packets over IEEE 802.15.4 Networks. RFC 4944, Internet Engineering Task Force, Sep. 2007.

[RFC4963] Heffner, J., Mathis, M. and Chandler, B. IPv4 Reassembly Errors at High Data Rates. RFC 4963, Internet Engineering Task Force, Jul. 2007.

[RFC4995] Jonsson, L.-E., Pelletier, G. and Sandlund, K. The RObust Header Compression (ROHC) Framework. RFC 4995, Internet Engineering Task Force, Jul. 2007.

[RFC4996] Pelletier, G., Sandlund, K., Jonsson, L.-E. and West, M. RObust Header Compression (ROHC): A Profile for TCP/IP (ROHC-TCP). RFC 4996, Internet Engineering Task Force, Jul. 2007.

[RFC4997] Finking, R. and Pelletier, G. Formal Notation for RObust Header Compression (ROHC-FN). RFC 4997, Internet Engineering Task Force, Jul. 2007.

[RFC5006] Jeong, J., Park, S., Beloeil, L. and Madanapalli, S. IPv6 Router Advertisement Option for DNS Configuration. RFC 5006, Internet Engineering Task Force, Sep. 2007.

[RFC5072] S.Varada, Haskins, D. and Allen, E. IP Version 6 over PPP. RFC 5072, Internet Engineering Task Force, Sep. 2007.

[RFC5213] Gundavelli, S., Leung, K., Devarapalli, V., Chowdhury, K. and Patil, B. Proxy Mobile IPv6. RFC 5213, Internet Engineering Task Force, Aug. 2008.

[RFC5214] Templin, F., Gleeson, T. and Thaler, D. Intra-Site Automatic Tunnel Addressing Protocol (ISATAP). RFC 5214, Internet Engineering Task Force, Mar. 2008.

[RFC5225] Pelletier, G. and Sandlund, K. RObust Header Compression Version 2 (ROHCv2): Profiles for RTP, UDP, IP, ESP and UDP-Lite. RFC 5225, Internet Engineering Task Force, Apr. 2008.

[RFC5444] Clausen, T., Dearlove, C., Dean, J. and Adjih, C. Generalized Mobile Ad hoc Network (MANET) Packet/Message Format. RFC 5444, Internet Engineering Task Force, Feb. 2009.

[RFC5497] Clausen, T. and Dearlove, C. Representing Multi-Value Time in Mobile Ad hoc Networks (MANETs). RFC 5497, Internet Engineering Task Force, Mar. 2009.

[RFC5548] Dohler, M., Watteyne, T., Winter, T. and Barthel, D. Routing Requirements for Urban Low-Power and Lossy Networks. RFC 5548, Internet Engineering Task Force, May 2009.

[ROLL] IETF ROLL Working Group. http://tools.ietf.org/wg/roll.

[SENSEI] EU FP7 SENSEI Project. http://www.sensei-project.eu.

[Sensinode] Sensinode Oy. http://www.sensinode.com.

[SensorML] OGC Sensor Model Language. http://www.opengeospatial.org/standards/sensorml.

[Shan02] Shannon, C., Moore, D. and k claffy Beyond folklore: Observations on fragmented traffic. *IEEE/ACM Transactions on Networking*, 10:709 – 720, 2002.

[Shel03] Shelby, Z., Mähönen, P., Riihijärvi, J.O.R. and Huuskonen, P. NanoIP: The Zen of Embedded Networking. In *Proceedings of the IEEE International Conference on Communications*. May 2003.

[SOAP] Latest SOAP versions. http://www.w3.org/tr/soap.

[SRC81] Saltzer, J., Reed, D. and Clark, D. End-to-end arguments in system design. In *Second International Conference on Distributed Computing Systems*, pp. 509–512. 1981.

[Stevens03] Stevens, W.R., Fenner, B. and Rudoff, A.M. *UNIX Network Programming Volume 1: The Sockets Networking API*, vol. 1. Addison Wesley, 3rd ed., 2003.

[TinyOS] The TinyOS Community. http://www.tinyos.net.

[TinySIP] Krishnamurthy, S. TinySIP: Providing Seamless Access to Sensor-based Services. In *Proceedings of the 1st International Workshop on Advances in Sensor Networks 2006 (IWASN 2006)*. July 2006.

[UPnP] UPnP Forum Specifications. http://upnp.org/standardizeddcps.

[Watteco] Power line communications, W. http://www.watteco.com.

[WBXML] Open Mobile Alliance. Binary XML Content Format Specification. Tech. rep., WAP-192-WBXML-20010725-a, 2001.

[WS] Web Services Architecture. http://www.w3.org/tr/ws-arch.

[WSDL] Web Services Description Language (WSDL) Version 2.0. http://www.w3.org/tr/wsdl20-primer.

[ZigBee] The ZigBee Alliance. http://www.zigbee.org.

[ZigBeeCL] ZigBee Alliance. ZigBee Cluster Library Specification. Tech. rep., ZigBee, October 2007.

[ZigBeeHA] ZigBee Alliance. ZigBee Home Automation Public Application Profile. Tech. rep., ZigBee, October 2007.

[ZigBeeSE] ZigBee Alliance. ZigBee Smart Energy Profile Specification. Tech. rep., ZigBee, May 2008.